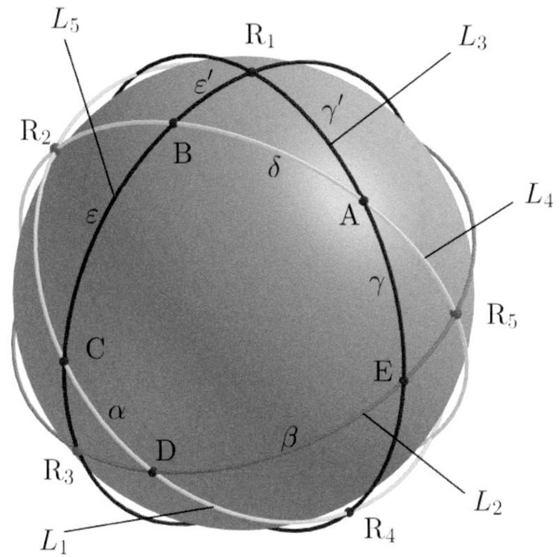

口絵 1　ガウスの五芒星（→本文 p.123，図 7.4 参照）

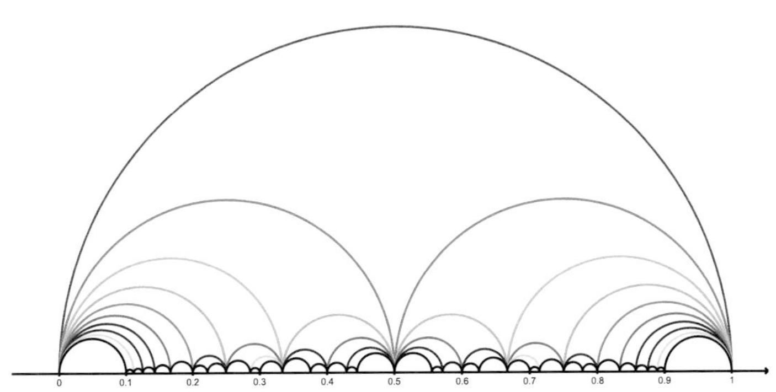

口絵 2　ファレイグラフ $\mathfrak{F}_N$ $(N = 1, 2, 3, \ldots, 10)$（→本文 p.144，図 8.1 参照）

口絵 3　John Horton Conway (1937–2020)
（→本文 p.3 写真（左）参照）

口絵 4　Harold Scott M. Coxeter (1907–2003)
（→本文 p.3 写真（右）参照）

口絵 5　Leonhard Euler (1707–1783)
（→本文 p.117 参照）

口絵 6　Carl Friedrich Gauss (1777–1855)
（→本文 p.140 参照）

フリーズの数学 スケッチ帖

数と幾何のきらめき

西山 享 著

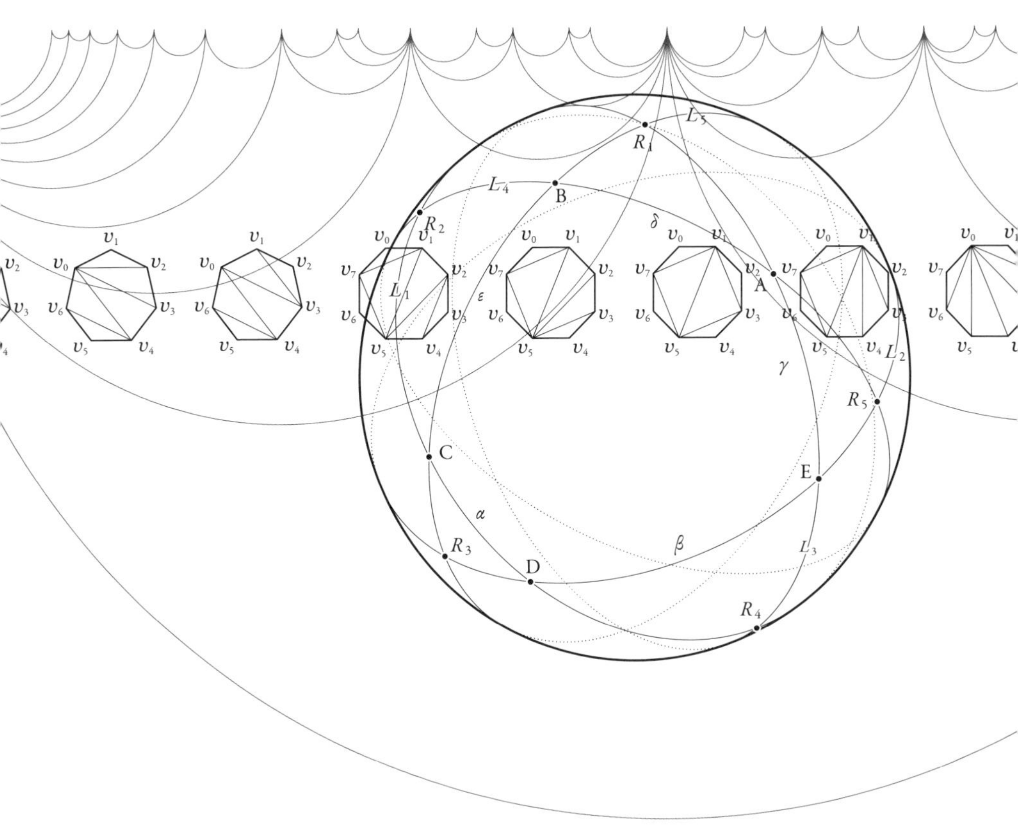

共立出版

母に.

ルネ・ラリック作，シール・ペルデュ花瓶《雀のフリーズ》1930 年，
北澤美術館蔵（著者撮影）

まえがき

フリーズについて書こうと思う．フリーズ？　おそらく聞いたことがない人がほとんどだろう．もしかすると建築のフリーズ，装飾のフリーズについては聞いたことがある人がいるかもしれない．でも，もちろん，この本のフリーズは数学のフリーズだ．それがどういうものかは本文を見ていただくことにして，えぇ？一冊丸々フリーズの話をするの？と思った人もいるかもしれないので（もちろんそう感じるのも無理からぬことではあるが），少しだけ本書の目論見を説明しておきたい．

まずフリーズを知らない，出会ったことのない人のために．フリーズの話を書くが，この本は「数学」の本である．だからフリーズの話もするけれど，私が書きたいことは「数学」である．

このフリーズは驚くほど豊かな内容をもっていて，数学の話だったらなんでもできてしまうほどである．比較的知られていると思うような事柄で，本書に登場するものをちょっと書き並べてみると，

> 多角形の三角形分割，カタラン数，連分数，オイラーの行列式，グラフに SL_2 (特殊線型群)，球面幾何学と球面三角定理，一次分数変換，方程式と代数多様体，円周率やネイピアの数とその連分数，ファレイ数列!!，二部グラフとマッチング問題，クラスター代数に射影直線，そして射影直線上の点配置．

ああ，まったく目が回る．この中にはよく知っているものもあれば，聞いたことがないものもあるだろう．でも心配しないでほしい．なるべく予備知識のいらないように，何も参照しないでも読み進めることができるように書いておいた．書ききれない部分には，少なくとも理解のための道筋だけはつけておいた．ここであげたような事柄が理解できるようになれば本書はもっと楽しめると思うので，

一度読んだあとはもう一度読んでみてほしい．螺旋階段をぐるっと回って上の階に進むように，きっと楽しめる．そのように書いたつもりである．フリーズのことをよく知るようになると，きっと，もっと知りたいと思うようになることだろうと思う．

さて，ごく少数しかいないだろう，フリーズを少しでも知っている人に．

あなたが知っているフリーズは，まだあなたに真の姿を見せてはいない．まだ，その心の奥底まで見せていないはずだと思う．私がフリーズの勉強を始めてそれほど日は経っていないが，その深い内容は驚くほどである．本書を読んでみると，必ずやフリーズを契機に新しい発見が待っていると思う．残念ながら入門書ということもあり，内容はさほど高度とはいえないが，道筋はつけておいた．ここからいくらでも高度な研究ができるはずだと信じる．

願わくは，本書ではできなかった解析的な話，特異点を始めとする位相的な話，そういう話題が広がればよいと個人的には思う．しかし，組合せ論にしても，数え上げにしても，グラフ理論への応用や拡張にしても，本書で解説した事項だけとっても，まだまだ発展する余地が十分にある．関連論文も現在進行形で多数出版されている．いろんな方向に広がってゆくだろう．

最初は趣味的な動機で書き始めた本書であるが，書き進めるうちにいくらでもやることが出てきて，中にはまだ研究されていないような事柄まで書くことになった．楽しい時間を過ごすことができて，満足している．この本の執筆を勧めていただいた髙橋萌子さんに感謝する．

本書の図版は，ほとんどすべてを GeoGebra というソフトウェアを用いて制作した．学習や研究に使う場合には無料で配布されており，下記のサイトからダウンロードできる．

https://www.geogebra.org/

https://sites.google.com/site/geogebrajp/ （日本語サイト）

このソフトウェアについては北海道教育大学釧路校の和地輝仁さんに教えていただいた．また，フリーズの計算は SageMath という計算ソフトによっている．こちらもフリーで提供されており，非常に強力なツールである．このような素晴らしいソフトウェアを提供・維持してくれている人たちに感謝したい．まさに人類の宝である.

本書の原形は，2019 年度に行った青山学院大学の大学院の講義ノートである．そのときの受講生だった人たちにはずいぶんいろんなことに付き合ってもらって感謝している．また，執筆を始めてからになるが，2021 年の 3 月に，母校の兵庫県立長田高等学校の「総合的探究の時間」という授業で講義をさせていただいたのも刺激になった．熱心な受講生に恵まれて，生徒たちはさまざまな感想を寄せてくれた．その感想は本書の構成にも反映されている．このような優秀な後輩たちとふれあう機会を提供してくださった中川督太先生と，何よりも講義に出席してくれた受講生の皆さんにお礼を述べたい．

最後になったが，本書の最初の草稿を山田一紀さんに通読してもらって多数の貴重な意見をいただいた．深く感謝する．

2021 年 12 月大晦日の日に

西山　享

目　　次

第1章 プロローグ

あまり聞き慣れない言葉かもしれないが，“フリーズ”(frieze) という言葉は，建築用語で

> 古典建築（ギリシャ・ローマ）で柱や壁の上部の繰り返し装飾，転じて帯状の繰り返しのある装飾一般

を指す（図 1.1）．本書の扉絵のルネ・ラリックによる花瓶「雀のフリーズ」は，フリーズを芸術作品に用いた一例である．

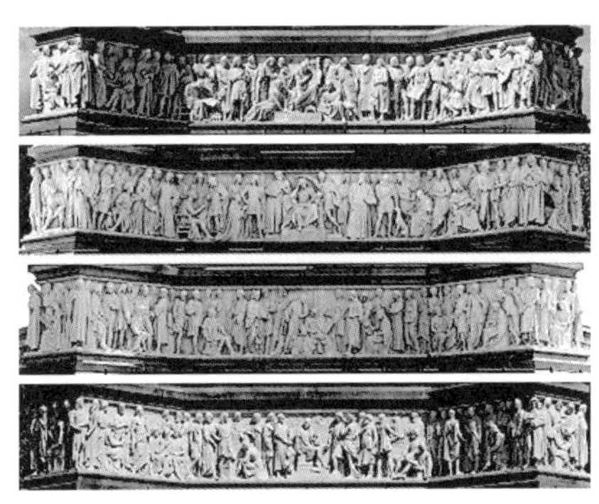

図 1.1　建築に現れるフリーズ

（左）アルバート記念碑のフリーズ．Photo by DAVID ILIFF. CC BY-SA 3.0. https://en.wikipedia.org/wiki/File:Albert_Memorial_Friese_Collage_-_May_2008-edit1.jpg
（右）エレクテイオン神殿のフリーズ．Photo by Daderot. CC0.

数学では図 1.2 のように，数字が帯状に配列されており，水平方向に周期的に繰り返されているものを**フリーズ**と呼んでいる．他にも繰り返し模様である平面タイル張りの一種として，なかば美術的，なかば数学的に扱われることもあるが，

このような単なる数字の並びとして，フリーズと呼ばれるパターンが登場したのはそう昔のことではない．

```
    0 0 0 0 0 0 0 0 0 0 0 0 0 0 0 0 0 0 0 0 0
     1 1 1 1 1 1 1 1 1 1 1 1 1 1 1 1 1 1 1 1 1
      1 2 2 3 1 2 4 1 2 2 3 1 2 4 1 2 2 3 1 2 4
…      1 3 5 2 1 7 3 1 3 5 2 1 7 3 1 3 5 2 1 7 3      …
        1 7 3 1 3 5 2 1 7 3 1 3 5 2 1 7 3 1 3 5 2
         2 4 1 2 2 3 1 2 4 1 2 2 3 1 2 4 1 2 2 3 1
          1 1 1 1 1 1 1 1 1 1 1 1 1 1 1 1 1 1 1 1 1
           0 0 0 0 0 0 0 0 0 0 0 0 0 0 0 0 0 0 0 0 0
```

図 1.2　数字のフリーズ配列

おそらく一番最初にこのような繰り返しのパターンを数学的に扱ったのは Coxeter であって，それは 1970 年代のことである ([15])．図 1.2 のフリーズ配列もその論文 [15] より採ったものである．Coxeter の論文のあと，Conway と Coxeter の共著論文 [12, 13] などいくつかの論文が続いたが，その後研究はしばらく下火になってしまった[*1]．ふたたび脚光を浴びるようになったのは論文 [1] によってフリーズと団代数（クラスター代数）との関係が指摘されてからである．その後，団代数とは独立に，フリーズ独自の性質も注目されるようになり，不変式論などとあいまって近年盛んに研究されるようになってきた．ここ 5 年ほどの間にフリーズをタイトルとした論文が 30 編以上も発表されていることからもその熱気が感じられる．

フリーズの楽しさは手を動かしてみないと実感できないだろう．フリーズにはいくつかの異なる表現方法があり，本書でも場面場面によってそれらを使い分けるが，とにかく最初に始めるときは図 1.3 のように，まず 0（ゼロ）を横に一列に並べ，そのすぐ下の行に 1 を 0 の隙間を半分ずらして埋めるように並べてから始めるのが便利である．1 を並べた列のすぐ下の行には 0 の位置と同じになるように（1 の位置の間を埋めるように），自然数の列を並べる．図 1.3 では $(4, 1, 2, 2, 2, 1)$ という 6 個の数字を左右に周期的に並べてある．これを**種数列**と呼ぶことにする．

[*1] Conway, John Horton (1937–2020). Coxeter, Harold Scott M. (1907–2003).

J. Conway (1937–2020)

H. S. M. Coxeter (1907–2003)

フリーズに天才的な理解をもたらしたのが Coxeter（コクセター）で，その証明には Conway（コンウェイ）の天才が必要だった（→口絵 3, 4 参照）.

（左）Conway, 2005. Author：“Thane Plambeck”. CC BY 2.0.
https://www.flickr.com/photos/thane/20366806/
（右）Coxeter, 1970. Author：Konrad Jacobs, Erlangen. CC BY-SA 2.0 DE.
https://opc.mfo.de/detail?photo_id=738

```
0   0   0   0   0   0   0   0   0   0   0   0   0   0   0   0
  1   1   1   1   1   1   1   1   1   1   1   1   1   1   1   1
    2   2   1   4   1   2   2   2   1   4   1   2   2   2   1   4
```

図 1.3　種数列

さて，これで下準備は済んだ．このあとは，**ユニモジュラ規則** (unimodular rule) と呼ばれる規則[*2]で下の行へと拡張してゆく．そのユニモジュラ規則とは，4 つの数字が

$$\begin{matrix} & b & \\ a & & d \\ & c & \end{matrix}$$

のように並んでいるとき $ad - bc = 1$ が成り立つようにするという，とても単純な規則である．この例の場合には上段にある 2 段の数字 a, b, d がすでに与えられているときに c を決めることになるから，$c = \dfrac{ad-1}{b}$ である．では，読者の皆さんも少し時間をとって実際に $2, 3, 4, \ldots$ 行目を計算してみてほしい．

[*2] この規則を SL_2 **規則**とも言う．本書でも後半ではユニモジュラ規則を SL_2 規則と呼ぶことが多くなる．

計算を続けていくと，あるところで「おおっ」と驚くことになるだろうと思う．というのは，計算してみると 4 行目にはすべての数字が $1, 1, 1, \ldots$ と還元して 1 が並び，その影響で，次の 5 行目はすべて $0, 0, 0, \ldots$ となり，ちょうど 2 つの 0 と 1 の帯に挟まれたフリーズ模様のようになるからである．

```
0   0   0   0   0   0   0   0   0   0   0   0   0   0   0   0
  1   1   1   1   1   1   1   1   1   1   1   1   1   1   1   1
    2   2   1   4   1   2   2   2   1   4   1   2   2   2   1   4
      3   1   3   3   1   3   3   1   3   3   1   3   3   1   3   3
        1   2   2   2   1   4   1   2   2   2   1   4   1   2   2   2
          1   1   1   1   1   1   1   1   1   1   1   1   1   1   1   1
            0   0   0   0   0   0   0   0   0   0   0   0   0   0   0   0
```

図 1.4　種数列 $(4, 1, 2, 2, 2, 1)$ のフリーズ

1 と 0 に戻ったあと，この次の行は，-1 が並ばなければならない．しかし，さらに次の行は 2 行上に 0 が並んでいるのでユニモジュラ規則を使っても成分は一意には決まらない．いまのところ帯状の配列までで満足することにしよう[*3]．

「おおっ，と驚く」とは書いたが，いまはあらかじめ用意された数列 $(4, 1, 2, 2, 2, 1)$ から出発したので，「そう仕組まれているだけなんだろう」と感じるかもしれない．それは一理ある．……どころか，実は十理も百理もあるのだが，百里の路も一里から．まずはいくつかの例を試みてほしい．

演習 1.1　(1) 種数列が $(1, 2, 3, 2, 2, 1, 4, 3)$ のときにフリーズを計算せよ．
(2) 種数列が $(2, 2, 2, \ldots)$ のときにフリーズを計算せよ．
(3) 種数列が $(1, 2), (1, 2, 3), (1, 2, 3, 4), \ldots$ のときにフリーズを計算せよ．
(4) 自分で勝手に選んだ種数列をもとにフリーズを計算せよ．

どうだろう．何か特徴的なことが掴めただろうか．巻末には，フリーズパターンの例をいくつもあげておいた．そのような例もじっと見て考えてみよう．あなたはいくつの法則をそこから読み取ることができるだろうか？　ここから先に読み進む前にぜひ自分で挑戦してみてほしい．

さて，少しネタバレ気味ではあるが，このようにして得られたフリーズ配列の，

[*3] 本書を読み進めると，実は次の部分にはできあがったフリーズの帯をそっくり (-1) 倍して配置するのがよいことがわかってくると思うが，それは将来の楽しみにとっておこう．

すぐに見て取れる不思議な点を列挙してみよう．

(1) 配列の成分はすべて自然数[*4]である．少なくともふたたび 0 が行のどこかに現れるまでは．
(2) 配列が水平方向に周期が n で繰り返すのは当然であるが，半分の長さの**並進鏡映**による対称性がある．ここで並進鏡映とは，**滑り鏡映**とも呼ばれるもので，ある直線（軸）の方向にまず平行移動してからその軸に関して鏡映を行う合同変換を指す．
(3) 斜めに連続的に並ぶ 3 つの数字を a, b, c とすると $a + c$ は常に b で割り切れる．
(4) 配列の成分はそのすぐ右下，あるいは左下の成分と互いに素である．
(5) 出発する種数列によっては必ずしも配列が 1 と 0 の列に戻るわけではないが，きれいな帯状のフリーズとなる場合がある．

数学の研究はおそらくこのような単純かつ具体的な，しかし，どこかにハッとするような現象を含んだ対象に出会ったときに始まる．それはなかなか難しい出会いではあるが，一方，アンテナを張り巡らしていないとそれと気がつかないで通り過ぎることも多いと思う．このささやかな実験から夢中になれそうな，できるだけ多くの性質を自分でも抜き出してみるとよい．

さて，Coxeter が注目した性質は一番最後の，帯状のフリーズになる場合であった．結論から言って，任意の種数列では（実験で確かめてもらったように）配列はもとの 1 ばかりの行には戻らない．ランダムに種数列を選ぶと，むしろ成分にどんどん大きな自然数が現れて発散してゆくような印象を与える．では配列が帯状のきれいなフリーズになるのはどのような場合なのか？　実はこの場合の種数列は，多角形の三角形分割と対応しているのである．私には夢想だにできない主張だが，どのようにしてそういう発見に結びつくのか，ここに Coxeter の天才が見て取れると思う．

奇跡のようなフリーズの物語がここから始まる．

[*4] 本書では「自然数」とは 1 以上の整数，0 以上の整数は「非負整数」と呼ぶことにする．

第2章　帯状フリーズ

この章では，本書のテーマである「フリーズ」とは何かについてまず説明する．Conway と Coxeter の正鵠を射た観察によって，このフリーズが実は多角形の三角形分割と関係していることが判明したのであるが，それを示すことがこの章の最終的な目標である．三角形分割の定義と基本的な性質を紹介したあと，Conway と Coxeter の定理を証明する．

§2.1　帯状のフリーズ

プロローグで登場した，数字を並べてできるユニモジュラ規則を満たす配列を**フリーズ**，または SL_2**タイル張り**と呼ぶことにしよう．すでに紹介したように，建築用語としてのフリーズは帯状で周期的であるものを指すことが多いのだが，本書では繰り返していなくても，また，帯状でなくても「フリーズ」と呼ぶことにする．しかし，単なる数字の配列ではなく，**ユニモジュラ規則を満たしていること**が重要である．繰り返しになるがユニモジュラ規則とは，4つの数字が

$$\begin{array}{ccc} & b & \\ a & & d \\ & c & \end{array}$$

のように並んでいるとき $ad-bc=1$ が成り立つという規則であった．たとえば次のようなものが SL_2タイル張り（フリーズ）の例である．

$$\begin{array}{ccccccccccccccccccccccccccccccc}
1 & & 2 & & 3 & & 2 & & 2 & & 1 & & 4 & & 3 & & 1 & & 2 & & 3 & & 2 & & 2 & & 1 & & & & \\
& 1 & & 5 & & 5 & & 3 & & 1 & & 3 & & 11 & & 2 & & 1 & & 5 & & 5 & & 3 & & 1 & & 3 & & & \\
& & 2 & & 8 & & 7 & & 1 & & 2 & & 8 & & 7 & & 1 & & 2 & & 8 & & 7 & & 1 & & 2 & & & \\
& & & 3 & & 11 & & 2 & & 1 & & 5 & & 5 & & 3 & & 1 & & 3 & & 11 & & 2 & & 1 & & 5 & & \\
& & & & 4 & & 3 & & 1 & & 2 & & 3 & & 2 & & 2 & & 1 & & 4 & & 3 & & 1 & & 2 & & 3
\end{array}$$

どうだろう，ユニモジュラ規則は確認できただろうか．このような数字の配置がすべてユニモジュラ規則を満たしながら並んでいるさまは驚く他はない．

では，繰り返していない「フリーズ」の例をあげてみよう．最初の例は比較的

出鱈目な種数列によるフリーズである．繰り返していないので，もはやフリーズとは呼べないかもしれないが，ユニモジュラ規則は満たしている．

```
0   0   0   0   0   0   0   0   0   0
  1   1   1   1   1   1   1   1   1   1
    2   3   3   1   4   5   1   3   2   2
      5   8   2   3  19   4   2   5   3   3
       13   5   5  14  15   7   3   7   4   7
          8  12  23  11  26  10   4   9   9  18
           19  55  18  19  37  13   5  20  23  11
              87  43  31  27  48  16  11  51  14  26
                68  74  44  35  59  35  28  31  33 119
                 117 105  57  43 129  89  17  73 151  93
                   166 136  70  94 328  54  40 334 118 160
                     215 167 153 239 199 127 183 261 203 227
```

図 2.1　出鱈目な種数列によるフリーズ

2 番目の例は，種数列そのものは規則的で $(1, 2, 3, \ldots)$ という単純なものである．しかし，フリーズは繰り返すことなく，成分は単調に増加している．

```
0     0     0     0     0     0     0     0
   1     1     1     1     1     1     1     1
      1     2     3     4     5     6     7     8
         1     5    11    19    29    41    55     7
            2    18    52   110   198   322    48     6
               7    85   301   751  1555   281    41    11
                 33   492  2055  5898  1357   240    75    38
                   191  3359 16139  5147  1159   439   259   179
```

図 2.2　規則的な種数列によるフリーズ

一方，当面のところ我々が考えるのは

- 0 と 1 が連続する行に挟まれた**帯状のフリーズ**で
- **水平方向に周期的**である

ようなものである．文脈から明らかなときにはこの「帯状」とか「周期的」という言葉を略して単にフリーズとだけ言うこともある．少し紛らわしいが，説明があまりゴテゴテしないようにしたいので，お許しいただきたい．

フリーズの配列に行列のように添字をふり，第 i 行目，第 j 番目の成分を $\zeta_{i,j}$ で表すことにして，**フリーズ行列成分**（紛らわしくなければ単に行列成分）と呼ぶ．ただし，各行の 1 番目のフリーズ行列成分は斜めにずれてゆく対角線上に配置されているとしよう（図 2.3 参照）．つまり $\zeta_{1,1}, \zeta_{2,1}, \zeta_{3,1}, \ldots$ が対角線上に並ぶことになる．これを**第 1 対角線**と呼ぶ．次の対角線 $\zeta_{1,2}, \zeta_{2,2}, \zeta_{3,2}, \ldots$ が第 2 対角線，同様にして $\zeta_{1,j}, \zeta_{2,j}, \zeta_{3,j}, \ldots$ が第 j 対角線である．

添字の i, j はいずれも整数の全体を動いて，配列は全平面を埋め尽くすようなものを考えるのだが，当面は i, j が自然数の範囲で考えることも多い．とくに図示するときには一部しか図示されないのでご注意願いたい．

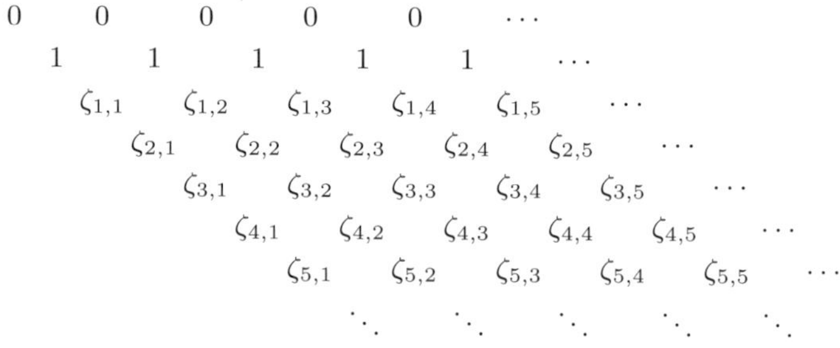

図 2.3　成分 $\zeta_{i,j}$ の並び方

このように表したとき，念のためにユニモジュラ規則を具体的に書いておくと

$$\begin{vmatrix} \zeta_{i,j} & \zeta_{i-1,j+1} \\ \zeta_{i+1,j} & \zeta_{i,j+1} \end{vmatrix} = \zeta_{i,j}\zeta_{i,j+1} - \zeta_{i+1,j}\zeta_{i-1,j+1} = 1 \tag{2.1}$$

となっている．左辺の記号は 2 次正方行列の**行列式**を表す記号で，

$$\begin{vmatrix} a & b \\ c & d \end{vmatrix} = ad - bc \tag{2.2}$$

と規約されている．行列式については巻末の附録を参照してほしい．

周期的な**帯状フリーズ**に関して，0 の行は第 (-1) 行目，1 の行は第 0 行目，水平方向の**周期**が n の**種数列**のある行を第 1 行目としよう．つまり $(a_1, a_2, \ldots, a_n)$ を種数列とすると，$(\zeta_{1,1}, \zeta_{1,2}, \ldots, \zeta_{1,n}) = (a_1, a_2, \ldots, a_n)$ であって，$\zeta_{1,j} = \zeta_{1,j+n}$ が成り立つ．とくに断らないかぎり，周期 n のフリーズを考えるときには，水平

方向の添字 j は法 n の剰余系[*1]で考えることにしておく．たとえば周期が 3 なら，添字を $0, 1, 2, 0, 1, 2, \ldots$ のように 3 の周期で考え，$\zeta_{i,3}$ と書いても $\zeta_{i,0}$ と書いても同じと考える．周期が 3 なので，$\zeta_{i,4} = \zeta_{i,1}$, $\zeta_{i,5} = \zeta_{i,2}, \ldots$ となるから，このように考えても不都合は起こらない．このような周期性を考慮した表記は以下いたるところに出てくるので同様に考えてほしい．

種数列のある第 1 行目から始めて，第 $(m+1)$ 行目に 1 がずらっと並び，そして（その結果）第 $(m+2)$ 行目に 0 が続けて並ぶとき，帯状フリーズの**幅**が m であると言う．この周期的な帯状フリーズ，実は多角形の三角形分割と関係しているのである．そこでまず，三角形分割について説明しよう．

§2.2　多角形の三角形分割と quiddity ＝ 奇蹄列

凸 n 角形を考えよう．正多角形が考えやすいが，凸であれば辺の長さが一定でない不等辺多角形でもよい．頂点を時計回りに $v_0, v_1, \ldots, v_{n-1}$ とおき，添字は n を法とする剰余系で考える．したがって $v_n = v_0$ となっている．

隣り合っていない 2 頂点を任意に選んで線分で結び，多角形を 2 つに分割する．このような線分を多角形の**対角線**と呼ぶ．対角線によって 2 つに分かれた，それぞれの多角形の頂点の数は n 個未満なので，この操作を繰り返すと結局すべてが三角形になるまで細分割ができる．たとえば，4 角形から 7 角形の三角形分割の例をあげてみよう．

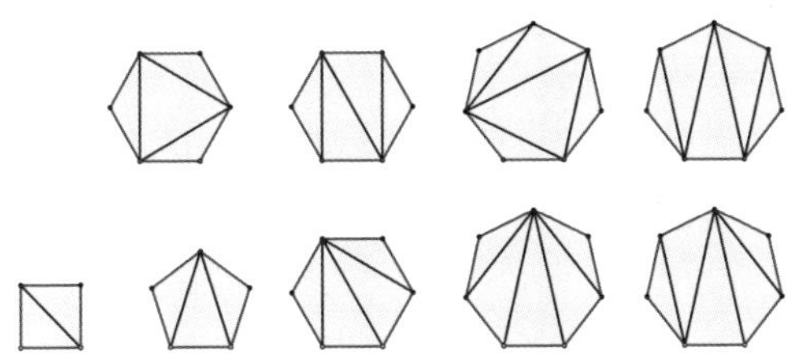

図 2.4　多角形の三角形分割

このように分割すると三角形の総数は分割の仕方によらず $(n-2)$ 個になる．

*1 法 n の剰余系は，通常の数の積や和を n で割った余りで考えるような代数系である．したがって，代表元として $\{0, 1, 2, \ldots, n-1\}$ がとれる．代数学の通常の記法で $\mathbb{Z}/n\mathbb{Z}$ と表される．詳しくは，たとえば [66, 77, 43] などを参照してほしい．

定義 2.1 頂点が $v_0, v_1, \ldots, v_{n-1}$ の凸 n 角形の三角形分割を一つとり，各頂点 v_j に対して，その頂点に集まる三角形の個数を q_j とする．このとき，数列 $(q_0, q_1, \ldots, q_{n-1})$ を三角形分割の**奇蹄列** (quiddity) と呼ぶ[*2]．

たとえば，図 2.4 の上の行にある三角形分割の奇蹄列はそれぞれ

$$(1,3,1,3,1,3),\quad (1,3,2,1,3,2),\quad (1,2,3,1,3,1,4),\quad (1,2,3,2,1,3,3)$$

である．最初の奇蹄列は厳密に言うと周期が 2 で，2 番目のものは周期が 3 である．しかし，どちらも 6 角形の奇蹄列なので我々はこれを“周期が 6”と言うことにしよう[*3]．

演習 2.2 凸 n 角形の奇蹄列を $(q_0, q_1, \ldots, q_{n-1})$ とするとき，$\sum_{j=0}^{n-1} q_j = 3(n-2)$ であることを示せ．

演習 2.3 凸 n 角形の奇蹄列で，厳密に考えた周期が n 未満であるような例を考えてみよ．そのような奇蹄列は無限に存在するだろうか？

ではこの奇蹄列を種数列にしてフリーズをいくつか計算してみよう．次のような三角形分割の奇蹄列を使って計算してみる．

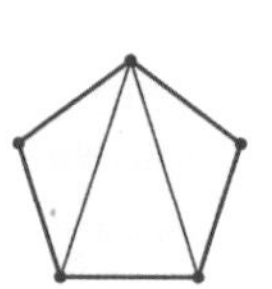
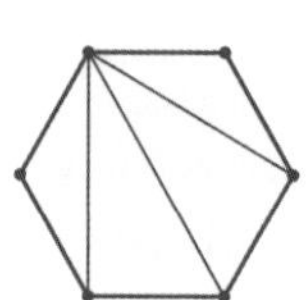
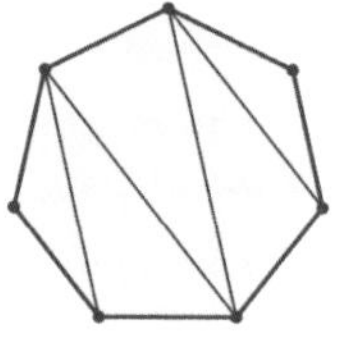

図 2.5 5, 6, 7 角形の三角形分割

5 角形：[1, 2, 2, 1, 3]

```
0  0  0  0  0  0  0  0  0  0  0  0  0  0  0
 1  1  1  1  1  1  1  1  1  1  1  1  1  1  1
  1  2  2  1  3  1  2  2  1  3  1  2  2  1  3
   1  3  1  2  2  1  3  1  2  2  1  3  1  2  2
    1  1  1  1  1  1  1  1  1  1  1  1  1  1  1
     0  0  0  0  0  0  0  0  0  0  0  0  0  0  0
```

*2 quiddity は Conway と Coxeter が使い出した用語である [12, §3]．本来は哲学用語で，物事の本質あるいは実体を表すらしいが，屁理屈という意味もある．日本語にはなっていないようなので本書では奇蹄列と訳すことにした．“きてれつ”と読むことにしよう．

*3 この厳密な周期に関する議論は第 5 章で行う．楽しみにしていてほしい．

6 角形 : $[1, 2, 2, 2, 1, 4]$

```
0 0 0 0 0 0 0 0 0 0 0 0 0 0 0 0 0 0
 1 1 1 1 1 1 1 1 1 1 1 1 1 1 1 1 1 1
  1 2 2 2 1 4 1 2 2 2 1 4 1 2 2 2 1 4
   1 3 3 1 3 3 1 3 3 1 3 3 1 3 3 1 3 3
    1 4 1 2 2 2 1 4 1 2 2 2 1 4 1 2 2 2
     1 1 1 1 1 1 1 1 1 1 1 1 1 1 1 1 1 1
      0 0 0 0 0 0 0 0 0 0 0 0 0 0 0 0 0 0
```

7 角形 : $[1, 2, 3, 2, 1, 3, 3]$

```
0 0 0 0 0 0 0 0 0 0 0 0 0 0 0 0 0 0 0 0 0
 1 1 1 1 1 1 1 1 1 1 1 1 1 1 1 1 1 1 1 1 1
  1 2 3 2 1 3 3 1 2 3 2 1 3 3 1 2 3 2 1 3 3
   1 5 5 1 2 8 2 1 5 5 1 2 8 2 1 5 5 1 2 8 2
    2 8 2 1 5 5 1 2 8 2 1 5 5 1 2 8 2 1 5 5 1
     3 3 1 2 3 2 1 3 3 1 2 3 2 1 3 3 1 2 3 2 1
      1 1 1 1 1 1 1 1 1 1 1 1 1 1 1 1 1 1 1 1 1
       0 0 0 0 0 0 0 0 0 0 0 0 0 0 0 0 0 0 0 0 0
```

どうだろう？　不思議なことにすべて帯状のフリーズになることがわかる.

演習 2.4　奇蹄列を種数列にしてフリーズをいくつか計算してみよ. このとき, 周期とフリーズの幅にどのような関係があるだろうか. また, その他に何か気がつく特徴はあるだろうか.

三角形分割が決まると奇蹄列が決まるのだが, 逆に奇蹄列は三角形分割を決定する. それを説明するために, まず奇蹄列の特徴について述べよう.

補題 2.5　凸 n 角形の三角形分割において

(1) 三角形の総数は $(n-2)$ 個である.

(2) 三角形分割に現れる n 角形の内部の対角線の本数は $(n-3)$ 本である.

(3) $n \geq 4$ ならば, 3 辺のうち 2 辺がもとの n 角形の隣り合った辺になっているような三角形は少なくとも 2 個存在する.

[証明]　三角形の総数は凸 n 角形の内角の和が $(n-2)\pi$ であることから従う. また三角形分割に現れる対角線の本数を m とすると, 三角形の辺を重複を許して数えた総数と比較して $3(n-2) = n + 2m$ となるから $m = n - 3$ である.

(3) を示そう. 三角形の 3 辺のうち,

- 3 辺すべてが対角線になっている三角形の個数を p 個
- 2 辺が対角線になっている個数を q 個
- 1 辺のみが対角線になっている個数を r 個

とする．論理的には対角線をまったく含まない三角形も考える必要があるが，そのときは多角形そのものが三角形に一致してしまう $(n=3)$ ので，$n \geq 4$ の場合にはそのような三角形は現れない．三角形の総数は (1) より

$$p+q+r=n-2 \tag{2.3}$$

各三角形の n 角形の対角線への寄与を重複して数えて計算すると，多角線の本数は (2) より $n-3$ だから

$$3p+2q+r=2(n-3) \tag{2.4}$$

である．そこで式 (2.4) から $2\times(2.3)$ を辺々引いて

$$p-r=2(n-3)-2(n-2)=-2, \quad \therefore \quad r=p+2 \geq 2$$

したがって 1 辺のみが対角線，つまり残りの 2 辺が多角形のもともとの辺であるような三角形は 2 個以上ある．ついでに $r=p+2$ を用いて式 (2.3) から r を消去すると $2p+q=n-4$ であることもわかる． □

系 2.6 凸 n 角形の三角形分割の奇蹄列を $(q_0, q_1, \ldots, q_{n-1})$ とする．

(1) $\sum_{j=0}^{n-1} q_j = 3(n-2)$ が成り立つ．

(2) 奇蹄列には 1 が少なくとも 2 回現れる．

(3) $n \geq 4$ ならば奇蹄列に連続して 1 が現れることはない（巡回的に考えても連続して現れない）．

［証明］ (1) はほぼ明らかだろう（演習問題に既出）．奇蹄列の総数には $(n-2)$ 個ある三角形の頂点が一つずつ寄与するが，3 頂点あるので $3(n-2)$ となる．

(2) は補題 2.5 の (3) からわかる．そこでは $n \geq 4$ が仮定されているが，$n=3$ ならば奇蹄列は $(1,1,1)$ の一つしかない．

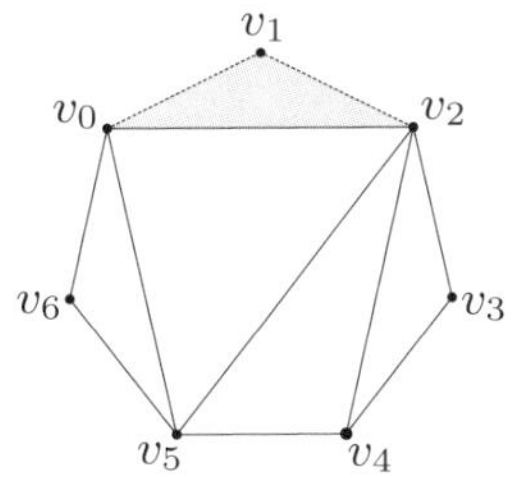

図 2.6　頂点 v_1 を取り去ると 7 角形の奇蹄列 $(3,1,4,1,2,3,1)$ が 6 角形の奇蹄列 $(2,3,1,2,3,1)$ になる

最後に，もし 1 が連続して現れるならば，その 2 頂点を端点とする 3 辺はすべて同じ三角形に属することになり，必然的に $n=3$ となる．□

定理 2.7　奇蹄列と三角形分割は一対一に対応する．

［証明］　奇蹄列の長さ，つまり多角形の頂点の数に関する帰納法で示せばよい．帰納法の出発点 $n=3$ の場合は明らかである．

まず，系 2.6 によって奇蹄列には必ず 1 が現れることに注意しよう．必要ならば頂点の番号を巡回的に入れ替えることによって $q_1=1$ としてよい．つまり $q=(q_0,1,q_2,\ldots,q_{n-1})$ が奇蹄列である．このとき，対応する頂点を $v_0,v_1,\ldots$ と書けば，三角形 $\triangle v_0v_1v_2$ は三角形分割に現れている．この三角形を取り去った残りの $(n-1)$ 角形の三角形分割に対応する奇蹄列は $(q_0-1,q_2-1,q_3,\ldots,q_{n-1})$ になり（図 2.6 参照），帰納法の仮定より，この奇蹄列をもつ三角形分割はただ一つである．もとの三角形分割はこれに三角形 $\triangle v_0v_1v_2$ を付け加えたものだから，それもただ一つしかない．□

演習 2.8　定理 2.7 の論法を使って，奇蹄列 $q=(q_0,q_1,\ldots,q_{n-1})$ のうちの $(n-2)$ 個が決まっていれば三角形分割は決まり，したがって奇蹄列の残りの 2 つの成分も決まることを示せ．

n を決めると凸 n 角形の奇蹄列はもちろん有限個しか存在しないが，その個数はカタラン数と呼ばれる数 C_{n-2} に一致する．フリーズから少し話はそれてしまうが，カタラン数とは何かをまず簡単に紹介しておこう．

次の節では解析学の初等的な性質を使うが，慣れていない読者はカタラン数の定義 2.9 と定理 2.11 を認めて先に進むのがよいだろう．

§ 2.3 カタラン数

二項定理（二項展開）と二項係数を思い出そう．変数 x と自然数 n に対して，n 次多項式 $(1+x)^n$ を

$$(1+x)^n = 1 + a_1 x + a_2 x^2 + \cdots + a_{n-1} x^{n-1} + x^n = \sum_{k=0}^{n} a_k x^k$$

と展開するとき，第 k 番目の係数を $\binom{n}{k}$ と書いて，これを**二項係数**と呼ぶのであった．もちろんよく知っているように，これは n 個の中から k 個とる組合せの数とも一致している．

$$\binom{n}{k} = \frac{n!}{(n-k)!\,k!} = {}_nC_k$$

この式はニュートン[*4] によって一般化され，**一般二項展開**と呼ばれる展開公式が成り立つことが知られている[*5]．

$$(1+x)^\alpha = \sum_{k=0}^{\infty} \binom{\alpha}{k} x^k, \qquad \binom{\alpha}{k} = \frac{\alpha(\alpha-1)(\alpha-2)\cdots(\alpha-k+1)}{k!}$$

この式の右辺は無限級数（無限に項が続く“多項式”）であって，左辺の冪 $\alpha \in \mathbb{R}$ は任意の実数（！）である．たとえば，$\alpha = 1/2$ ならば

$$\binom{\frac{1}{2}}{k} = \frac{\frac{1}{2}(\frac{1}{2}-1)\cdots(\frac{1}{2}-k+1)}{k!} = \frac{1}{2^k}\frac{1\cdot(-1)\cdot(-3)\cdots(3-2k)}{k!}$$

$$= \frac{(-1)^{k-1}}{2^k}\frac{(2k-3)(2k-5)\cdots 3\cdot 1}{k!} = (-1)^{k-1}\frac{(2k-3)!!}{(2k)!!}$$

なので[*6]，

---

*4 Newton, Isaac (1643–1727).

*5 テイラー展開の特別な場合である．たとえば [54, 定理 7.13] 参照．

*6 二重階乗記号は $N!! = N(N-2)(N-4)\cdots 1$（$N$ が奇数のとき．偶数のときは最後が 2）と，2 ずつ降下して掛けてゆく積を表す．

$$\sqrt{1+x} = (1+x)^{1/2} = 1 + \frac{1}{2}x + \sum_{k=2}^{\infty}(-1)^{k-1}\frac{(2k-3)!!}{(2k)!!}x^k \tag{2.5}$$

である．この式の右辺は $|x| < 1$ で絶対収束して，この範囲で両辺の値は等しい．

定義 2.9　二項係数を $\binom{n}{k}$ で表すとき，次の数 C_n を**カタラン数**と呼ぶ[*7]．

$$C_n = \frac{1}{n+1}\binom{2n}{n} = \frac{(2n)!}{n!(n+1)!}$$

このようにして決まるカタラン数 C_{n-2} が，実は n 角形の三角形分割の総数に一致するのだが，その話の前にカタラン数の公式を準備しておこう．

補題 2.10　n を自然数とするとき，カタラン数の数列 $\{C_n\}_{n=0}^{\infty}$ は $C_0 = 1$ であって，次の漸化式を満たすただ一つの数列である．

$$C_n = C_0C_{n-1} + C_1C_{n-2} + \cdots + C_{n-1}C_0 = \sum_{j=0}^{n-1} C_jC_{n-j-1} \tag{2.6}$$

[証明]　少し荒っぽい証明をしてみよう．

補題の漸化式を満たす数列を C_n と書いて，これがカタラン数になることを示す．まず $f(x) = \sum_{n=0}^{\infty} C_nx^n$ とおく．これを数列 $\{C_n\}$ の母函数と呼ぶ．形式的に計算して，

$$\begin{aligned} f(x)^2 &= \left(\sum_{k=0}^{\infty} C_kx^k\right)\cdot\left(\sum_{\ell=0}^{\infty} C_\ell x^\ell\right) = \sum_{k,\ell} C_kC_\ell x^{k+\ell} \\ &= \sum_{m=0}^{\infty}\left(\sum_{m=k+\ell} C_kC_\ell\right)x^m = \sum_{m=0}^{\infty}\left(\sum_{k=0}^{m} C_kC_{m-k}\right)x^m = \sum_{m=0}^{\infty} C_{m+1}x^m \end{aligned}$$

だから（最後の等号では漸化式を用いた），

[*7] Catalan, Eugène Charles (1814–1894).

$$xf(x)^2 = \sum_{m=0}^{\infty} C_{m+1}x^{m+1} = \sum_{n=0}^{\infty} C_n x^n - 1 = f(x) - 1 \tag{2.7}$$

このようにして得られた $f(x)$ の 2 次方程式 $xf(x)^2 = f(x) - 1$ を解くと,

$$f(x) = \frac{1 \pm \sqrt{1-4x}}{2x}$$

である. ここで $x = 0$ のとき, $f(0) = 1$ のハズなので, 複号はマイナスでなければならず,

$$f(x) = \frac{1 - \sqrt{1-4x}}{2x}$$

がわかる. さて, 右辺の式をニュートンの一般二項展開式で書き下してみよう. すでに求めておいた式 (2.5) を x の代わりに $-4x$ とおいて適用すると,

$$\begin{aligned} f(x) &= \frac{1}{2x}(1 - \sqrt{1-4x}) \\ &= \frac{1}{2x}\left(1 - 1 + 2x - \sum_{k=2}^{\infty}(-1)^{k-1}\frac{(2k-3)!!}{(2k)!!}(-4x)^k\right) \\ &= 1 + \frac{1}{2}\sum_{k=2}^{\infty} 2^{2k}\frac{(2k-3)!!}{(2k)!!}x^{k-1} = 1 + \sum_{n=1}^{\infty} 2^{2n+1}\frac{(2n-1)!!}{(2(n+1))!!}x^n \end{aligned}$$

ここで, x^n の係数を次のように計算してみよう.

$$\begin{aligned} 2^{2n+1}\frac{(2n-1)!!}{(2(n+1))!!} &= 2^{2n+1}\frac{(2n)!}{(2n)!! \cdot (2(n+1))!!} \\ &= \frac{(2n)!}{n!(n+1)!} = \frac{1}{n+1}\binom{2n}{n} \end{aligned}$$

あーら, 不思議. カタラン数の定義式そのものが出てきた. もともと $f(x)$ は数列 $\{C_n\}$ の母函数で, $f(x) = \sum_{n=0}^{\infty} C_n x^n$ だったから係数比較すると $C_n = \frac{1}{n+1}\binom{2n}{n}$ がわかる. つまり, 漸化式を満たす数列はカタラン数に一致する. □

正多角形の三角形分割を考えると回転対称性や鏡映による対称性などが現れて複雑であるから, ここでは一般の不等辺の凸 n 角形の三角形分割を考えよう.

定理 2.11　凸 n 角形の三角形分割の総数はカタラン数 C_{n-2} で与えられる $(n \geq 3)$.

［証明］　三角形分割の個数がカタラン数と同じ補題 2.10 の漸化式 (2.6) を満たすことを示そう．そこで，凸 $(n+2)$ 角形の頂点を時計回りに $v_0, v_1, \ldots, v_{n+1}$ とおき，三角形分割の個数を c_n と書く（$c_n = C_n$ が示したいことである）.

$n = 0$ のときは形式的に $c_0 = 1$ とおく．また $c_1 = 1$ は明らか．そこで $n \geq 2$ とする.

三角形分割を一つとる．その分割において，v_0 と結ばれている頂点が隣り合った頂点しかないとき，三角形分割には $\triangle v_0 v_1 v_{n+1}$ が現れ，この三角形を除いた残りの $n+1$ 角形の三角形分割の総数は c_{n-1} である.

次に，頂点 v_0 が隣り合っていない頂点と対角線で結ばれているとき，時計回りに見て最初に対角線で結ばれる頂点を v_k $(k \geq 2)$ とする．つまり v_0 と v_i $(1 < i < k)$ は対角線で結ばれていないとする．そうすると $\triangle v_0 v_1 v_k$ は三角形分割に現れなければならない（図 2.7 参照).

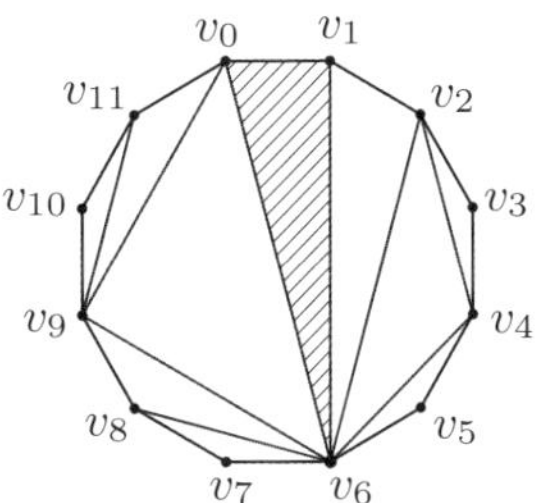

図 2.7　$k = 6$ のとき，$\triangle v_0 v_1 v_6$ を取り除く

そこで，この三角形を取り除いてできる 2 つの多角形 $\mathscr{P}_1 = (v_1, v_2, \ldots, v_k)$ と $\mathscr{P}_2 = (v_k, v_{k+1}, \ldots, v_0)$ はそれぞれ三角形分割されていることになる．k 角形 $\mathscr{P}_1$ と $(n+2-(k-1))$ 角形 $\mathscr{P}_2$ の三角形分割の仕方の総数はそれぞれ c_{k-2}, c_{n-k+1} であるから，このような三角形分割は $c_{k-2}c_{n-k+1}$ 通りある.

これらを合わせて，三角形分割の総数は

$$c_n = c_{n-1} + \sum_{k=2}^{n} c_{k-2}c_{n-k+1} = c_{n-1}c_0 + \sum_{j=0}^{n-2} c_j c_{n-j-1}$$

となって，これはちょうどカタラン数の満たす漸化式 (2.6) に一致する． □

演習 2.12 正多角形において，三角形分割を回転したものや鏡映で互いに写り合うものは同じと考えると，その総数はかなり少なくなる．たとえば，正方形と正 5 角形では三角形分割は本質的に一つしかない．正 6 角形と正 7 角形の三角形分割の総数をそのようにして数えてみよ[*8]．

もともとカタラン数はオイラーによって，多角形の三角形分割の総数として考えられていたものだが，その組合せ論的な意味付けは無数にある．たとえば，n 組の括弧をどのように入れ子にするのか，という入れ子の配置の総数でもある．たとえば，$n = 3$ のときは，

$$\Big((())\Big),\ \ (()()),\ \ (())(),\ \ ()(()),\ \ ()()()$$

の 5 通りだが，4 つの括弧の入れ子の配置は $C_4 = 14$ 通りある！ カタランは 1838 年にこのような組合せ論的考察を書き，数列に名前を残すことになった[*9]．

1 辺が n の正方形格子上の左下隅から右上隅の頂点に向かう経路で，対角線より上の点（対角線を含む）を通るものの総数はカタラン数である．また n 組のチームが対戦するトーナメント戦の総数（二分木の総数）もカタラン数に等しい．他にも，我が国にゆかりの深い話では，源氏香の総数がカタラン数に関係している（図 2.8 参照）[*10]．すでに引用した Stanley の本 [40] には，このような例も含めてなんと 214 通りものカタラン数の組合せ論的な意味がまとめられている．

少し寄り道が過ぎてしまったようだ．我々の当面の目標は，繰り返しのあるフリーズ模様が三角形分割の奇蹄列と種数列を通して対応していることを示すこと

---

*8 この数は n が偶数かどうか，そして 3 の倍数であるかどうかに大きく依存する．興味のある人は [35] を参照するとよい．

*9 この名前は比較的最近になってから流通し出したもののようである．カタラン数の歴史については Stanley の本 [40, Appendix B] に Igor Pak による素晴らしい解説がある．

*10 源氏香は五本の香の焚き方を『源氏物語』の各章（帖と呼ばれる）に関連づけて表すものである．その数は $n = 5$ のときのカタラン数になっていそうだが一致しない．源氏香の数は 52 で，源氏物語は 54 帖．さらにカタラン数は $C_5 = 42$ である．何がどう異なっているのかを確認するのは楽しい．ちなみに源氏香に現れない帖は桐壺と夢浮橋である ([79])．

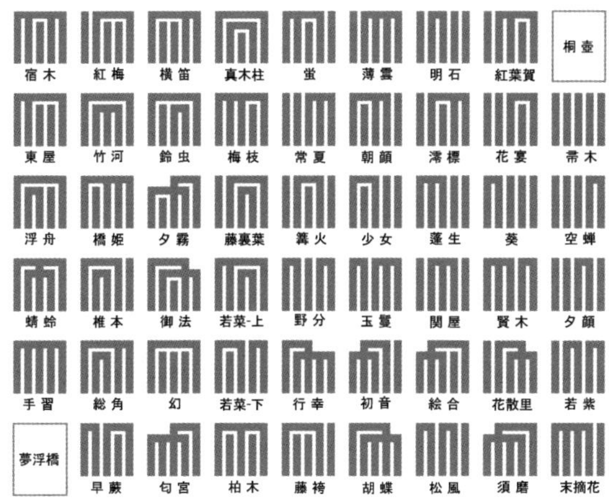

図 2.8　源氏香の図，54 の図案〔改変〕.（桐壺と夢浮橋を除く 52 帖の図案）
Author：Original uploader was Daisuke615 atja.wikipedia. An adaptation image by Mukai. CC BY-SA 3.0.
https://commons.wikimedia.org/wiki/File:Gennji_Kounozu.svg

にあった．この事実の Henry による証明 [27] を紹介しよう．そのために，まずフリーズと差分方程式の関係について述べる．

§2.4　差分方程式とユニモジュラ規則

この節ではしばらくの間，奇蹄列とは限らない，長さが n の一般的な種数列 $a = (a_1, a_2, \ldots, a_n)$ からユニモジュラ規則で生成されたフリーズ $\mathscr{F} = \mathscr{F}(a)$ を考えることにしよう．ただし，$a_i \geq 1$ は自然数とする．

フリーズ $\mathscr{F}$ は 0 行目から k 行目までのすべての成分が正のときに $\boldsymbol{k}$**-正値**であると言う．このとき $\mathscr{F}$ の第 1 対角線上の数を

$$f_{-1} = 0,\ f_0 = 1,\ f_1 = a_1,\ f_2,\ f_3, \ldots$$

とおく．f_i は第 1 対角線上の第 i 行目の数であるが，第 1 行目（種数列）の上の行は第 0 行目，その上の行は第 (-1) 行目とする．これを §2.1 で導入したフリーズの成分表示を用いて表示すると $\zeta_{0,1}, \zeta_{1,1}, \zeta_{2,1}, \ldots$ となって，要するに $f_i = \zeta_{i,1}$ である．同様に

- 第 2 対角線を $g_0=1, g_1=a_2, g_2, g_3, \ldots$ （成分表示では $g_i=\zeta_{i,2}$）
- 第 3 対角線を $h_0=1, h_1=a_3, h_2, h_3, \ldots$ （成分表示では $h_i=\zeta_{i,3}$）

と表すことにしよう．

補題 2.13 周期 n のフリーズ $\mathscr{F}=\mathscr{F}(a_1,\ldots,a_n)$ が k-正値のとき，第 1 対角線の数列 $\{f_i\}_{i=0}^{k}$ は差分方程式

$$f_i = a_i f_{i-1} - f_{i-2} \qquad (1 \le i \le k) \tag{2.8}$$

を満たす．もちろん第 2 対角線，第 3 対角線…も同様の差分方程式

$$g_i = a_{i+1} g_{i-1} - g_{i-2}, \quad h_i = a_{i+2} h_{i-1} - h_{i-2} \qquad (1 \le i \le k)$$

を満たす．

［証明］ i に関する帰納法で示す．$i=1$ のときは，明らかに成り立つから，$i \ge 1$ まで差分方程式が成り立っているとしよう．

ユニモジュラ規則より，$f_i g_i - f_{i+1} g_{i-1} = 1$ である．これを行列式を用いて書き表すと[*11]，

$$\begin{vmatrix} f_i & g_{i-1} \\ f_{i+1} & g_i \end{vmatrix} = 1 = \begin{vmatrix} f_{i-1} & g_{i-2} \\ f_i & g_{i-1} \end{vmatrix}$$

となる．ただし，最右辺の行列式は添字 i が一つずれたユニモジュラ規則を書いたものである．これより，

$$\begin{aligned} 0 &= \begin{vmatrix} f_i & g_{i-1} \\ f_{i+1} & g_i \end{vmatrix} - \begin{vmatrix} f_{i-1} & g_{i-2} \\ f_i & g_{i-1} \end{vmatrix} \\ &= \begin{vmatrix} f_i & g_{i-1} \\ f_{i+1} & g_i \end{vmatrix} + \begin{vmatrix} f_i & g_{i-1} \\ f_{i-1} & g_{i-2} \end{vmatrix} = \begin{vmatrix} f_i & g_{i-1} \\ f_{i+1}+f_{i-1} & g_i+g_{i-2} \end{vmatrix} \end{aligned}$$

ここで帰納法の仮定より $g_i + g_{i-2} = a_{i+1} g_{i-1}$ であるから，

*11 行列式は線形代数学で習うが，不慣れな読者は附録にある解説を参照してほしい．もちろんここに書いてある計算は行列式を使わないでも可能だが，行列式を使うことで見通しよく，短い計算式が書ける．さらに，実は行列式はフリーズ理論におけるすべてのカギである．

$$(\text{上式}) = \begin{vmatrix} f_i & g_{i-1} \\ f_{i+1} + f_{i-1} & a_{i+1}g_{i-1} \end{vmatrix} = g_{i-1}\begin{vmatrix} f_i & 1 \\ f_{i+1} + f_{i-1} & a_{i+1} \end{vmatrix}$$

また，$\mathscr{F}$ は k-正値と仮定したから $g_{i-1} > 0$ である．したがって，

$$0 = \begin{vmatrix} f_i & 1 \\ f_{i+1} + f_{i-1} & a_{i+1} \end{vmatrix} = a_{i+1}f_i - (f_{i+1} + f_{i-1}),$$

$$\therefore \quad f_{i+1} = a_{i+1}f_i - f_{i-1}$$

となり，これは $i+1$ のときの差分方程式である． □

演習 2.14　この差分方程式系をフリーズ行列成分の形で書くと

$$\zeta_{i,j} = a_{i+j-1}\zeta_{i-1,j} - \zeta_{i-2,j} \tag{2.9}$$

となることを確かめよ．$i = 1$ の場合には，差分方程式は $\zeta_{1,j} = a_j$ に帰着することも確認してほしい．

補題 2.13 の差分方程式をベクトルと行列を用いて書いてみると

$$\begin{pmatrix} f_i \\ f_{i-1} \end{pmatrix} = \begin{pmatrix} a_i & -1 \\ 1 & 0 \end{pmatrix}\begin{pmatrix} f_{i-1} \\ f_{i-2} \end{pmatrix} \tag{2.10}$$

となることが容易に確かめられる．これを繰り返すと，

$$\begin{aligned} \begin{pmatrix} f_i \\ f_{i-1} \end{pmatrix} &= \begin{pmatrix} a_i & -1 \\ 1 & 0 \end{pmatrix}\begin{pmatrix} f_{i-1} \\ f_{i-2} \end{pmatrix} = \begin{pmatrix} a_i & -1 \\ 1 & 0 \end{pmatrix}\begin{pmatrix} a_{i-1} & -1 \\ 1 & 0 \end{pmatrix}\begin{pmatrix} f_{i-2} \\ f_{i-3} \end{pmatrix} \\ &= \cdots = \begin{pmatrix} a_i & -1 \\ 1 & 0 \end{pmatrix}\begin{pmatrix} a_{i-1} & -1 \\ 1 & 0 \end{pmatrix}\cdots\begin{pmatrix} a_1 & -1 \\ 1 & 0 \end{pmatrix}\begin{pmatrix} f_0 \\ f_{-1} \end{pmatrix} \end{aligned} \tag{2.11}$$

$f_0 = 1$，$f_{-1} = 0$ とおいたことに注意して，さらに

$$M_k = M_k(a_1, a_2, \ldots, a_k) = \begin{pmatrix} a_1 & 1 \\ -1 & 0 \end{pmatrix}\begin{pmatrix} a_2 & 1 \\ -1 & 0 \end{pmatrix}\cdots\begin{pmatrix} a_k & 1 \\ -1 & 0 \end{pmatrix} \tag{2.12}$$

とおく．M_k は $a_1, a_2, \ldots, a_k$ の順序が入れ替わって，さらに 2 次正方行列の**逆対角線にある ± 1 の位置が入れ替わっている**ことに注意しよう．行列には“転

置”と呼ばれる操作があって，それは逆対角線の成分を入れ替えることであった．つまり M_k は転置行列を用いて定義されているわけである．本書では，行列 A の**転置行列**を ${}^t A$ で表す．成分で表すと

$$
{}^t\begin{pmatrix} a & b \\ c & d \end{pmatrix} = \begin{pmatrix} a & c \\ b & d \end{pmatrix}
$$

である[*12]．これはとても簡単な操作であるが，非常に重要である．

演習 2.15　A, B を 2 次正方行列とするとき，${}^t(AB) = {}^tB\,{}^tA$ が成り立つことを確かめよ．つまり転置行列は積の順序を入れ替える．

また，行列式に関して $\det {}^tA = \det A$ が成り立つことを確かめよ．ただし $\det A$ は行列 A の行列式を表し，$|A|$ のように書いたりもする．

転置をとると行列の積の順序が入れ替わることから，

$$
\begin{pmatrix} \alpha & 1 \\ -1 & 0 \end{pmatrix} = {}^t\begin{pmatrix} \alpha & -1 \\ 1 & 0 \end{pmatrix},
$$

$$
{}^tM_k = \begin{pmatrix} a_k & -1 \\ 1 & 0 \end{pmatrix}\begin{pmatrix} a_{k-1} & -1 \\ 1 & 0 \end{pmatrix}\cdots\begin{pmatrix} a_1 & -1 \\ 1 & 0 \end{pmatrix} \tag{2.13}
$$

が成り立っていることに注意しよう．

命題 2.16　上の記号の下に，種数列 $a = (a_1, \ldots, a_n)$ で生成されたフリーズ $\mathscr{F} = \mathscr{F}(a)$ の第 1 対角線に並ぶ数列 $f_{-1} = 0$，$f_0 = 1$，$f_1 = a_1$，$\ldots, f_k, \ldots$ は次のように与えられる．

$$
\begin{pmatrix} f_k \\ f_{k-1} \end{pmatrix} = {}^tM_k(a_1, a_2, \ldots, a_k)\begin{pmatrix} 1 \\ 0 \end{pmatrix} \tag{2.14}
$$

とくに f_k は行列 M_k の第 $(1,1)$ 成分と一致する．ここで $k > n$ のときには，種数列を周期 n で拡張して考えればよい．

[証明]　式 (2.11) と (2.13) より

[*12] もちろん一般のサイズの行列でも転置行列は定義でき，それは主対角線で対称に行列の成分を入れ替える操作を指す．

$$\begin{pmatrix} f_k \\ f_{k-1} \end{pmatrix} = \begin{pmatrix} a_k & -1 \\ 1 & 0 \end{pmatrix}\begin{pmatrix} a_{k-1} & -1 \\ 1 & 0 \end{pmatrix}\cdots\begin{pmatrix} a_1 & -1 \\ 1 & 0 \end{pmatrix}\begin{pmatrix} f_0 \\ f_{-1} \end{pmatrix} = {}^t M_k \begin{pmatrix} 1 \\ 0 \end{pmatrix}$$

が成り立つ．これより，f_k は ${}^tM_k\begin{pmatrix} 1 \\ 0 \end{pmatrix}$ の第 1 成分であるが，それは行列 ${}^tM_k$ の第 $(1,1)$ 成分と等しい．転置行列では第 $(1,1)$ 成分は変わらないので結局 f_k は M_k の第 $(1,1)$ 成分と等しいことがわかる．□

演習 2.17　第 2 対角線上の数列 $g_0 = 1$, $g_1 = a_2$, $g_2, g_3, \ldots$ に対しては，

$$\begin{pmatrix} g_k \\ g_{k-1} \end{pmatrix} = {}^tM_k(a_2, a_3, \ldots, a_{k+1})\begin{pmatrix} 1 \\ 0 \end{pmatrix}$$

のように種数列を一つずらして考えればよいことを示せ．第 3 対角線上の数列 $h_0 = 1, h_1 = a_3, h_2, h_3, \ldots$ はどのような式で与えられるだろうか．

§ 2.5　Conway-Coxeter の定理

種数列 a によって生成され，第 $(m+1)$ 行目に 1 が，第 $(m+2)$ 行目に 0 が続けて並ぶ，幅が m の帯状フリーズに話を戻そう．このようなフリーズの成分のうち，第 1 行目から第 m 行目がすべて正であるとき，つまり前節の言い方で m-正値であるとき，単に**正値帯状フリーズ**であるという．

定理 2.18（Conway-Coxeter）　(1) $n \geq 4$ とする．凸 n 角形の三角形分割の奇蹄列 $a = (a_1, \ldots, a_n)$ を種数列とする周期 n のフリーズ $\mathscr{F}(a)$ は幅 $m = n - 3$ の正値帯状フリーズになる．

(2) 逆に幅が $m \geq 1$ の周期的な正値帯状フリーズ $\mathscr{F}$ に対して，$n = m + 3$ はフリーズの周期の一つであって第 1 行目の種数列 $a = (a_1, \ldots, a_n)$ は n 角形の奇蹄列になる．

まず次の補題に注意する．

補題 2.19　種数列 $a = (a_1, \ldots, a_n)$ のすべての成分が $a_i \geq 2$ を満たせば，フリーズ $\mathscr{F} = \mathscr{F}(a)$ の第 1 対角線上の第 k 行目の成分は $f_k \geq k + 1$ を満たす．とくに $\mathscr{F}$ が正値帯状フリーズならば種数列の成分は 1 を含む．

もちろんこれは第 1 対角線でなくてもよいから，種数列の成分がすべて 2 以上であれば，フリーズの第 k 行目はすべて $k+1$ 以上，したがって，フリーズの成分は増大するばかりである．

［証明］　対角成分の満たす差分方程式 (2.8) より

$$\begin{aligned} f_k - f_{k-1} &= (a_k f_{k-1} - f_{k-2}) - f_{k-1} \\ &= (a_k - 1) f_{k-1} - f_{k-2} \geq f_{k-1} - f_{k-2} \end{aligned}$$

だから，これを繰り返せば

$$f_k - f_{k-1} \geq f_{k-1} - f_{k-2} \geq \cdots \geq f_1 - f_0 = a_1 - 1 \geq 1$$

であって，$f_k \geq f_{k-1} + 1$ がわかる．これより $f_k \geq k+1$ である．　□

では定理 2.18 を証明してみよう．順序は前後するが，主張 (2) から示す．

［定理 2.18 (2) の証明］　まず最初に $n = m+3$ はフリーズ $\mathscr{F}$ の周期の一つになることを示そう．命題 2.16 の式で $k = m+2$ とおき，さらに $\boldsymbol{M} = {}^t M_{m+2}(a_1, a_2, \ldots, a_{m+2})$ と短く書けば，

$$\begin{pmatrix} 0 \\ 1 \end{pmatrix} = \begin{pmatrix} f_{m+2} \\ f_{m+1} \end{pmatrix} = \boldsymbol{M} \begin{pmatrix} 1 \\ 0 \end{pmatrix} \tag{2.15}$$

である．以下頻出するので，この証明に限り $U(a) = \begin{pmatrix} a & -1 \\ 1 & 0 \end{pmatrix}$ と表すことにする．たとえば，$\boldsymbol{M} = U(a_{m+2}) \cdots U(a_2) U(a_1)$ である（転置によって順序が逆転することに注意する）．$\boldsymbol{M}' = {}^t M_{m+1}(a_2, \ldots, a_{m+2})$ と表すと，この記法で $\boldsymbol{M} = \boldsymbol{M}' U(a_1)$ だから

$$\boldsymbol{M} \begin{pmatrix} 0 \\ 1 \end{pmatrix} = \boldsymbol{M}' U(a_1) \begin{pmatrix} 0 \\ 1 \end{pmatrix} = \boldsymbol{M}' \begin{pmatrix} -1 \\ 0 \end{pmatrix} = -\boldsymbol{M}' \begin{pmatrix} 1 \\ 0 \end{pmatrix}$$

この両辺に $U(a_{m+3})$ を左から掛けて演習 2.17 の式を用いると

$$U(a_{m+3}) \boldsymbol{M} \begin{pmatrix} 0 \\ 1 \end{pmatrix} = -U(a_{m+3}) \boldsymbol{M}' \begin{pmatrix} 1 \\ 0 \end{pmatrix}$$

$$= -{}^{t}M_{m+2}(a_2,\ldots,a_{m+2},a_{m+3})\begin{pmatrix}1\\0\end{pmatrix} = -\begin{pmatrix}g_{m+2}\\g_{m+1}\end{pmatrix} = \begin{pmatrix}0\\-1\end{pmatrix}$$

そこで,

$$\boldsymbol{M}'' = U(a_{m+3})\boldsymbol{M}$$

と書くと，上の式は $\boldsymbol{M}''\begin{pmatrix}0\\1\end{pmatrix} = -\begin{pmatrix}0\\1\end{pmatrix}$ となる．さらに，式 (2.15) の両辺に $U(a_{m+3})$ を掛けて

$$\boldsymbol{M}''\begin{pmatrix}1\\0\end{pmatrix} = U(a_{m+3})\boldsymbol{M}\begin{pmatrix}1\\0\end{pmatrix} = U(a_{m+3})\begin{pmatrix}0\\1\end{pmatrix} = -\begin{pmatrix}1\\0\end{pmatrix}.$$

以上の計算を総合すると

$$\boldsymbol{M}''\begin{pmatrix}1&0\\0&1\end{pmatrix} = \left(\boldsymbol{M}''\begin{pmatrix}1\\0\end{pmatrix}, \boldsymbol{M}''\begin{pmatrix}0\\1\end{pmatrix}\right) = -\begin{pmatrix}1&0\\0&1\end{pmatrix}, \qquad \therefore\ \boldsymbol{M}'' = -\begin{pmatrix}1&0\\0&1\end{pmatrix}$$

がわかる．長い道のりだったが，これによって

$$\boldsymbol{M}'' = U(a_{m+3})\boldsymbol{M} = U(a_{m+3})U(a_{m+2})\cdots U(a_2)U(a_1) = -\mathbf{1}_2$$

がわかった．ただし $\mathbf{1}_2 = \begin{pmatrix}1&0\\0&1\end{pmatrix}$ は単位行列である．種数列はどこから始めてもよいので，どの連続する $m+3$ 個の種数列をとってもこの式は成り立つ．とくに，

$$\boldsymbol{M}''' := U(a_{m+4})U(a_{m+2})\cdots U(a_3)U(a_2) = -\mathbf{1}_2$$

でもある．さて，これより

$$\begin{aligned} U(a_{m+4}) &= -U(a_{m+4})(-\mathbf{1}_2) = -U(a_{m+4})\boldsymbol{M}'' \\ &= -U(a_{m+4})U(a_{m+3})\cdots U(a_2)U(a_1) \\ &= -\boldsymbol{M}'''U(a_1) = -(-\mathbf{1}_2)U(a_1) = U(a_1) \end{aligned}$$

を得るが，これは $a_{m+4} = a_1$ を意味している．つまり第 1 行目は周期 $n = m+3$ をもつ．この“周期”は必ずしも最短ではないことに注意せよ．

以下，主張の残りの部分をフリーズの幅 $m \geq 1$ に関する帰納法で示す．$m = 1$ のときには，1 の連続する行に挟まれた真ん中の第 1 行目は，ユニモジュラ規則によって 1, 2 が繰り返すことが容易に確かめられ，$a = (1, 2, 1, 2)$ が長さ $4 = m+3$ の種数列で，四角形の奇蹄列になっている．

そこで，フリーズ $\mathscr{F} = \mathscr{F}(a)$ が正値帯状フリーズでその幅が $m \geq 2$ であるとする．すでに証明したことから，種数列の周期は $n = m + 3$ であるとしてよい．さて，補題 2.19 より，$a_i = 1$ となる i が存在する．このとき $a_{i-1}, a_{i+1} \geq 2$ である．実際，フリーズ $\mathscr{F}$ の a_i を含む部分を書くと，

$$\begin{array}{ccccccccc} & 0 & & 0 & & 0 & & 0 & \\ 1 & & 1 & & 1 & & 1 & & 1 \\ & a_{i-1} & & a_i & & a_{i+1} & & a_{i+2} & \\ \cdots & & p & & q & & r & & s \end{array}$$

となっていて，$a_i = 1$ だからユニモジュラ規則より

$$a_{i-1} \cdot a_i - 1 \cdot p = a_{i-1} - p = 1, \quad \therefore \ a_{i-1} = 1 + p$$

だが，$\mathscr{F}$ は正値としたので $p \geq 1$ であり，$a_{i-1} = 1 + p \geq 2$ である．同様にして $a_{i+1} \geq 2$ がわかる．そこで，長さ $n - 1$ の種数列を

$$a' = (a_1, \ldots, a_{i-2}, a_{i-1} - 1, a_{i+1} - 1, a_{i+2}, \ldots, a_n)$$

とおく．a' の各成分は 1 以上の整数である．この a' を種数列にして構成されたフリーズを $\mathscr{F}' = \mathscr{F}(a')$ として，その第 1 対角線を $f'_0 = 1, f'_1 = a'_1, f'_2, \ldots$ と書く．このとき

$$\begin{cases} f'_k = f_k & (k \leq i - 2) \\ f'_k = f_{k+1} & (k \geq i - 1) \end{cases} \tag{2.16}$$

が成り立つことを示そう．いま，$\alpha = a_{i-1}$, $\beta = a_{i+1}$ と書いて行列の計算を行うと

$$\begin{aligned} \begin{pmatrix} \alpha & 1 \\ -1 & 0 \end{pmatrix} \begin{pmatrix} 1 & 1 \\ -1 & 0 \end{pmatrix} \begin{pmatrix} \beta & 1 \\ -1 & 0 \end{pmatrix} &= \begin{pmatrix} \alpha\beta - \alpha - \beta & \alpha - 1 \\ -\beta + 1 & -1 \end{pmatrix} \\ &= \begin{pmatrix} \alpha - 1 & 1 \\ -1 & 0 \end{pmatrix} \begin{pmatrix} \beta - 1 & 1 \\ -1 & 0 \end{pmatrix} \end{aligned}$$

となることがわかる．最右辺の行列は $\begin{pmatrix} a'_{i-1} & 1 \\ -1 & 0 \end{pmatrix}\begin{pmatrix} a'_i & 1 \\ -1 & 0 \end{pmatrix}$ であることに注意しよう．つまり

$$M_k(a'_1, \ldots, a'_k) = \begin{cases} M_k(a_1, \ldots, a_k) & (k \leq i-2) \\ M_{k+1}(a_1, \ldots, a_{k+1}) & (k \geq i) \end{cases} \tag{2.17}$$

である．これより式 (2.16) の $k \neq i-1$ の場合が従う．一方，式 (2.17) の $k = i$ のときを使うと

$$\begin{pmatrix} f'_i \\ f'_{i-1} \end{pmatrix} = {}^tM_i(a'_1, \ldots, a'_i)\begin{pmatrix} 1 \\ 0 \end{pmatrix} = {}^tM_{i+1}(a_1, \ldots, a_{i+1})\begin{pmatrix} 1 \\ 0 \end{pmatrix} = \begin{pmatrix} f_{i+1} \\ f_i \end{pmatrix}$$

となって，第 2 成分を比較すると $f'_{i-1} = f_i$ がわかる．以上より，$\mathscr{F}'$ の第 1 対角線はちょうど $\mathscr{F}$ の第 1 対角線の $(i-1)$ 番目の成分を省いたものに等しいことがわかった．同様の考察によって $\mathscr{F}'$ の第 2 対角線は $\mathscr{F}$ の第 2 対角線の $(i-2)$ 番目の成分を省いたものに等しく，第 3 対角線では $(i-3)$ 番目の成分を省いたものに等しい．

結果として，$\mathscr{F}'$ は正値帯状フリーズで，その幅は $m-1$ であることがわかる．すると，帰納法の仮定から a' は $n-1 = m+2$ 角形の奇蹄列であって，$\mathscr{F}' = \mathscr{F}(a')$ は a' を種数列とするフリーズである．

そこで，奇蹄列 a' に対応する $(n-1)$ 角形の三角形分割の第 $(i-1)$ 番目と i 番目の頂点を結ぶ辺に三角形を貼りつけて n 角形を作ろう．するとこれも三角形分割されているが，ちょうどその奇蹄列が a になることが“三角形を貼り合わせる”という操作から納得されるであろう（図 2.9 参照）．

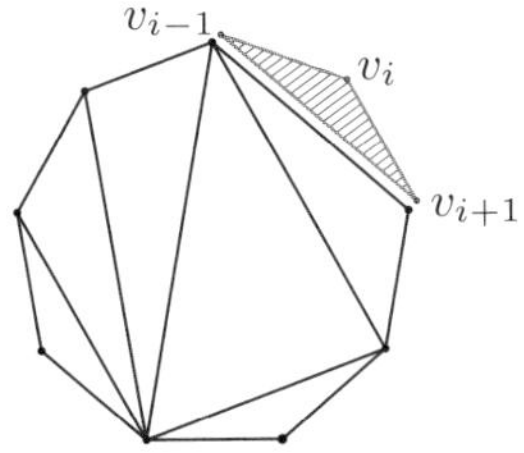

図 2.9　$(n-1)$ 角形に一つ三角形を貼り合わせる

したがって a は n 角形の奇蹄列である．これが示したいことだった．

証明はお仕舞いだが，ついでに第 1 対角線 $(f'_k)_{k=1}^{m-1}$ から $(f_k)_{k=1}^{m}$ がどのように復活するのかも見ておこう．式 (2.16) を考慮すれば，要するに f_{i-1} だけを決めればよい．$a_i = 1$ なので

$$f_i = a_i f_{i-1} - f_{i-2} = f_{i-1} - f_{i-2}$$

だが，$f_i = f'_{i-1}$，$f'_{i-2} = f_{i-2}$ だから

$$f_{i-1} = f'_{i-2} + f'_{i-1} \tag{2.18}$$

である． □

［定理 2.18 (1) の証明］ a を n 角形の奇蹄列として，$n \geq 4$ に関する帰納法で示す．このとき，系 2.6 (2) によって，$a_i = 1$ となるような成分が存在する．

そこで奇蹄列 a に対応する三角形分割において，頂点 v_i をもつ三角形を取り除いてしまおう．すると $(n-1)$ 角形の三角形分割が得られ，対応する奇蹄列 a' は主張 (2) の証明のときと同じ a' となり，差分方程式系を考えるとまったく同様にして，フリーズ $\mathscr{F}' = \mathscr{F}(a')$ の第 1 対角線は $\mathscr{F}$ の第 1 対角線からちょうど成分 f_{i-1} を取り去ったものであることがわかる．

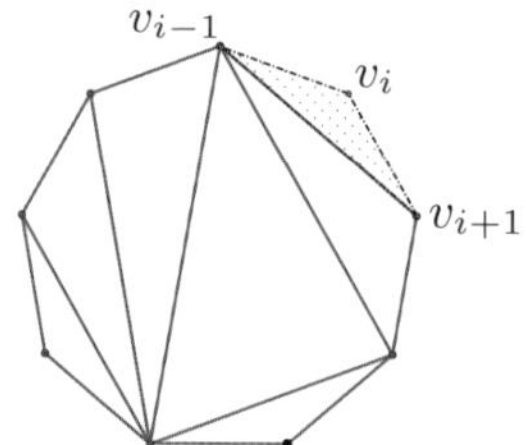

図 2.10 三角形分割から三角形を一つ除去する

帰納法の仮定を使うと，奇蹄列 a' に対応するフリーズ $\mathscr{F}'$ は幅が $m' = (n-1) - 3 = n - 4$ の正値帯状フリーズであることがわかる．したがって，$\mathscr{F}$ の第 1 対角線は $m = m' + 1 = n - 3$ とおくと $f_{m+1} = 1$，$f_{m+2} = 0$ を満たす．また $1 \leq j \leq m$ に対して $j \neq i - 1$ ならば $f_j \geq 1$ である．一方，(2) の証明と同様にして式 (2.18) から $f_{i-1} = f'_{i-2} + f'_{i-1} \geq 2$ がわかる（$i - 2 = 0$ となることもありうるが，このときは $f'_0 = 1$ であることに注意せよ）．

以上は第1対角線の話だが，第2対角線，第3対角線，… もまったく同様の性質をもつことが示される．これより $\mathscr{F}$ が幅 $m=n-3$ の正値帯状フリーズになることがわかった．□

かくして，奇蹄列が帯状のフリーズを定めることがわかったが，実は奇蹄列は帯状フリーズの第1対角線だけから決まっている．それは第1対角線

$$f_0=1,\ f_1=a_1,\ f_2,\dots,f_{n-2}=1,\ f_{n-1}=0 \tag{2.19}$$

を与えるとユニモジュラ規則を使って他の成分がすべて計算できることから明らかであるが，奇蹄列 $a=(a_1,a_2,\dots,a_n)$ は対角線の成分を用いて次のように具体的に書ける．

系 2.20　周期が n で幅が m の正値帯状フリーズ $\mathscr{F}(a)$ の第1対角線上の成分を式 (2.19) のように書いておけば，種数列である奇蹄列は

$$a_i=\frac{f_i+f_{i-2}}{f_{i-1}}\quad(1\le i<n),\qquad a_n=3(n-2)-(a_1+a_2+\cdots+a_{n-1})$$

で与えられる．とくに，フリーズ $\mathscr{F}(a)$ の任意の対角線における連続する3つの成分を f_{k-1},f_k,f_{k+1} とすると，$f_{k-1}+f_{k+1}$ は f_k で割り切れる．

[証明]　最初の a_i の式は差分方程式 $f_i=a_if_{i-1}-f_{i-2}$ を書き直したものにすぎない．ところが $i=n$ のときには $f_{n-1}=0$ なので差分方程式を解くことはできない．そこで系2.6の力を借りると，奇蹄列の総和は $3(n-2)$ だったから，a_n は $a_1,\dots,a_{n-1}$，つまり第1対角線の成分を用いて表されることがわかる．□

演習 2.21　§2.2 のフリーズに対して対角線から奇蹄列を計算してみよ．対角線をいろいろと取り替えて計算してみるとよい．

演習 2.22　奇蹄列とは限らない任意の自然数の種数列から生成されたユニモジュラ・フリーズ $\mathscr{F}$ を考える．これはもはや帯状のフリーズにはならない．このフリーズ $\mathscr{F}$ の任意の対角線における連続する3つの成分を f_{k-1},f_k,f_{k+1} とすると，$f_{k-1}+f_{k+1}$ は f_k で割り切れるだろうか？

第3章 三角形分割の組合せ論とフリーズ

Conway-Coxeter の定理から，三角形分割の奇蹄列から生成されたフリーズが正値帯状フリーズになることがわかった．その第 1 対角線は差分方程式を解くことによって得られ（補題 2.13），あるいは行列の積を計算することでもわかる（命題 2.16）．これらの方法はいわば“代数的な方法”である．

一方，Conway-Coxeter [12, 13] によるもともとの証明は三角形分割の組合せ論と帰納法を組み合わせた簡便なもので，それ自身興味深い．とくに第 1 対角線を計算する手続がその証明の中核にある．さらに，Conway-Coxeter の論文が発表された翌年，わずか 1 年後に Broline-Crowe-Isaacs によって，三角形分割から直接第 1 対角線を与える驚くべき方法が発見されている（[6]）．これらの組合せ論的な方法はどちらも単純であるが，その単純明快さとは裏腹に深い洞察に基づく幾何学的なものである．

この章では三角形分割の組合せ論的な性質に焦点を当てて，フリーズとの関係を紹介しよう．

§3.1 フリーズ対角線の計算：Conway-Coxeter のアルゴリズム

凸 n 角形 $\mathscr{P}$ の頂点を時計回りに $v_0, v_1, v_2, \ldots, v_{n-1}$ とする．いつものように $v_n = v_0$ と巡回的に添え字の同一視を行う．この n 角形の三角形分割を一つ選び，しばらくこれを固定して考えよう．頂点 v_k に集まる三角形の個数を q_k と書いて，$q = (q_0, q_1, \ldots, q_{n-1})$ を奇蹄列と呼ぶのであった．奇蹄列と三角形分割は一対一に対応している．

さて，次のようなアルゴリズムで $\mathscr{P}$ の任意の頂点から始めて，各頂点 v_i に非負の整数 ψ_i を対応させる．

(I) 任意の頂点を選び，その頂点 v_k に $\psi_k = 0$ を対応させ，v_k と辺，または対角線で結ばれているすべての頂点に 1 を対応させる．

(II) 三角形分割に現れる三角形のうち，すでに 2 つの頂点に数字 a, b が対応しているものを選び，残りの頂点には $a + b$ を対応させる．

(III)　これを繰り返す．

このアルゴリズムはかなり任意性が高いが，最初に選ぶ頂点を決めれば，不思議なことにどのように計算しても結果は同じになる．これを **Conway-Coxeter のアルゴリズム** [13, (32)] と呼ぶ．図 3.1, 3.2, 3.3 に例をあげておくので，それぞれ自分で数字をたどってみてほしい．

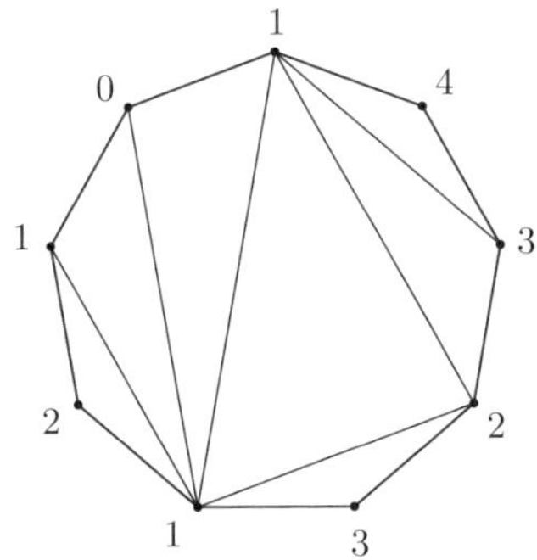

図 3.1　Conway-Coxeter のアルゴリズム

いくつか頂点を変えて計算してみてほしい．頂点を取り替えると，もちろん得られる数列は異なるものになる．三角形分割も取り替えて実験してみるとよい．さて，実験してみておわかりになっただろうか？

定理 3.1 (Conway-Coxeter)　最初に選ぶ頂点を v_0 としよう．すると Conway-Coxeter のアルゴリズムで得られた数列

$$\psi = (\psi_0, \psi_1, \psi_2, \ldots, \psi_{n-1}), \qquad \psi_0 = 0,\ \psi_1 = \psi_{n-1} = 1$$

は種数列を奇蹄列 $q = (q_1, \ldots, q_n)$ にとって生成したフリーズ $\mathscr{F}(q)$ の第 1 対角線 $(f_{-1} = 0, f_0 = 1, f_1 = q_1, f_2, \ldots, f_{n-2})$ に一致する．

[証明]　$n = 3$ のときには明らかなので $n \geq 4$ としてよいだろう．

アルゴリズムの最初 (I) は v_0 と結ばれている頂点すべてに 1 を対応させるというものだが，好きなところに一つだけ 1 を対応させて，あとは 2 つの頂点

の数字の和をとるという手続 (II) を繰り返せば結局は同じことになる．そこで $\psi_0 = 0, \psi_1 = 1$ として始めよう（隣の頂点 v_1 は v_0 と多角形の辺によって結ばれている）．

最初にアルゴリズム (II) で選ばれる三角形を T_1 とし，$T_1, T_2, \ldots, T_{k-1}$ が選ばれたとき，次に (II) によって選ばれる三角形を T_k としよう．このとき

$$\mathscr{P}_{k+2} := \bigcup_{j=1}^{k} T_j$$

はその作り方から明らかに凸 $(k+2)$ 角形で，$\mathscr{P}_{k+2}$ は $\mathscr{P}_{k+1}$ の 1 辺に三角形 T_k を付け加えて得られる．

n に関する帰納法を使おう．凸 $(n-1)$ 角形 $\mathscr{P}_{n-1}$ の頂点にはすでに数がラベル付けされているが，それが対応するフリーズの第 1 対角線であると仮定して，それを時計回りに $f'_{-1}, f'_0, f'_1, \ldots, f'_{n-3}$ としておく．$\mathscr{P}_n = \mathscr{P}_{n-1} \cup T_{n-2}$ だが，T_{n-2} が新たに付け加わった辺を $(i-1, i)$ とすると $\mathscr{P}_n$ の新しい頂点のラベルはアルゴリズム (II) によって $f'_{i-1} + f'_i$ である．したがって，

$$f'_{-1} = 0,\ f'_0 = 1,\ f'_1, \ldots, f'_{i-1},\ f'_{i-1} + f'_i,\ f'_i, \ldots, f'_{n-3}$$

が $\mathscr{P}_n$ のラベル付けとなる．これは定理 2.18 の証明中の三角形を一つ取り去る／付け加えるという状況とまったく同じであり，第 1 対角線の満たす等式 (2.18) と同じことが起こっている．つまり得られたものは $\mathscr{P}$ の第 1 対角線である．　□

最初にアルゴリズム (I) で選ぶ頂点を v_k とすると，得られた数列 ($\psi_k = 0$, $\psi_{k+1} = 1, \psi_{k+2}, \ldots, \psi_{k-1} = 1$) は第 $(k+1)$ 対角線になる．これは多角形の頂点の番号付けを少し変更すれば容易にわかるだろう．

演習 3.2　図 2.5 の三角形分割の頂点を選んで Conway-Coxeter アルゴリズムを実行せよ．得られた数列がそれぞれ中間段階の $\mathscr{P}_k$ に対応するフリーズの第 1 対角線であることを確認しながら，第 1 対角線の変化を追跡してみよ．

演習 3.3　次のジグザグ三角形分割に対して，奇蹄列の成分が 1 の頂点から始めて Conway-Coxeter アルゴリズムを実行せよ．得られた数列はジグザグの順

番で並べると，かの有名な**フィボナッチ数列**になる[*1]．他の頂点に 0 を置いて出発すると，フィボナッチ数列が左右に展開してゆくさまが見て取れるだろう．このようにして帯状フリーズにはフィボナッチ数列の成分が多く現れる．

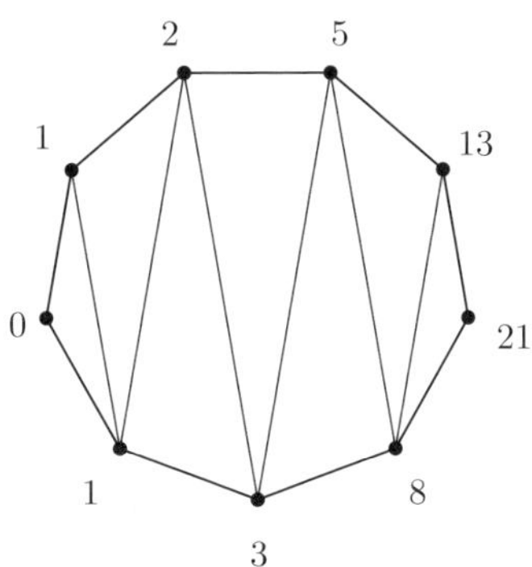

図 3.2　ジグザグ三角形分割

演習 3.4　次の扇の要(かなめ)型の三角形分割に対して，扇の要の部分から始めて Conway-Coxeter アルゴリズムを実行せよ．また，奇蹄列の成分が 1 の頂点から始めて Conway-Coxeter アルゴリズムを実行せよ（図 3.3 参照）．得られた数列はどのようなものになるか？

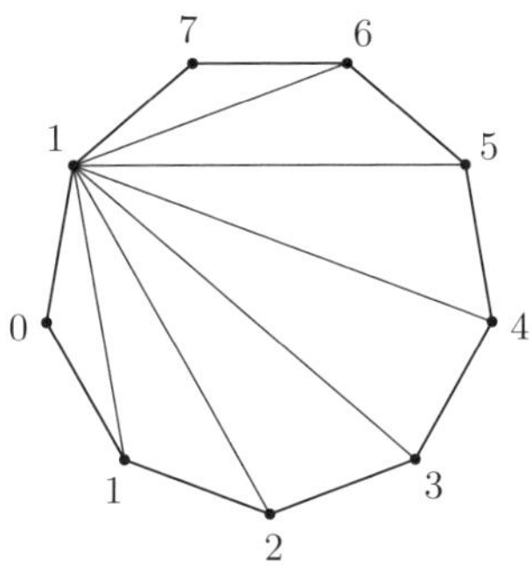

図 3.3　扇の要型三角形分割

[*1] Fibonacci, Leonardo Pisano (1170–1250). フィボナッチ数列は $1, 1, 2, 3, 5, 8, 13, 21, \ldots$ のように漸化式 $\mathfrak{f}_i = \mathfrak{f}_{i-1} + \mathfrak{f}_{i-2}$ で決まる数列で，自然現象のさまざまな側面で現れるおもしろい数列の一つである．興味を持った読者は，たとえば [56, 第 4 章] や [68] を見てみるとよい．とくに [56] はフリーズの創始者の一人 Conway（と共著者の Guy）によって著されたおもしろい本で，フリーズも話題の一つになっている．

§ 3.2 Broline-Crowe-Isaacs の定理

前節と同様に，凸 n 角形の三角形分割を一つ選び，これを固定して考える．凸 n 角形の頂点を時計回りに $v_0, v_1, v_2, \ldots, v_{n-1}, v_n = v_0$ と書いて，奇蹟列を $q = (q_0, q_1, \ldots, q_{n-1})$ とする．

n 角形の三角形分割に現れる三角形の総数は $(n-2)$ 個だったが，これら $(n-2)$ 個の三角形全体の集合を $\mathscr{T}_n$ と書き，各三角形を $t \in \mathscr{T}_n$ のように文字で表そう．t の 3 つの頂点はすべて n 角形の頂点だが，その頂点が v_i, v_j, v_k のとき $t = \delta(i, j, k)$ と書く．また v_i が t の頂点であることを $v_i \in t$ のように集合の要素を表す記号を流用して表すことにする．

さて，頂点 v_0 から始めて時計回りに $v_1, v_2, \ldots$ と進み v_k まで到達したとして，途中の頂点 $v_1, \ldots, v_{k-1}$ にそれぞれ三角形 $t_1, \ldots, t_{k-1}$ を対応させる．このとき $v_i \in t_i$，つまり v_i は三角形の頂点であって，しかも $t_1, \ldots, t_{k-1}$ が重複しないように列を選ぶ．すぐに明らかとは言えないが，このような選び方は常に可能であって，複数ある場合ももちろんある．そこで，このような三角形の列 $(t_1, \ldots, t_{k-1})$ の全体を $\mathscr{T}(v_0, v_k)$ で表そう．つまり

$$\mathscr{T}(v_0, v_k) = \{(t_1, \ldots, t_{k-1}) \mid v_i \in t_i \in \mathscr{T}_n,\ t_i \neq t_j\ (i \neq j)\} \tag{3.1}$$

である（図 3.4 参照）．

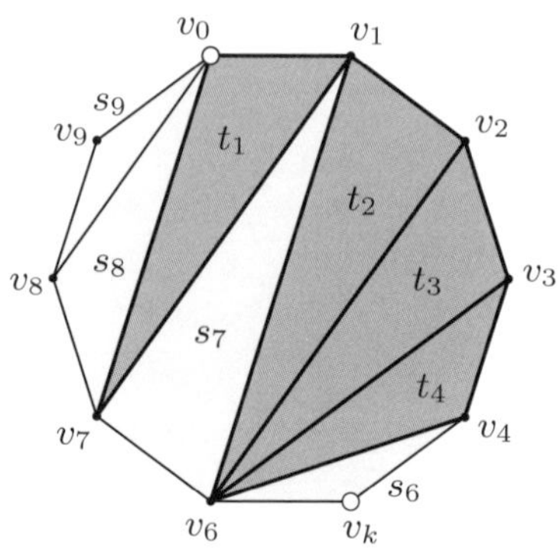

図 3.4　$\mathscr{T}(v_0, v_k)$ の図

このような三角形の列の個数を $N(v_0, v_k) = \#\mathscr{T}(v_0, v_k)$ で表す．特別な場合として $\mathscr{T}(v_0, v_1) = \{()\}$ は空の三角形の列が一つ存在すると考え，$\mathscr{T}(v_0, v_0) = \emptyset$

は空集合とする[*2]．つまり $N(v_0, v_1) = 1$, $N(v_0, v_0) = 0$ である．

もちろん $\mathscr{T}(v_0, v_2)$ ならば一つの三角形の“列” (t_1) で v_1 を頂点にもつようなもの全体なので，これは要するに v_1 の周りに集まっている三角形全体を意味している．つまり $N(v_0, v_2) = q_1$ は頂点 v_1 に集まる三角形の個数，奇蹄列の成分 q_1 に一致している．おもしろいのは $N(v_0, v_{n-1})$ であって，実は $N(v_0, v_{n-1}) = 1$ である！

考え方に慣れるためにも，これをもう少し詳細に見てみる（図 3.5 参照）．

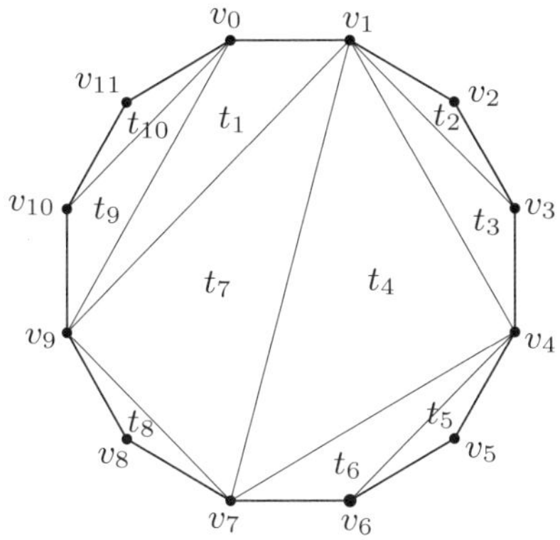

図 3.5　$N(v_0, v_{n-1}) = 1$

要するに三角形の列 $(t_1, \ldots, t_{n-2})$ であって，互いに異なっており，$v_i \in t_i$ を満たすようなものはただ一つしかないということである．それを知るためには，奇蹄列の成分で $q_i = 1$ となっているものに注目するのがよい．系 2.6 の (2) によって $q_i = 1$ を満たす頂点は 2 個以上あり，しかもそれらは隣り合ってはいないので v_0, v_{n-1} 以外に $q_i = 1$ となる頂点 v_i が存在する．そうすると $\delta(i-1, i, i+1)$ はちょうど頂点が v_i になるただ一つの三角形である．だから $t_i = \delta(i-1, i, i+1)$ とならなければならず，t_i はただ一つに決まる．三角形 t_i は決まったのでこれを省いてしまおう．そうすると，頂点 v_i を除いた $(n-1)$ 角形を考えればよい．この多角形でもやはり $q_j = 1$ となる頂点があるので t_j は決まる（頂点 v_i は省いたが混乱しないように残りの頂点の番号付けは取り替え

[*2] 空の列と，何も列がないのとはどう違うのか．このあたりは悩ましいところだが，不思議とこう考えるとしっくりくる．実際，このあとではこの違いが重要になってくる．

ないことにする）．そこで今度は v_j を取り除き，…と，この手続を繰り返してゆけば三角形の列 $(t_1, \ldots, t_{n-2})$ が決まる．もちろん正式には数学的帰納法を使うのがスジではあるが，そこまですることもないだろう．三角形の個数は $(n-2)$ 個なので，これで三角形分割に現れるすべての三角形が得られたことになる．そして，その構成の仕方からこのような列はただ一つしかない．

もちろん，$\mathscr{T}(v_0, v_k)$ の代わりに 2 頂点 v_m, v_k をとってその間の頂点に付随する三角形の列を考えてもよい．一般に

$$\mathscr{T}(v_m, v_k) = \{(t_{m+1}, \ldots, t_{k-1}) \mid$$

$$v_i \in t_i \in \mathscr{T}_n \, (m < i < k),\ t_i \neq t_j \ (i \neq j)\},$$

$$N(v_m, v_k) = \#\mathscr{T}(v_m, v_k)$$

である．一方，どの頂点から始めるかがわかっているときには $N(v_0, v_k)$ のことを短く簡潔に $N(v_k)$ などと書くことにしよう．また後々の都合によって $\varphi_i = N(v_{i+1})$ と添え字を一つずらしたものも考える．

さて，$\varphi_{n-2} = N(v_0, v_{n-1}) = 1$ だが，一般に $\varphi_i = N(v_{i+1})$ はそう簡単には計算できない．いや，違った．そう簡単には計算**できそうにない**と思うのだが，できてしまうのである．しかも，この数がフリーズのすべてを決めてしまうということを Broline-Crowe-Isaacs の 3 人が発見した ([6])．

定理 3.5 (Broline-Crowe-Isaacs)　凸 n 角形の三角形分割を一つとり，式 (3.1) で定義された三角形列の集合 $\mathscr{T}(v_0, v_k)$ の個数を $\varphi_i = \#\mathscr{T}(v_0, v_{i+1})$ とする．このとき奇蹄列 $q = (q_1, q_2, \ldots, q_n)$ を種数列とするフリーズ $\mathscr{F}(q)$ の第 1 対角線は

$$\varphi_0,\ \varphi_1,\ \varphi_2,\ \ldots,\ \varphi_{n-3},\ \varphi_{n-2},\ \varphi_{n-1}$$

$$(\text{ここで}\ \ \varphi_0 = 1,\ \varphi_1 = q_1,\ \varphi_{n-3} = q_{n-1},\ \varphi_{n-2} = 1,\ \varphi_{n-1} = 0)$$

で与えられる．同様にして第 j 対角線は

$$N(v_{j-1}, v_{j+i}) = \#\mathscr{T}(v_{j-1}, v_{j+i}) \quad \text{とおいて} \quad \big(N(v_{j-1}, v_{j+i})\big)_{i=0}^{n}$$

と与えられる．つまりフリーズ $\mathscr{F}(q)$ の成分は $\zeta_{i,j} = N(v_{j-1}, v_{j+i})$ である．

この定理の証明の基本は頂点数に関する帰納法で，頂点を一つ取り去ることにより $\varphi_i = N(v_0, v_{i+1})$ がどう変化するのかを調べればよいのだが，いささか長く，しかも忍耐が必要である．そこで節を改めて，証明は次の節にまとめることにする（難しく感じる読者はこの証明を飛ばして先に進んでもよいだろう．必要ならばまた戻ってきて証明を確認すればよい）．

§ 3.3　定理 3.5 の証明

数列 $(\varphi_i)_{i=0}^{n}$ が補題 2.13 の差分方程式を満たすことを，多角形の頂点数 n に関する帰納法で示す．つまり，式 (2.8) の差分方程式

$$\varphi_i = q_i \varphi_{i-1} - \varphi_{i-2} \qquad (1 \leq i \leq n) \tag{3.2}$$

が成り立つことを示そう．そうすると $(\varphi_i)_{i=0}^{n}$ が，フリーズの第 1 対角線と同じ初期値をもち，同じ差分方程式を満たすことから両者は一致することがわかる．

系 2.6 より，n 角形の三角形分割には $q_k = 1$ となるような v_k が存在するが，そのような頂点は少なくとも 2 つはあるので，$k \neq 0$ としてよい．このとき v_k を取り除いた $(n-1)$ 角形に関する諸量に $'$（プライム）をつけて表すことにする．たとえば $\mathscr{T}'(v_0, v_i)$ とか，$N'(v_i)$ や φ'_i のように（v_0 は除去されないことに注意）．ただし，頂点の番号付けだけは混乱を引き起こすので，もとの n 角形の頂点の番号付けを使用することにし，k を欠番とする．つまり，頂点は

$$v_0, v_1, \ldots, \widehat{v}_k, \ldots, v_{n-1} \qquad (\widehat{\ } \text{ はその部分を除くことを意味する})$$

である（図 3.6 参照）．

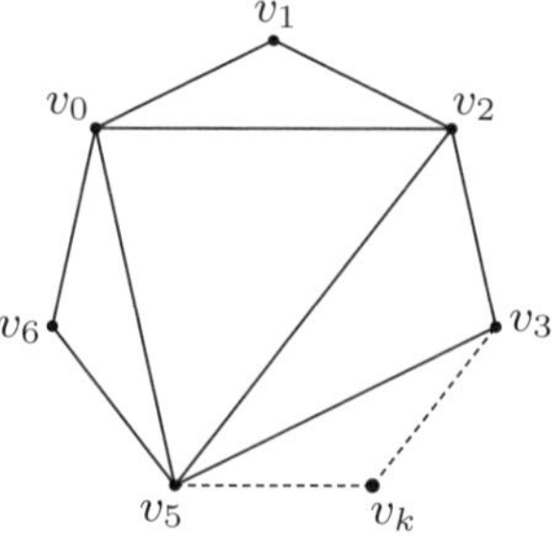

図 3.6　頂点 v_k を取り去る $(k = 4)$

補題 3.6　以上の設定の下に次が成り立つ．

(1) $m \neq k-1, k+1$ のとき $q'_m = q_m$ であって，

$$q'_{k-1} = q_{k-1} - 1 \quad \text{および} \quad q'_{k+1} = q_{k+1} - 1$$

(2) $m \neq k$ のとき $N'(v_0, v_m) = N(v_0, v_m)$ であって，$m = k$ ならば

$$N(v_0, v_k) = N'(v_0, v_{k+1}) + N'(v_0, v_{k-1}) = N(v_0, v_{k+1}) + N(v_0, v_{k-1})$$

［証明］　(1) 頂点 v_k の三角形が一つ減るので，奇蹄列の変化は明らか．

(2) まず $m \neq k$ のとき．$k > m$ なら頂点が v_k の三角形 $\delta_k := \delta(k-1, k, k+1)$ は $\mathscr{T}(v_0, v_m)$ に登場しないので，省いてしまっても影響しない．したがって $N(v_0, v_m) = N'(v_0, v_m)$ である．もし $k < m$ ならば

$$\mathscr{T}(v_0, v_m) = \{(t_1, \ldots, t_{m-1}) \mid v_i \in t_i \in \mathscr{T}_n,\ t_i \neq t_j\ (i \neq j)\}$$

において $t_k = \delta_k$ でなければならない．実際，v_k を頂点にもつ三角形は δ_k しかないからである．そこで $t_k = \delta_k$ を省くことで写像

$$\rho_k : \mathscr{T}(v_0, v_m) \ni (t_1, \ldots, \delta_k, \ldots, t_{m-1}) \\ \longmapsto (t_1, \ldots, \widehat{\delta}_k, \ldots, t_{m-1}) \in \mathscr{T}'(v_0, v_m)$$

が得られるが，δ_k を挿入することによって逆の写像も得られるから ρ_k は全

単射であり，$\mathscr{T}(v_0,v_m)$ の個数と $\mathscr{T}'(v_0,v_m)$ の個数は等しい．したがって $N(v_0,v_m)=N'(v_0,v_m)$ である．

次に $m=k$ のときを考えよう．

$$\mathscr{T}'(v_0,v_{k-1})=\{(s_1,\dots,s_{k-2})\mid s_i\ni v_i,\ s_i\neq s_j\}$$

$$\mathscr{T}'(v_0,v_{k+1})=\{(t'_1,\dots,t'_{k-1})\mid t'_i\ni v_i,\ t'_i\neq t'_j\}$$

と書いておく．もちろん $t'_{k-1}\neq\delta_k$ である．すると，$\mathscr{T}(v_0,v_k)$ の列は最後の三角形が δ_k か，そうでないかによって

$$\begin{aligned}\mathscr{T}(v_0,v_k)&=\{(t_1,\dots,t_{k-2},t_{k-1})\}\\&=\{(t'_1,\dots,t'_{k-1})\mid t'_{k-1}\neq\delta_k\}\sqcup\{(s_1,\dots,s_{k-2},\delta_k)\}\end{aligned}$$

のように 2 つに分かれる．右辺の集合は条件を省略して簡単に書いたが意味はわかってもらえると思う．最右辺の第 1 項は $\mathscr{T}'(v_0,v_{k+1})$ に一致し，第 2 項は最後の δ_k を省いて考えれば $\mathscr{T}'(v_0,v_{k-1})$ と一対一に対応する．したがって，個数を数えると

$$N(v_0,v_k)=N'(v_0,v_{k+1})+N'(v_0,v_{k-1})=N(v_0,v_{k+1})+N(v_0,v_{k-1})$$

となっていることがわかる．ここで 2 番目の等式には，すでに示した $m\neq k$ のときの等式を用いた．□

さて，では定理の証明に戻ろう．といっても，あらかた片はついてしまったような感じだが，$\varphi_i=N(v_0,v_{i+1})$ が差分方程式

$$\varphi_i=q_i\varphi_{i-1}-\varphi_{i-2} \tag{3.3}$$

を満たすことを n に関する帰納法で示すのであった．$N(v_m)=N(v_0,v_m)$ などと書いて，場合分けして考えよう．

（あ）$1\le k\le i-2$ または $i+2\le k<n$ のとき．帰納法の仮定より

$$\varphi'_i=q'_i\varphi'_{i-1}-\varphi'_{i-2}$$

が成り立つが，$q'_i=q_i$ および $m=i,\,i-1,\,i-2$ に対して

$$\varphi'_m=N'(v_{m+1})=N(v_{m+1})=\varphi_m$$

が補題より成り立つ．したがって差分方程式 (3.3) が成り立つ．

（い）$k=i-1$ のとき．補題より $q'_i=q_i-1$ かつ

$$N(v_{i-1})=N'(v_i)+N'(v_{i-2}),\quad N(v_m)=N'(v_m)\ \ (m\neq i-1)$$

が成り立つ．帰納法の仮定は，頂点 $v_k=v_{i-1}$ が取り除かれることを考慮すると[*3] $\varphi'_{i+1}=q'_i\varphi'_i-\varphi'_{i-2}$，つまり

$$N'(v_{i+1})=q'_iN'(v_i)-N'(v_{i-2})$$

となる．頂点のラベル付けは保持したままになっていることに注意しよう．これに上の式を当てはめると

$$N(v_{i+1})=(q_i-1)N(v_i)-(N(v_{i-1})-N'(v_i))=q_iN(v_i)-N(v_{i-1})$$

となって，やはり差分方程式が成り立つ．

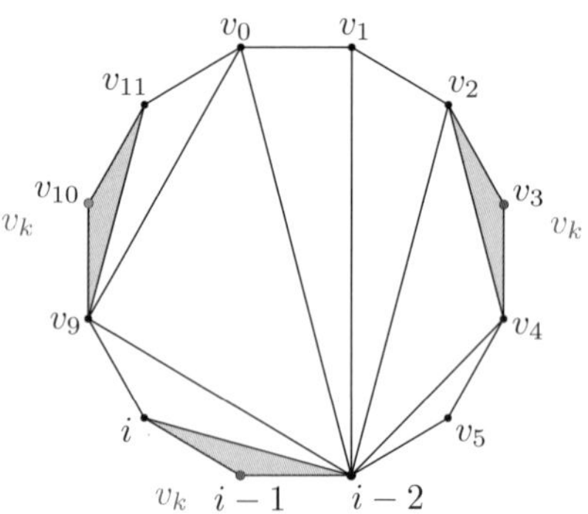

図 3.7　$v_k=v_{i-1}$ のとき

（う）$k=i$ のとき．このときは $q_i=1$ であって，補題より $N(v_{i+1})=N(v_i)-N(v_{i-1})$ だから差分方程式を満たす．

（え）$k=i+1$ のとき．（い）の場合とほぼ同様である．補題より $q'_i=q_i-1$ かつ

$$N(v_{i+1})=N'(v_{i+2})+N'(v_i),\quad N(v_m)=N'(v_m)\ \ (m\neq i+1)$$

*3 φ'_j はもとの番号付けを維持しており，$\varphi'_k=\varphi'_{i-1}$ は欠番となっていることに注意．

だが，頂点 $v_k = v_{i+1}$ が取り除かれることを考慮して帰納法の仮定を書き直すと

$$N'(v_{i+2}) = q_i' N'(v_i) - N'(v_{i-1})$$

である．上の式を使うと

$$N(v_{i+1}) - N(v_i) = (q_i - 1)N(v_i) - N(v_{i-1}),$$

$$\therefore\ N(v_{i+1}) = q_i N(v_i) - N(v_{i-1})$$

となって差分方程式が成り立つ．

最後に，帰納法の出発点をどこにとるかが問題であるが，意味のあるところで $n = 3$ または $n = 4$ くらいにとっておけばよいだろう．このとき三角形分割は一つしかないのでチェックは容易である．

§ 3.4　Broline-Crowe-Isaacs の対合写像

この節でも凸 n 角形の三角形分割を一つ固定して考えよう．$\mathscr{T}_n$ はその三角形の集合，そして，すでに何度も考えたように

$$\mathscr{T}(v_0, v_k) = \{(t_1, \ldots, t_{k-1}) \mid v_i \in t_i \in \mathscr{T}_n,\ t_i \neq t_j\ (i \neq j)\}$$

を $(v_1, \ldots, v_{k-1})$ の各頂点に付随した三角形の列の集合とする．これは v_0 から v_k に向かって時計回りに回った辺をたどっているが，この反対側にある多角形の頂点も考えよう．つまり

$$\mathscr{T}(v_k, v_0) = \{(s_{k+1}, s_{k+2}, \ldots, s_{n-1}) \mid \\ v_i \in s_i \in \mathscr{T}_n\ (k < i < n),\ s_i \neq s_j\ (i \neq j)\}$$

である．この集合に含まれる三角形の列の個数を

$$N(v_0, v_k) = \#\mathscr{T}(v_0, v_k), \qquad N(v_k, v_0) = \#\mathscr{T}(v_k, v_0)$$

で表す．2 頂点 v_0, v_k を挟んで互いに反対側にある頂点集合に付随する三角形列は，図 3.8 のように，ちょうどうまく互いに三角形分割の補集合になるように対応している ([6, Theorem 2])．これを証明しよう．

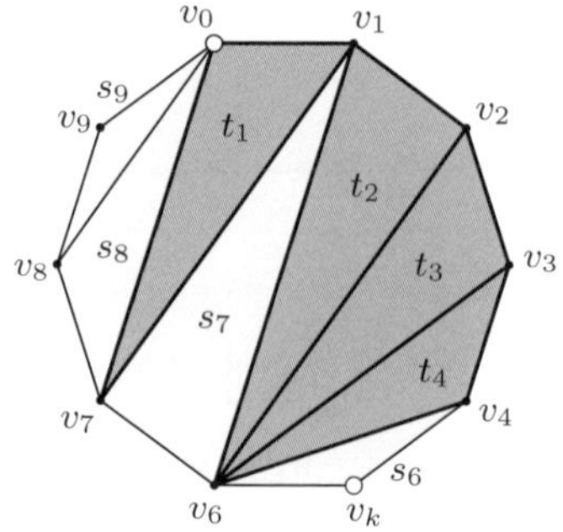

図 3.8 互いに補集合となる三角形列（再掲）

濃い色の三角形を取り除いた残りの三角形に頂点 v_6〜v_9 を対応させようとすると，ただ一通りである．

定理 3.7（Broline-Crowe-Isaacs） $\mathscr{T}(v_0, v_k)$ と $\mathscr{T}(v_k, v_0)$ の三角形の列同士は一対一に対応する．つまり，全単射写像

$$\psi : \mathscr{T}(v_0, v_k) \to \mathscr{T}(v_k, v_0)$$

が存在し，とくに両者の個数は等しく $N(v_0, v_k) = N(v_k, v_0)$ が成り立つ．

このように互いに補集合となっている三角形の列をもう一方の**補系列**と呼ぶことにする．

［証明］ $\mathscr{T}(v_0, v_k)$ の三角形列 $\boldsymbol{t} = (t_1, \ldots, t_{k-1})$ に対して，$\mathscr{T}(v_k, v_0)$ の三角形列 $\boldsymbol{s} = (s_{k+1}, \ldots, s_{n-1})$ を

$$\mathscr{T}_n = \{t_1, \ldots, t_{k-1}\} \cup \{s_{k+1}, s_{k+2}, \ldots, s_{n-1}\}$$

という具合に互いに補集合になるようにとる．したがって三角形列 $\boldsymbol{t}$ より集合 $\{s_{k+1}, \ldots, s_{n-1}\}$ は決まるが，実は並べ方の順序はただ一通りしかなく，三角形列 $\boldsymbol{s}$ も決まってしまうのである．まずそれを示そう．

$v_k = v_1$ のときには，$\mathscr{T}(v_0, v_1) = \{()\}$（空の三角形列が一つ）であって，$\mathscr{T}(v_1, v_0)$ は三角形分割に現れるすべての三角形 $\mathscr{T}_n$ を一列に並べたものただ一通りだけからなる．これはすでに図 3.5 の前後で説明した．確かにこの場合には

空の列とすべての三角形を並べた列が対応していて，互いに補集合の関係となっている．$v_k = v_{n-1}$ のときも役割が逆になるだけで同じことである．

そこで以下 $v_k \neq v_1, v_{n-1}$ の場合に考え，頂点数 n に関する帰納法で $\boldsymbol{s}$ の一意性を示す．

（あ）三角形 $t_1, \ldots, t_{k-1}$ のうち，その 1 辺が n 角形の辺ではなく対角線 (v_i, v_j) $(0 \leq i < i+1 < j \leq k)$ になっているようなものが存在していれば，多角形 $(v_i, v_{i+1}, \ldots, v_{j-1}, v_j)$（これは $(j-i+1)$ 角形である）は $t_1, \ldots, t_{k-1}$ に属する三角形のみで三角形分割されている．そこで頂点 $v_{i+1}, \ldots, v_{j-1}$ を除去，対角線 (v_i, v_j) で切り取った残りの多角形を考えれば，頂点数は少なくなっているので帰納法の仮定が使えて $\boldsymbol{s} = (s_{k+1}, \ldots, s_{n-1})$ の並び方はただ一つに決まる．

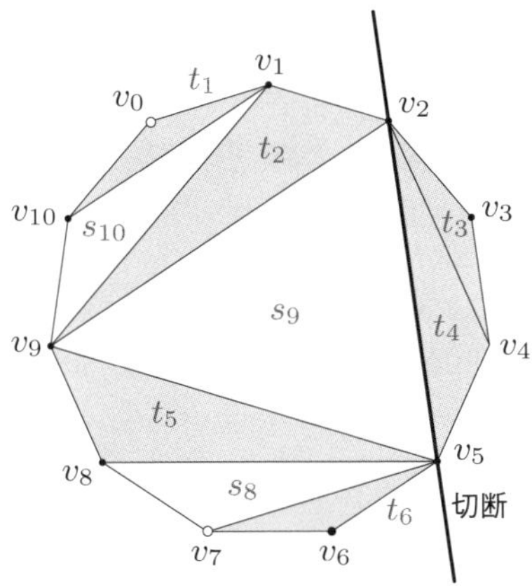

図 3.9　多角形を 2 つに分割する

（あ）でなければ，

（い）多角形の 1 辺 (v_i, v_{i+1}) $(0 \leq i < i+1 \leq k)$ を含む t_j が存在するか（たとえば図 3.10 の中の t_2），

または

（う） 頂点 (v_i, v_ℓ, v_m) $(0 < i < k < \ell < m < n)$ をもつ t_i が存在するか（たとえば図 3.10 の中の t_5）

のいずれかである．

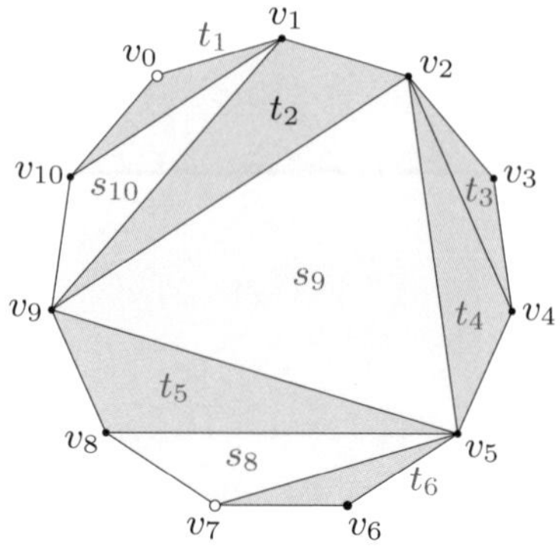

図 3.10 モデルケース t_2, t_5

記号が煩雑になるため，図 3.10 の例の場合に具体的に見てみよう．

（い）図 3.10 の中の t_2 の場合．t_2 を取り除き，対角線 (v_1, v_9) と (v_2, v_9) を貼り合わせ，$v_1 = v_2$ と同一視する．このとき頂点数は少なくなっているので帰納法の仮定より $\boldsymbol{s}$ が決まる．

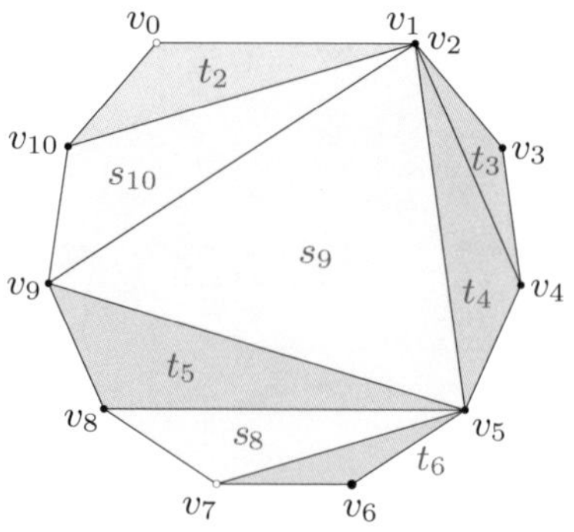

図 3.11 （い）t_2 の場合

（う）図 3.10 の中の t_5 の場合．t_5 を取り除き，2 つの多角形に分割する．図の場合では $\mathscr{T}(v_0, v_5)$ と $\mathscr{T}(v_5, v_7)$ になる．一般には $\mathscr{T}(v_0, v_i)$ と $\mathscr{T}(v_i, v_k)$ に分割することになり，それぞれの中で $s_{k+1}, \ldots, s_{n-1}$ の位置は決まる．

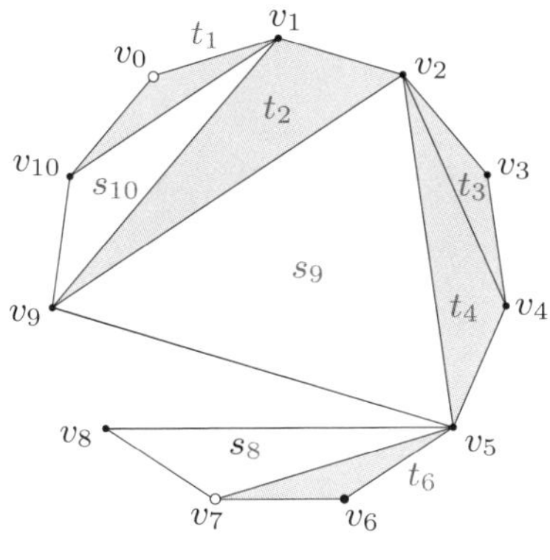

図 3.12　（う）t_5 の場合

このようにして三角形列 $\boldsymbol{t} \in \mathscr{T}(v_0, v_k)$ から，三角形分割におけるその補集合の三角形たちをとると，残りの頂点に対する三角形の並びがただ一通りに決まってしまうので $\boldsymbol{s} \in \mathscr{T}(v_k, v_0)$ が対応する．この対応を写像

$$\psi : \mathscr{T}(v_0, v_k) \to \mathscr{T}(v_k, v_0)$$

で表そう．まったく同じ構成を $\boldsymbol{s} \in \mathscr{T}(v_k, v_0)$ から始めれば，写像

$$\varphi : \mathscr{T}(v_k, v_0) \to \mathscr{T}(v_0, v_k)$$

が得られる（k を 0 に，0 を k に置き換えて考えればまったく同じである）．構成の仕方から $\boldsymbol{t}$ と $\boldsymbol{s}$ の役割が交換され，明らかに $\varphi \circ \psi = \mathrm{id}$（恒等写像）および $\psi \circ \varphi = \mathrm{id}$ が成り立つ（恒等写像 id はそれぞれ $\mathscr{T}(v_0, v_k), \mathscr{T}(v_k, v_0)$ のもので異なっていることに注意）．このことから $\varphi = \psi^{-1}$ は逆写像で ψ は全単射である． □

§ 3.5　フリーズの並進鏡映対称性

Broline-Crowe-Isaacs の定理 3.7 をフリーズに適用してみよう．$\mathscr{T}(v_0, v_k)$ の個数はフリーズの第 1 対角線を記述しているのだった．定理 3.7 はこれが $\mathscr{T}(v_k, v_0)$ と全単射対応することを述べているが，それはもとの三角形分割 Δ の鏡映 Δ^σ を考えたとき，その鏡映の三角形分割に付随した $\mathscr{T}(v_0^\sigma, v_{n-k}^\sigma)$ と同一視できる．ここで X^σ は鏡映をとった三角形分割に対応する X の量や概念を表す（図 3.13 参照）.

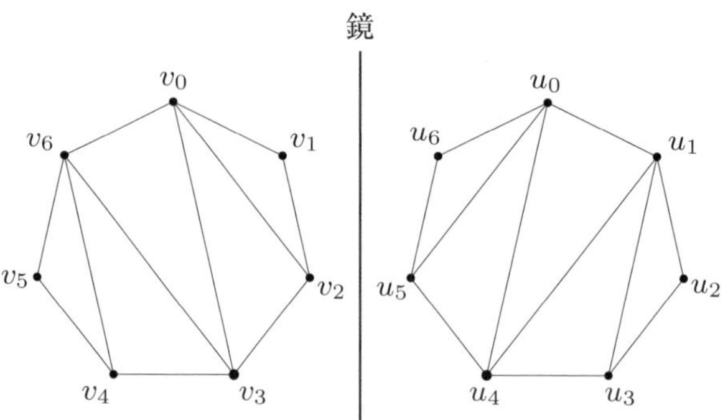

図 3.13　三角形分割の鏡映　$q = (1,2,3,2,1,3,3)$, $q^\sigma = (3,1,2,3,2,1,3)$

この図を見ればわかるように，鏡映をとることで奇蹄列は

$$q = (q_1, q_2, \ldots, q_n) \quad \text{から} \quad q^\sigma = (q_{n-1}, q_{n-2}, \ldots, q_1, q_n)$$

へと変化する．最後の $q_n = q_0$ は鏡映で変化していないことに注意しよう．

これをフリーズの方で眺めるとどうなるか．§3.2 では $N(v_0, v_{k+1})$ を φ_k と書いていたが，定理 3.5 で $\varphi_0, \varphi_1, \varphi_2, \ldots$ がフリーズの第 1 対角線を与えることが示された．そこで以前の記号に戻って，フリーズの第 1 対角線を $f_0, f_1, f_2, \ldots$ と表すことにしよう．つまり

$$f_i = \varphi_i = N(v_0, v_{i+1}) = \#\mathscr{T}(v_0, v_{i+1})$$

である．

すると，定理 3.7 によって q_{n-1} を通るフリーズの逆対角線（右上から左下に向かう対角線）が

$$f_i^\sigma = N(v_0^\sigma, v_{i+1}^\sigma) = N(v_0, v_{n-i-1}) = f_{n-i-2}$$

で与えられることになる（図 3.14 参照）．つまりフリーズ $\mathscr{F}(q)$ の第 1 対角線が

$$f_{-1} = 0,\ f_0 = 1,\ f_1 = q_1,\ f_2,\ \ldots,\ f_{n-3} = q_{n-1},\ f_{n-2} = 1,\ f_{n-1} = 0$$

であって，奇蹄列の成分 q_{n-1} を通る逆対角線は

$$f_{n-1} = 0,\ f_{n-2} = 1,\ f_{n-3} = q_{n-1},\ \ldots,\ f_2,\ f_1 = q_1,\ f_0 = 1,\ f_{-1} = 0$$

となる．下図は $n=7$ のとき，奇蹄列が $q=(2,3,2,1,3,3,1)$ の場合である．

$$
\begin{array}{l}
f_{-1}\quad 0\quad 0\quad 0\quad 0\quad 0\quad 0\quad f_6\quad 0\\
\quad f_0\quad 1\quad 1\quad 1\quad 1\quad 1\quad f_5\quad 1\quad 1\\
\quad\quad f_1\quad 3\quad 2\quad 1\quad 3\quad f_4\quad 1\quad 2\quad 3\\
\quad\quad\quad f_2\quad 5\quad 1\quad 2\quad f_3\quad 2\quad 1\quad 5\quad 5\\
\quad\quad\quad\quad f_3\quad 2\quad 1\quad f_2\quad 5\quad 1\quad 2\quad 8\quad 2\\
\quad\quad\quad\quad\quad f_4\quad 1\quad f_1\quad 3\quad 2\quad 1\quad 3\quad 3\quad 1\\
\quad\quad\quad\quad\quad\quad f_5\quad f_0\quad 1\quad 1\quad 1\quad 1\quad 1\quad 1\quad 1\\
\quad\quad\quad\quad\quad\quad\quad f_6\quad 0\quad 0\quad 0\quad 0\quad 0\quad 0\quad 0\quad 0
\end{array}
$$

図 3.14

もちろんこれは第 1 対角線に限った話ではなく，第 2 対角線，第 3 対角線にも適用できる．そうすると図 3.15 に描かれた大きな三角形が，上下逆転しながら水平方向に繰り返し現れる周期的な配置が認められるだろう．つまりフリーズは**並進鏡映**によって不変である．

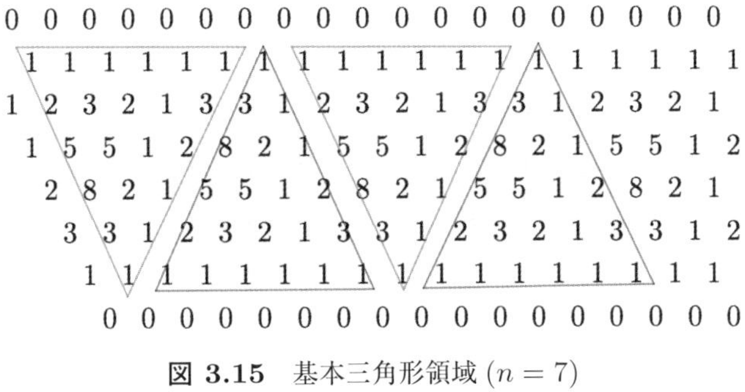

図 3.15　基本三角形領域 $(n=7)$

ここで並進鏡映とは，**滑り鏡映**とも呼ばれるもので，ある直線（軸）の方向にまず平行移動してからその軸に関して鏡映を行う合同変換を指す．いまの場合，“軸” はフリーズの 1 の並んだ 2 つの行のちょうど真ん中に位置する水平方向にのびた直線になる．

これをより正確に定理の形に書いておこう．

定理 3.8 奇蹄列 q を種数列として生成されたフリーズ $\mathscr{F}(q)$ の第 1 対角線 $(\zeta_{i,1})_{i=0}^{n-1}$ とそれに対応する逆対角線 $(\zeta_{i,n-i})_{i=0}^{n-1}$ で囲まれた逆三角形の部分を**基本三角形領域**と呼ぶと，$\mathscr{F}(q)$ は基本三角形領域を $n/2$ だけ水平方向に平行移動してから，ちょうど行の真ん中 $(n-2)/2$ のところで上下に鏡映するような並進鏡映の対称性をもつ．とくに，この基本三角形の部分の配置が決まれば，あとはこれを繰り返してフリーズが得られる．

[証明] すでに上の解説でほとんど証明できているといえるが，ここでは数式を用いてそれを確かめておこう．定理 3.5 より $\zeta_{i,j} = N(v_{j-1}, v_{j+i})$ だったことを思い出そう．一方，三角形列の補系列の定理 3.7 より，$N(v_k, v_\ell) = N(v_\ell, v_k)$ だったから，

$$\zeta_{i,j} = N(v_{j-1}, v_{j+i}) = N(v_{j+i}, v_{j-1}) = N(v_{j+i}, v_{n+j-1})$$

$$= \zeta_{(n+j-1)-(j+i)-1,(j+i)+1} = \zeta_{n-i-2,j+i+1}$$

である．ここで $v_{j-1} = v_{n+j-1}$ であることを用いた．この等式

$$\zeta_{i,j} = \zeta_{n-i-2,j+i+1}$$

が定理で述べている並進鏡映の対称性を表していることは各自確かめてみてほしい． □

並進鏡映対称性は三角形分割に対応するどのフリーズにもあるものだが，フリーズによってはもっと強い対称性をもつことがある．その例を §14.6 や §14.7 にあげておいた．これについては，また章をあらためて論じることにしよう．

§ 3.6 基本三角形領域と双対グラフ

フリーズの基本三角形領域（以下，基本三角形とも呼ぶことにする）を $\mathbb{T}$ で表すことにしよう．上下両方向がありうるが，逆三角形 ▽ の形のものを採用しておく．

基本三角形 $\mathbb{T}$ はいろいろと組合せ論的におもしろい性質をもっているが，その一つをあげておこう．

定理 3.9　凸 n 角形の三角形分割の奇蹄列 q に対応するフリーズ $\mathscr{F}(q)$ の基本三角形領域を $\mathbb{T}$ で表す.

(1) $\mathbb{T}$ に現れる 1 の個数は $2n-3$ 個である. これは三角形分割の頂点を結ぶ辺・対角線の総数に等しい.

(2) $\mathbb{T}$ に現れる 2 の個数は $n-3$ 個である. これは三角形分割に現れる対角線の総数に等しい.

[証明]　Conway-Coxeter の定理 3.1 を思い出そう. 三角形分割の頂点を一つ選び, それを v_0 とみなして 0 を対応させる. 次に, 頂点 v_0 と結ばれている頂点には 1 を対応させ, 三角形の 2 つの頂点に数字 a, b が対応しているとき残りの頂点には $a+b$ を対応させるというルールで得られる数列がフリーズの各対角線を決めるというものだった.

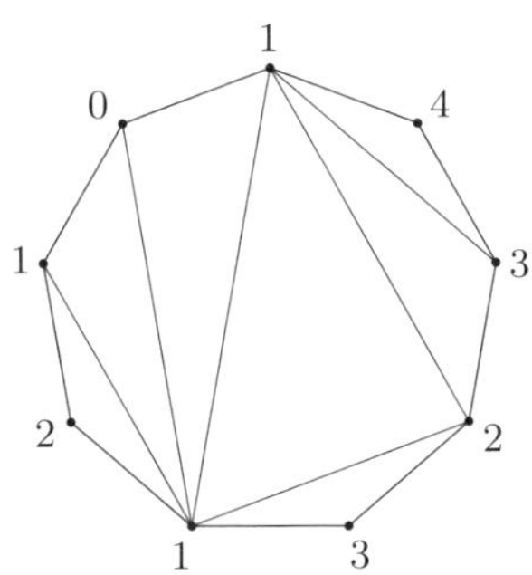

図 3.16　Conway-Coxeter アルゴリズム

(1) について. このアルゴリズムで 1 が対応するものは, 最初に選んだ頂点と結ばれている頂点のとき, そのときに限る. ただし, n 個の頂点で同じことを繰り返すので, フリーズの n 個の対角線の成分はこれを 2 回ずつ数える. 周期 n の平行四辺形上の領域は $\mathbb{T}$ を上下逆転させて 2 つ合わせたものだから, そこには, 辺の数 n と三角形分割に現れる対角線の数 $(n-3)$ を合わせたものの 2 倍

$$2(n+n-3)=2(2n-3)$$

個の 1 があるはずである．したがって $\mathbb{T}$ 内には $2n-3$ 個の 1 がある．

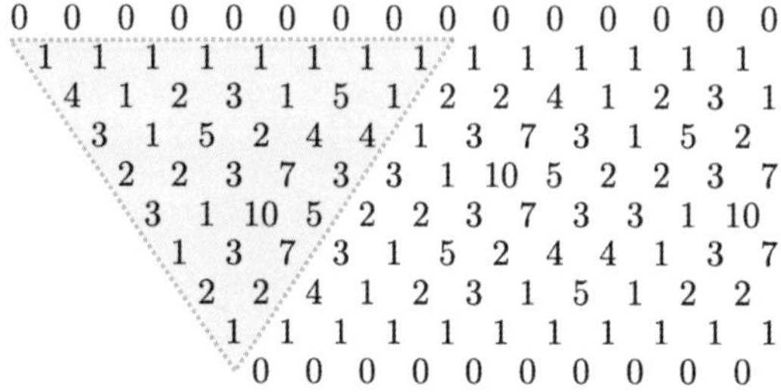

図 3.17　基本領域内の 1 と 2 ($n=9$)

図 3.16 の三角形分割に対するフリーズと基本三角形
1 の個数 $=15$，2 の個数 $=6$

(2) を考えよう．2 が現れるのは，三角形の 2 頂点に 1 が対応しているときであるが，その 2 頂点を結ぶ辺はもとの多角形の辺ではありえない ($n \geq 4$ のとき)．したがってそれは三角形分割の対角線で，このようにして 2 は対角線ごとに 2 回ずつフリーズに寄与する．基本三角形内にはその半分，つまり三角形分割に現れる対角線の本数分の 2 が現れる．□

Conway-Coxeter は $\mathbb{T}$ に 2 が現れるとき，三角形分割には次のような対角線を挟んだ 4 角形の三角形分割が部分的に現れることに注意して，この図形を**ハンモック**と呼んでいる．

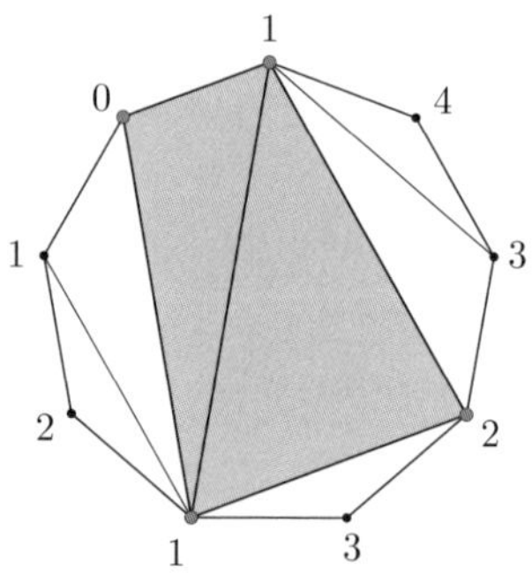

図 3.18　ハンモック

おもしろい呼び名であるが，この“ハンモック”の意味を少し考えてみよう．そのためには三角形分割の双対グラフを考えるのが便利である．

定義 3.10　凸 n 角形の三角形分割が与えられたとき，各三角形を新たな頂点と考え，2 つの三角形が辺で接しているときに 2 つの頂点を辺で結ぶ．このようにしてできあがった頂点数が $(n-2)$ で，辺の本数が $(n-3)$ のグラフを三角形分割の**双対グラフ**と呼ぶ．

双対グラフの例を示そう．

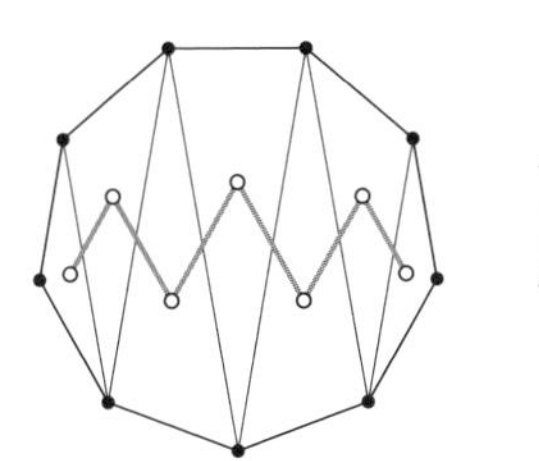
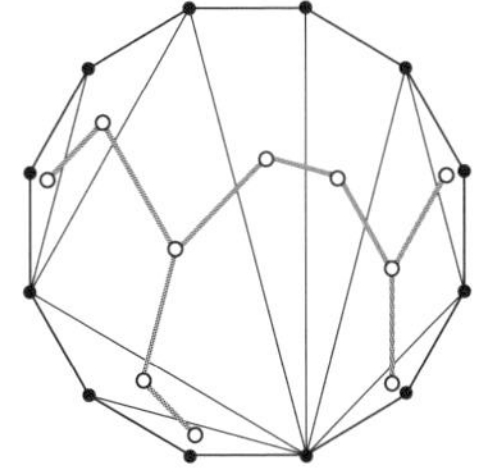
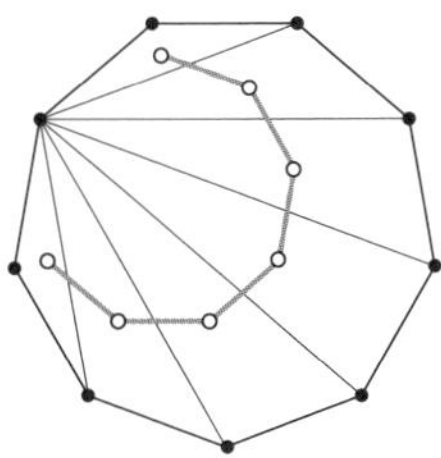

図 3.19　三角形分割と双対グラフ

このように双対グラフを描いてみると，ちょうど双対グラフの 1 辺とその辺の両端の 2 頂点（もともとの三角形分割では対角線を挟んだ 2 つの三角形）がハンモックと対応していることがわかるだろう．これがハンモックの意味であって，これより次の命題を得る．

命題 3.11　フリーズの基本三角形領域 $\mathbb{T}$ に現れる 2 は，三角形分割の双対グラフの辺と一対一に対応している．

演習 3.12　フリーズの基本三角形領域 $\mathbb{T}$ に現れる 3 の個数はどのようにしたらわかるだろうか．[**ヒント**] 双対グラフの長さが 2 の道を考えてみよ．ここで長さが k の道とは，$(k+1)$ 個の頂点を k 本の辺でつなげたものを指す．

研究課題 3.13　双対グラフで辺が分岐しているものはあるだろうか．その分岐の次数（分岐する頂点に集まる辺の本数）はいくつだろうか．分岐の個数や次数に制限はあるだろうか．

研究課題 3.14　フリーズの基本三角形領域 $\mathbb{T}$ に現れる数字の個数はどのようにしたら求まるだろうか.

§ 3.7　フリーズ内の 1 と 2 の配置

Broline-Crowe-Isaacs の定理（BCI の定理）を基本三角形領域 $\mathbb{T}$ の考察に使ってみよう．凸 n 角形の三角形分割を一つとり，多角形の頂点を時計回りに $v_0, v_1, \ldots, v_{n-1}$ と書く．いつものように $v_n = v_0$ と解釈する.

いま，2 頂点 v_r と v_s が対角線で結ばれていたとしよう．このとき BCI の三角形列の集合

$$\mathscr{T}(v_r, v_s) = \{(t_{r+1}, \ldots, t_{s-1}) \mid v_i \in t_i \in \mathscr{T}_n,\ t_i \neq t_j\ (r < i \neq j < s)\}$$

を考えてみよう．すると，対角線 (v_r, v_s) で区切られた左右の多角形は互いに三角形を共有することはないので，対角線 (v_r, v_s) を 1 辺とした右半分の多角形の BCI 三角形列はただ一つしかない．これは図 3.5 を使ってすでに一度考察した．あるいは，すでに §3.4 の対合写像を考察したいまとなっては，$\mathscr{T}(v_r, v_s)$ を考える代わりにその反対側の三角形の補系列である $\mathscr{T}(v_s, v_r)$ を考えてもよいだろう．(v_s, v_r) は多角形の辺になっているので，そのような三角形列は空なものしかない.

定理 3.5 によりフリーズの第 (i, j) 成分は $N(v_{j-1}, v_{j+i}) = \#\mathscr{T}(v_{j-1}, v_{j+i})$ で与えられるから，次の定理の最初の主張を得る.

定理 3.15　凸 n 角形の三角形分割を考える．多角形の頂点を時計回りに $v_0, v_1, \ldots, v_{n-1}$ と書いて，番号付けを法 n で考える.

(1) 頂点 v_r と v_s が対角線で結ばれているとき，フリーズの第 $(s-r-1, r+1)$ 成分は 1 である．つまり $\zeta_{s-r-1,r+1} = 1$ が成り立つ．逆にフリーズの成分が $\zeta_{i,j} = 1$ を満たせば，(v_{j-1}, v_{j+i}) は三角形分割の対角線である.

(2) 三角形分割に現れる 2 つの三角形 $\delta(v_p, v_r, v_s)$ と $\delta(v_q, v_s, v_r)$ が対角線 (v_r, v_s) を辺として共有するとき $N(v_p, v_q) = 2$ である．したがってフリーズの成分 $\zeta_{q-p-1,p+1} = 2$ が成り立つ．このとき (v_p, v_r, v_q, v_s) は三

角形分割の中でハンモックを形成する．逆に $\zeta_{i,j} = 2$ ならばハンモック $(v_{j-1}, v_r, v_{j+i}, v_s)$ が存在して，(v_r, v_s) は三角形分割の対角線である．

［証明］ (1) すでに，対角線 (v_r, v_s) が三角形分割に現れるとき，$N(v_r, v_s) = 1$ であることは定理の前に説明した．また (v_r, v_s) が多角形の辺，つまり $s = r + 1$ のときもやはり $N(v_r, v_s) = 1$ であった．この成分がフリーズのどの位置にある成分なのかは Broline-Crowe-Isaacs の定理 3.5 ですでに示している．一方，フリーズ成分のうち 1 になるものは基本三角形領域には $(2n - 3)$ 個しかなく，これですべて尽きている．

(2) 4 角形 (v_p, v_r, v_q, v_s) が図 3.20 のようにハンモックを形成している．このとき (v_p, v_r) は三角形分割の対角線（あるいは多角形の辺）なので，頂点 $v_{p+1}, v_{p+2}, \ldots, v_{r-1}$ に付随する $\mathscr{T}(v_p, v_q)$ の三角形はただ一通りに定まる．同様にして頂点 $v_{r+1}, v_{r+2}, \ldots, v_{q-1}$ に付随する三角形たちもただ一通りに定まっている．残りは，頂点 v_r に対応する三角形だけだが，その取り方がハンモックを構成する 2 つの三角形のどちらかを選ぶことになり，その選び方は 2 通りだけである．

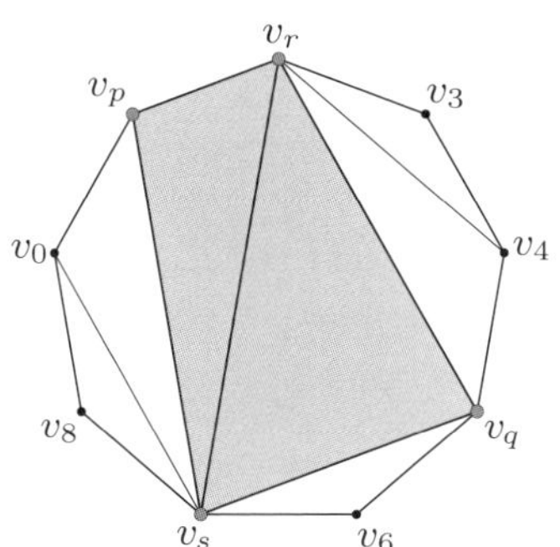

図 3.20　ハンモック (v_p, v_r, v_q, v_s)

成分 2 の配置と，それが必ずハンモックの形から得られることは (1) の証明と同様である． □

演習 3.16　図 3.20 において対角線やハンモックの位置から，1, 2 がフリーズのどの位置に現れるのかを計算し，定理どおりになっていることを確認せよ．

研究課題 3.17　フリーズの成分のどの位置に 3 が現れるのかを考えよ．

第4章 連分因子とフリーズ方程式

前章までで，帯状の周期フリーズと多角形の三角形分割の間に深い対応があることを見てきたが，フリーズは連分数とも密接に関わっている．連分数が生み出す連分因子，あるいは連分多項式と呼ばれる多項式系がある．これらの多項式は古くオイラーによって考えられたもので，フリーズとは一見関係なさそうであるが，実はフリーズそのものを定義する“フリーズ方程式”が連分因子によって得られる．

この章では，フリーズ方程式とその性質を紹介しよう．

§4.1　連分因子

定義 4.1　$a = (a_1, \ldots, a_n)$ を長さが n の列とし，

$$K_n(a) = K_n(a_1, \ldots, a_n) = \begin{vmatrix} a_1 & 1 & 0 & & \\ 1 & a_2 & 1 & 0 & \\ 0 & 1 & \ddots & \ddots & 0 \\ & \ddots & \ddots & \ddots & 1 \\ & & 0 & 1 & a_n \end{vmatrix} \tag{4.1}$$

とおいて，これを**連分因子** (continuant) と呼ぶ[*1]．ただし右辺は n 次の3重対角行列の行列式で，行列の対角線上には $a_1, \ldots, a_n$ が並び，そのすぐ上およびすぐ下の副対角線上には1が，そしてその他の成分はすべてゼロである．その行列式が連分因子 $K_n(a)$ である．

すでに 2×2 行列の行列式は登場した．n 次正方行列 A の行列式は，記号で $\det A = |A|$ などと書き，行列 A の成分たちの n 次多項式である．n 次行列の

[*1] まだ continuant の訳語が定着していないので本書だけの用語である．

行列式を書き下すとかなり複雑になるが，行列式としての性質が本質的に必要となるのは次の定理くらいで，あとはこれをもとに考察が進むので少しお付き合い願いたい．

定理 4.2　長さ n $(n \geq 3)$ の数列 $a = (a_1, a_2, \ldots, a_n)$ に対して，連分因子 $K_n = K_n(a)$ は差分方程式

$$\begin{aligned} &K_n(a_1, a_2, \ldots, a_n) \\ &= a_n K_{n-1}(a_1, \ldots, a_{n-1}) - K_{n-2}(a_1, \ldots, a_{n-2}) \end{aligned} \tag{4.2}$$

を満たす．

［証明］　K_n を定義する行列式を第 n 行目に関して余因子展開する．行列の一番下の行である第 n 行は $(0, 0, \ldots, 0, 1, a_n)$ であって，ゼロでない成分は 2 つだけなので，余因子展開に現れる項も $1, a_n$ に関する 2 つの因子だけである．

第 (n, n) 余因子は明らかに $K_{n-1}(a_1, \ldots, a_{n-1})$ であって，第 (n, n) 成分が a_n なので，これが右辺の第 1 項である（符号は $(-1)^{n+n} = 1$）．第 $(n, n-1)$ 余因子は

$$K_n = \det\begin{pmatrix} a_1 & 1 & 0 & & \\ 1 & a_2 & 1 & 0 & \\ 0 & 1 & \ddots & \ddots & 0 \\ & \ddots & \ddots & \ddots & 1 \\ & & 0 & 1 & a_n \end{pmatrix} = \begin{vmatrix} a_1 & 1 & 0 & & \\ 1 & a_2 & 1 & 0 & \\ 0 & 1 & \ddots & \ddots & 0 \\ & \ddots & \ddots & \ddots & 1 \\ & & 0 & 1 & a_n \end{vmatrix}$$

から第 n 行目と第 $(n-1)$ 列目を除いた行列式なので

$$\left|\begin{array}{cccc|c} a_1 & 1 & 0 & & \\ 1 & \ddots & 1 & 0 & \\ 0 & 1 & \ddots & 1 & 0 \\ & 0 & 1 & a_{n-2} & 0 \\ \hline & & 0 & 1 & 1 \end{array}\right| = \begin{vmatrix} a_1 & 1 & 0 & \\ 1 & \ddots & 1 & 0 \\ 0 & 1 & \ddots & 1 \\ & 0 & 1 & a_{n-2} \end{vmatrix} = K_{n-2}(a_1, \ldots, a_{n-2})$$

である．最初の等号では $\det\begin{pmatrix} A & 0 \\ X & B \end{pmatrix} = |A|\,|B|$ が成り立つことを用いた．第

$(n, n-1)$ 成分は 1 で符号が $(-1)^{n+n-1} = -1$ なので，これが式 (4.2) の第 2 項である． □

系 4.3　種数列 a で生成されたフリーズを $\mathscr{F} = \mathscr{F}(a)$ と書いて，その第 1 対角線を $f_0, f_1, f_2, \ldots$ で表せば

$$f_i = K_i(a_1, a_2, \ldots, a_i) \quad (i \geq 1)$$

が成り立つ．

［証明］　$\{f_i\}$ も $\{K_i(a_1, \ldots, a_i)\}$ も同じ差分方程式を満たし，$K_1(a_1) = a_1 = f_1$，$K_2(a_1, a_2) = a_1a_2 - 1 = f_2$ なので初期条件も同じである．したがって両者は一致する． □

以下，空の列 $\emptyset$ に対して便宜的に $K_0(\emptyset) = 1$ と定めておこう．すると $f_0 = 1$ とも一致するようになる．

対角線をずらしていけば，次の系のようにすべてのフリーズ行列成分を連分因子で表すことができる．

系 4.4　種数列 a で生成されたフリーズを $\mathscr{F} = \mathscr{F}(a)$，フリーズ行列成分を $\zeta_{i,j}$ と書くと，

$$\zeta_{i,j} = K_i(a_j, a_{j+1}, \ldots, a_{i+j-1}) \quad (i, j \geq 1)$$

が成り立つ．つまりフリーズの各成分は連分因子を用いて表される．

連分因子をいくつか計算してみよう．それには行列式でなく漸化式を利用した方が簡単である．以下，簡単のために種数列 $a = (a_1, a_2, \ldots)$ を用意しておき，$K_n = K_n(a_1, \ldots, a_n)$ と記すことにする．

すでに注意したように

$$K_1 = a_1, \quad K_2 = a_1a_2 - 1$$

である．したがって

$$K_3 = a_3K_2 - K_1 = a_1a_2a_3 - a_1 - a_3$$

$$K_4 = a_4K_3 - K_2 = a_1a_2a_3a_4 - a_1a_2 - a_1a_4 - a_3a_4 + 1$$

$$K_5 = a_5K_4 - K_3 = a_1a_2a_3a_4a_5$$
$$- a_1a_2a_3 - a_1a_2a_5 - a_1a_4a_5 - a_3a_4a_5 + a_1 + a_3 + a_5$$

K_5 はすでに相当複雑だが，パターンはあるようだ．よく式を見てほしい．おわかりになっただろうか？

文字 $a_1, a_2, \ldots$ の代わりに単なる数字 $1, 2, \ldots$ で代用して次のように書くと，もっとわかりやすいだろう．

$$K_3 = 123 - 1\cancel{23} - \cancel{12}3$$

$$K_4 = 1234 - 12\cancel{34} - 1\cancel{23}4 - \cancel{12}34 + \cancel{12}\cancel{34}$$

$$K_5 = 12345 - 123\cancel{45} - 12\cancel{34}5 - 1\cancel{23}45 - \cancel{12}345$$
$$+ 1\cancel{23}\cancel{45} + \cancel{12}3\cancel{45} + \cancel{12}\cancel{34}5$$

そう，K_n は $a_1a_2\cdots a_n$ から連続する a_ia_{i+1} を可能な限り取り除くことによって得られる．そのときに取り除くペアの個数によって符号をつけることを忘れないようにする．

答えがわかってしまえば，このようにして計算された K_n が差分方程式を満たすことを示すのはやさしい．各自，挑戦してみてほしい．

このような連分因子の計算方法はオイラーによる．これについては §6.1 で別に考察しよう．

§ 4.2　フリーズと連分因子

すでに種数列 $a = (a_1, \ldots, a_n)$ で生成されたフリーズ $\mathscr{F} = \mathscr{F}(a)$ の成分 $\zeta_{i,j}$ が連分因子を用いて表されることを述べた（系 4.4）．その式をもう一度書くと，

$$\zeta_{i,j} = K_i(a_j, a_{j+1}, \ldots, a_{i+j-1}) \quad (i, j \geq 1) \tag{4.3}$$

である．右辺は i 次正方行列の行列式であり，種数列 a は周期 n で巡回的に延長して定義されたが，この式では周期になんの制約もない．敢えて言うならば種数列は**周期的でなくともよく**，正方向にも負の方向にも無限にのびてさえいれば

よい．そして，フリーズの成分は a の成分の多項式なので，種数列 a の成分は整数である必要もない！

これで，整数を成分とする種数列からユニモジュラ規則に従ってフリーズを計算したとき，その成分がすべて整数になる理由がわかった．ユニモジュラ規則で計算するとどうしても割り算が入ってしまうので，成分が整数なのは不思議であったが，もはやその神秘性は消え失せたのである．

ここで注意しておきたいのは，差分方程式の解は確かにユニモジュラ規則を満たすのだが，種数列からユニモジュラ規則のみを用いてフリーズを作るとき，途中の成分がゼロになってしまうと，そのすぐ下の成分は

$$\begin{matrix} & 0 & \\ 1 & & 1 \\ & c & \end{matrix} \qquad \text{または} \qquad \begin{matrix} & 0 & \\ -1 & & -1 \\ & c' & \end{matrix}$$

となり，c, c' は一意的には決まらないということである．しかし，以下，我々はいつでも連分因子を用いてフリーズを作り出すことにする．これを強調するときは，種数列から生成された**標準的なフリーズ**と呼ぶことにしよう．

このようにして任意の種数列から連分因子を用いてフリーズを決めたとき，それが SL_2 タイル張りになっていることを確認しておこう．すでに導入した 2 次正方行列 M_k を思い出す．

$$M_k = M_k(a_1, a_2, \ldots, a_k) = \begin{pmatrix} a_1 & 1 \\ -1 & 0 \end{pmatrix}\begin{pmatrix} a_2 & 1 \\ -1 & 0 \end{pmatrix}\cdots\begin{pmatrix} a_k & 1 \\ -1 & 0 \end{pmatrix}$$

定理 4.5　任意の数列 $a = (a_1, a_2, \ldots, a_k)$ $(k \geq 1)$ に対して，M_k は次のように連分因子を用いて表される．

$$M_k(a_1, a_2, \ldots, a_k) = \begin{pmatrix} K_k(a_1, \ldots, a_k) & K_{k-1}(a_1, \ldots, a_{k-1}) \\ -K_{k-1}(a_2, \ldots, a_k) & -K_{k-2}(a_2, \ldots, a_{k-1}) \end{pmatrix}$$

ただし $K_0(\emptyset) = 1$, $K_{-1} = 0$ と決めておく．

[証明]　帰納法で示す．簡単のために，

$$a^\circ = (a_1, \ldots, a_{k-1}), \quad {}^\circ a = (a_2, \ldots, a_k), \quad {}^\circ a^\circ = (a_2, \ldots, a_{k-1})$$

と書くことにしよう．等式が k まで成り立っているとすると，

$$M_{k+1} = M_k \cdot \begin{pmatrix} a_{k+1} & 1 \\ -1 & 0 \end{pmatrix} = \begin{pmatrix} K_k(a) & K_{k-1}(a^\circ) \\ -K_{k-1}({}^\circ a) & -K_{k-2}({}^\circ a^\circ) \end{pmatrix} \cdot \begin{pmatrix} a_{k+1} & 1 \\ -1 & 0 \end{pmatrix}$$

$$= \begin{pmatrix} K_k(a)\,a_{k+1} - K_{k-1}(a^\circ) & K_k(a) \\ -K_{k-1}({}^\circ a)\,a_{k+1} + K_{k-2}({}^\circ a^\circ) & -K_{k-1}({}^\circ a) \end{pmatrix}$$

だが，連分因子 K_n の満たす差分方程式系（定理 4.2）より

$$K_k(a)\,a_{k+1} - K_{k-1}(a^\circ) = K_{k+1}(a_1, \ldots, a_k, a_{k+1})$$

$$-K_{k-1}({}^\circ a)\,a_{k+1} + K_{k-2}({}^\circ a^\circ) = -K_k(a_2, \ldots, a_k, a_{k+1})$$

であるから，これは証明すべき式の $(k+1)$ の場合である．□

系 4.6　式 (4.3) のように連分因子でフリーズ $\mathscr{F} = \mathscr{F}(a)$ の成分を決めると，各成分はユニモジュラ規則を満たし，$\mathscr{F}$ は SL_2 タイル張りである．

［証明］　M_k は $\begin{pmatrix} \alpha & 1 \\ -1 & 0 \end{pmatrix}$ の形の行列の積であるが，各因子の行列式は 1 であるから，$\det M_k = 1$ である．M_k を連分因子で表し，その行列式を考えると

$$K_{k-1}(a_1, \ldots, a_{k-1})K_{k-1}(a_2, \ldots, a_k)$$
$$- K_k(a_1, \ldots, a_k)K_{k-2}(a_2, \ldots, a_{k-1}) = 1$$

となるが，これはちょうど第 1 および第 2 対角線に対して

$$\begin{vmatrix} \zeta_{k-1,1} & \zeta_{k-2,2} \\ \zeta_{k,1} & \zeta_{k-1,2} \end{vmatrix} = 1$$

が成り立つことを意味しており，ユニモジュラ規則を満たしている．種数列の添字をずらせば他の対角線上の成分に対してもユニモジュラ規則を満たすことがわかる．□

さて，このように奇蹄列 $a = (a_1, \ldots, a_n)$ から連分因子を用いてフリーズ $\mathscr{F} = \mathscr{F}(a)$ を構成すれば，Conway-Coxeter の定理 から $\mathscr{F}$ は幅が $m = n - 3$

の正値帯状周期フリーズとなるのであった．このとき，1 行目に種数列が並び，幅が m なので，第 $m+1$ 行目には 1 が並び，第 $(m+2)$ 行目には 0 が並ぶ．では連分因子によって計算された第 $(m+3)$ 行目には何が並ぶのだろう？ $n = m+3$ だから，これは第 n 行目でもある．

実際に計算してみると，第 n 行目には -1 が並び，第 $(n+1)$ 行目には $-a = (-a_1, \ldots, -a_n)$ が周期的に並んで，この先は幅 m に渡って $\mathscr{F}$ の第 1 行目から第 m 行目までがちょうど (-1) 倍になって繰り返す．そのあとは (-1) が並び，ふたたび 0 の行が現れる．その次の行には 1 が並び，今度は $\mathscr{F}$ そのものが繰り返す…という具合にフリーズが構成されるのである（図 4.1 参照）．

0 0 0 0 0 0 0 0 0 0 0 0 0 0
1 1 1 1 1 1 1 1 1 1 1 1 1 1
1 2 2 3 1 2 4 1 2 2 3 1 2 4
1 3 5 2 1 7 3 1 3 5 2 1 7 3
1 7 3 1 3 5 2 1 7 3 1 3 5 2
2 4 1 2 2 3 1 2 4 1 2 2 3 1
1 1 1 1 1 1 1 1 1 1 1 1 1 1
0 0 0 0 0 0 0 0 0 0 0 0 0 0
−1 −1 −1 −1 −1 −1 −1 −1 −1 −1 −1 −1 −1 −1
−1 −2 −2 −3 −1 −2 −4 −1 −2 −2 −3 −1 −2 −4
−1 −3 −5 −2 −1 −7 −3 −1 −3 −5 −2 −1 −7 −3
−1 −7 −3 −1 −3 −5 −2 −1 −7 −3 −1 −3 −5 −2
−2 −4 −1 −2 −2 −3 −1 −2 −4 −1 −2 −2 −3 −1
−1 −1 −1 −1 −1 −1 −1 −1 −1 −1 −1 −1 −1 −1
0 0 0 0 0 0 0 0 0 0 0 0 0 0
1 1 1 1 1 1 1 1 1 1 1 1 1 1
1 2 2 3 1 2 4 1 2 2 3 1 2 4
1 3 5 2 1 7 3 1 3 5 2 1 7 3
1 7 3 1 3 5 2 1 7 3 1 3 5 2
2 4 1 2 2 3 1 2 4 1 2 2 3 1
1 1 1 1 1 1 1 1 1 1 1 1 1 1
0 0 0 0 0 0 0 0 0 0 0 0 0 0
−1 −1 −1 −1 −1 −1 −1 −1 −1 −1 −1 −1 −1 −1

図 4.1　フリーズは符号を変えて繰り返す

これを実際に計算によって確かめてみよう．第 1 対角線にだけ注目すれば十分であろう．このとき

$$M_{n-1}(a_1, \ldots, a_{n-1}) = \begin{pmatrix} f_{n-1} & f_{n-2} \\ -g_{n-2} & -g_{n-3} \end{pmatrix} = \begin{pmatrix} 0 & 1 \\ -1 & -g_{n-3} \end{pmatrix}$$

だから,

$$M_n(a_1,\ldots,a_{n-1},a_n) = M_{n-1}\begin{pmatrix} a_n & 1 \\ -1 & 0 \end{pmatrix}$$

$$= \begin{pmatrix} 0 & 1 \\ -1 & -g_{n-3} \end{pmatrix}\begin{pmatrix} a_n & 1 \\ -1 & 0 \end{pmatrix} = \begin{pmatrix} -1 & 0 \\ -(a_n - g_{n-3}) & -1 \end{pmatrix}$$

これより $f_n = -1$ である. また, 第 2 行目の最初の成分は $-g_{n-1} = 0$ のはずなので, $g_{n-3} = a_n$ であることもわかる（したがって $f_m = f_{n-3} = a_{n-1}$ でもある）. 結局, $M_n = -\begin{pmatrix} 1 & 0 \\ 0 & 1 \end{pmatrix}$ は単位行列の (-1) 倍となる. これをまとめておこう.

定理 4.7　$a = (a_1,\ldots,a_n)$ が n 角形の奇蹄列のとき,

$$M_n(a_1,a_2,\ldots,a_n) = \begin{pmatrix} a_1 & 1 \\ -1 & 0 \end{pmatrix}\begin{pmatrix} a_2 & 1 \\ -1 & 0 \end{pmatrix}\cdots\begin{pmatrix} a_n & 1 \\ -1 & 0 \end{pmatrix} = -\begin{pmatrix} 1 & 0 \\ 0 & 1 \end{pmatrix}$$

が成り立つ.

以下, **単位行列**を $\mathbf{1}_2 = \begin{pmatrix} 1 & 0 \\ 0 & 1 \end{pmatrix}$ とも書くことにする. したがって, 奇蹄列 a に対して $M_n(a) = -\mathbf{1}_2$ が成り立つというのが定理の主張である. このことから

$$M_{n+k}(a_1,\ldots,a_n,a_1,\ldots,a_k) = M_n(a)M_k(a_1,\ldots,a_k)$$

$$= -\mathbf{1}_2 \cdot M_k(a_1,\ldots,a_k) = -M_k(a_1,\ldots,a_k)$$

したがって $f_{n+k} = -f_k$ である. これより, フリーズが 1 の行, 0 の行を超えたときは, すべてを (-1) 倍して繰り返すのが正しい. いや, “標準的” である.

§4.3　フリーズ方程式

定理 4.8　自然数の列 $a = (a_1, \ldots, a_n) \in \mathbb{Z}_{\geq 1}^n$ が n 角形の奇蹄列ならば，a は連分因子を用いた次の方程式系を満たす．$m = n - 3$ とおくと，

$$\begin{cases} K_{m+1}(a_i, a_{i+1}, \ldots, a_{i+m}) = 1 \\ K_{m+2}(a_i, a_{i+1}, \ldots, a_{i+m+1}) = 0 \end{cases} \qquad (1 \leq i \leq n) \qquad (4.4)$$

この方程式系を**フリーズ方程式**と呼ぶ.

［証明］　系 4.4 よりフリーズの成分は連分因子で与えられるが，定理の主張に現れる連分因子はちょうど $(m+1)$ 行目と $(m+2)$ 行目の成分である．$\mathscr{F}(a)$ が幅 m の正値帯状フリーズであれば $(m+1)$ 行目の値がすべて 1，その次の行がすべて 0 になるので，ちょうどこの方程式系が成り立つ．　□

残念ながら，a がこの方程式系の解であることと n 角形の奇蹄列になることは同値ではない．たとえば $n = 9$ のとき $a = (1, 1, \ldots, 1)$ はフリーズ方程式の解ではあるが，9 角形の奇蹄列ではない．もっともこの場合は三角形の奇蹄列 $(1, 1, 1)$ を周期的に繰り返したものなので，例外的と思われるかもしれない．しかし，他にも $n = 10$ のとき $a = (2, 1, 1, 1, 1, 2, 1, 1, 1, 1)$ はフリーズ方程式を満たすが，もちろん奇蹄列ではありえない．この種数列から作った標準フリーズをあげておく．0 列と 1 列の間に挟まれた部分は負の数もゼロも含んでいるので正値フリーズではなく，定理 2.18 には反しない．

0　0　0　0　0　0　0　0　0　0
1　1　1　1　1　1　1　1　1　1
2　1　1　1　1　2　1　1　1　1
1　0　0　0　1　1　0　0　0　1
−1　−1　−1　−1　0　−1　−1　−1　−1　0
⋯⋯　−2　−1　−2　−1　−1　−2　−1　−2　−1　−1　⋯⋯
−1　−1　−1　0　−1　−1　−1　−1　0　−1
0　0　1　1　0　0　0　1　1　0
1　1　2　1　1　1　1　2　1　1
1　1　1　1　1　1　1　1　1　1
0　0　0　0　0　0　0　0　0　0

図 4.2　正値でないフリーズの例

フリーズ方程式 (4.4) は $2n$ 個の方程式の集まり（方程式系）であるが，実はこのうち 3 個の方程式を取り出せば十分である．$n = m + 3$ であったことに注意しよう．

命題 4.9 フリーズ方程式 (4.4) は $M_n(a_1, \ldots, a_n) = -\mathbf{1}_2$ が成り立つことと同値である．さらに，それは次の 3 つの方程式系と同値である．

$$\begin{cases} K_{n-2}(a_2, a_3, \ldots, a_{n-1}) = 1 \\ K_{n-1}(a_1, a_2, \ldots, a_{n-1}) = K_{n-1}(a_2, a_3, \ldots, a_n) = 0 \end{cases} \tag{4.5}$$

とくに a が奇蹄列ならば，$M_n(a) = -\mathbf{1}_2$ であって，a は上の 3 つのフリーズ方程式 (4.5) を満たす．

［証明］ まず，式 (4.5) と $M_n(a) = -\mathbf{1}_2$ が同値であることを示そう．定理 4.5 より

$$M_n(a_1, a_2, \ldots, a_n) = \begin{pmatrix} K_n(a_1, \ldots, a_n) & K_{n-1}(a_1, \ldots, a_{n-1}) \\ -K_{n-1}(a_2, \ldots, a_n) & -K_{n-2}(a_2, \ldots, a_{n-1}) \end{pmatrix}$$

だから，$M_n(a) = -\mathbf{1}_2$ ならば式 (4.5) が成り立つことは明らかである．一方，式 (4.5) が成り立てば，

$$M_n(a) = \begin{pmatrix} K_n(a) & 0 \\ 0 & -1 \end{pmatrix} \tag{4.6}$$

であるが，もともと $M_n(a)$ は $\begin{pmatrix} a_i & 1 \\ -1 & 0 \end{pmatrix}$ たちの積として定義されていた．ところが，$\det \begin{pmatrix} a_i & 1 \\ -1 & 0 \end{pmatrix} = 1$ だから $\det M_n(a) = 1$ である．そこで式 (4.6) の両辺の行列式をとると $\det M_n(a) = -K_n(a)$ だから $K_n(a) = -1$ でなければならない[*2]．つまり $M_n(a) = -\mathbf{1}_2$ が成り立つ．

[*2] 数列 a が奇蹄列のときには，第 1 対角線上の成分が $\ldots, f_{n-2}, f_{n-1}, f_n, \ldots = \ldots, 1, 0, -1, \ldots$ となって，以後 (-1) 倍になって繰り返すという事実から明らかなように見える．しかし，この命題では a は奇蹄列と仮定されていないことに注意しよう．

次に，定理 4.8 のフリーズ方程式 (4.4) と $M_n(a) = -\mathbf{1}_2$ が同値であることを示そう．式 (4.4) が成り立てば式 (4.5) はその一部分なので，もちろん成り立ち，すでに示したことから，それは $M_n(a) = -\mathbf{1}_2$ と同値である．そこで $M_n(a) = -\mathbf{1}_2$，つまり

$$M_n(a_1, a_2, \ldots, a_n) = \begin{pmatrix} a_1 & 1 \\ -1 & 0 \end{pmatrix}\begin{pmatrix} a_2 & 1 \\ -1 & 0 \end{pmatrix}\cdots\begin{pmatrix} a_n & 1 \\ -1 & 0 \end{pmatrix} = -\mathbf{1}_2 \tag{4.7}$$

を仮定して，式 (4.4) が成り立つことを示せばよい．式 (4.7) の両辺に左から $\begin{pmatrix} a_1 & 1 \\ -1 & 0 \end{pmatrix}^{-1}$，右から $\begin{pmatrix} a_1 & 1 \\ -1 & 0 \end{pmatrix}$ を掛けると

$$M_n(a_2, \ldots, a_n, a_1) = \begin{pmatrix} a_2 & 1 \\ -1 & 0 \end{pmatrix}\cdots\begin{pmatrix} a_n & 1 \\ -1 & 0 \end{pmatrix}\begin{pmatrix} a_1 & 1 \\ -1 & 0 \end{pmatrix} = -\mathbf{1}_2$$

を得る．これを次々と繰り返して，

$$\begin{aligned} M_n(a_1, a_2, \ldots, a_n) &= M_n(a_2, a_3, \ldots, a_n, a_1) = \cdots \\ &= M_n(a_n, a_1, \ldots, a_{n-1}) = -\mathbf{1}_2 \end{aligned}$$

であることがわかる．これらの行列の各成分を比較すればフリーズ方程式のすべての式が得られる． □

さて，ここまでは a をせいぜい自然数あるいは整数の列としてしか考えてこなかったが，フリーズ方程式を考えるには a は別に整数である必要はない．方程式なので実数や複素数の変数がふさわしい．そこで a の代わりに変数らしく $x = (x_1, \ldots, x_n)$ と書くことにして x は実数（あるいはもっと一般に複素数）で考えることにしよう．もちろん x の成分は周期的に拡張し，$k \equiv j \pmod{n}$ のとき，$x_k = x_j$ と考えることにする．

定義 4.10（フリーズ多様体）　ユークリッド空間 $\mathbb{R}^n$ の中でフリーズ方程式を満たす点の集合

$$\mathfrak{F}_n = \{x \in \mathbb{R}^n \mid x \text{ はフリーズ方程式を満たす }\}$$

を**フリーズ多様体**と呼ぶ．

例 4.11　$n = 3$ のときは具体的に計算すると $\mathfrak{F}_3 = \{(1,1,1)\}$ のただ 1 点しかない．したがって非自明な最初の例は $n = 4$ である．

このとき，フリーズ方程式は，

$$x_1x_2 - 1 = 1,\ \ x_1x_2x_3 - x_1 - x_3 = 0$$

の 2 つの式の添字を巡回的に入れ替えたものとなっている．したがって，とくに

$$x_1x_2 = x_2x_3 = x_3x_4 = x_4x_1 = 2$$

だが，この方程式から $x_1 = x_3$，$x_2 = x_4$ かつ $x_2 = 2/x_1$ であることがわかる．このとき，第 2 の方程式 $x_1x_2x_3 - x_1 - x_3 = 0$ は自動的に満たされる．変数 x は 4 つの成分をもつが，実質は (x_1, x_2) の 2 つだけで，この 2 つの変数は $x_1x_2 = 2$ という関係式をもっており，これは直角双曲線の方程式である．まとめると

$$\mathfrak{F}_4 \simeq \{(x,y) \mid xy = 2\} \quad (\text{多様体として同型})$$

である．

フリーズ多様体 $\mathfrak{F}_4$ において成分が整数のものは $(1,2)$ と $(-1,-2)$ および成分の順序を入れ替えたものしかなく，これはまさしく奇蹄列と対応している．

定理 4.12　フリーズ多様体 $\mathfrak{F}_n$ は $(n-3)$ 次元の代数多様体である．

この定理の証明は難しくはないが，“代数多様体の次元”とは何かを説明しなければならず（そして，それにまつわる若干の技術的な詳細も説明が必要だ），それは本書とはまた別の話だと思うのでここでは証明しない．$n = 4$ のときはすでに見たように曲線で，それは $1 = 4 - 3$ 次元になっているから，確かにこの場合には成り立っている[*3]．いまはそれで我慢しよう．

フリーズ多様体についてわかっていることはそう多くない．$n = 5$ のときはガウスが研究しているので[*4]，それはあとで紹介することにして，わかっていないが基本的な疑問を「研究課題」という形でここに書いておこう．「研究」とは言ったが，専門家も答えを知らない，おそらく難しい話である．

[*3] $n = 3$ のときも，成り立っていることがわかる．

[*4] もちろんガウスの時代にはフリーズの理論はなかったし，フリーズ多様体も存在しなかった！　ガウスの先見の明にはもう脱帽するしかない．

研究課題 4.13　フリーズ多様体 $\mathfrak{F}_n$ は非特異だろうか．特異点があるとしたら，それはどのような特異点になっているだろう．

またフリーズ多様体 $\mathfrak{F}_n$ の座標成分がすべて整数になっている点はどのような点だろうか．奇蹄列はそのような点であるが，整数点が奇蹄列でないときにはどのように特徴づけられるだろうか．

いまのところ我々にわかっているのは次の定理である．

定理 4.14　$n \geq 4$ とし，$m = n-3$ とおく．フリーズ多様体の**全正値部分**を

$$\mathfrak{F}_n^+ = \{x \in \mathfrak{F}_n \mid K_i(x_j, \ldots, x_{j+i-1}) > 0 \quad (1 \leq i \leq m,\ 1 \leq j \leq n)\}$$

で定めると $\mathfrak{F}_n^+$ の整数点の集合 $\mathfrak{F}_n^+ \cap \mathbb{Z}^n$ は有限個であって，ちょうど n 角形の奇蹄列の全体に一致する．

この定理の証明はすでに説明したことからほぼ終わっている．全正値部分を定める不等式の条件は，フリーズの成分が系 4.4 によって

$$\zeta_{i,j} = K_i(a_j, a_{j+1}, \ldots, a_{i+j-1}) \quad (i, j \geq 1)$$

と与えられることからきている．読者自ら証明の詳細を埋めてみてほしい．

このように代数多様体（つまり連立代数方程式の解空間）の中で，すべての座標が整数の点を発見し，それを決定することをディオファントス問題と呼んでいる．つまり上の定理はフリーズ多様体におけるディオファントス問題を部分的に解くことに当たっている．「部分的に」と書いたのは，正の部分のみしか考察されていないからである．「フリーズ多様体における整数解をすべて求めよ」というのが上の研究課題であり，それはつまり，フリーズ多様体におけるディオファントス問題を解けということに他ならない．

コラム　ディオファントス問題 ✻✻✻✻✻✻✻✻✻✻✻✻✻✻✻✻✻✻✻✻✻✻✻✻✻✻

この節では，“ディオファントス問題”をダシにして，現代数学（の中のほんの一部分）の展開する様相を少しだけ紹介してみようと思う．基本的な考え方や用語は解説するが，もちろん証明はしないし，時には現代数学の「常識」みたいなものも顔を出すかもしれない．この節を飛ばしても本論には影響はないので，息抜き (?) のつもりでお付き合い願いたい．

ディオファントス問題というのは，方程式の整数解，あるいは有理数解を求めよという問題である．ギリシャ数学も終わりに近い頃，紀元 250 年ごろに活躍したと思われるアレクサンドリアのディオファントスの主著『数論』で扱われた多数の不定方程式の問題に端を発するのでこの名前がついている[*5]．

ディオファントス問題の中でもよく引き合いに出されるのはピタゴラスの三つ組に関するもので，

$$x^2 + y^2 = z^2$$

を満たす整数 (x, y, z) を求めよというものである．$z = 0$ なら $(x, y, z) = (0, 0, 0)$ しかありえないので，$z \neq 0$ と仮定，両辺を z^2 で割ることによって

$$\left(\frac{x}{z}\right)^2 + \left(\frac{y}{z}\right)^2 = 1$$

を得る．したがって，問題は $X^2 + Y^2 = 1$ を満たす有理数の解を求めることと同値である．このようにして「整数解」と「有理数解」は密接に関係している．

ピタゴラスの三つ組の問題はとても有名だから飛ばしてしまってもよいのだが，本書で扱ってきたこと，これから扱うことと密接に関係するので，ほんの少しだけ説明しておこう．

---

*5 Diophantus of Alexandria (200?? – 284??)．数論はしばしば数学の女王とも呼ばれるが，ディオファントスの主著『数論』“Arithmetica”は，その数論に関する人類史上初めての本格的な著作であるといってよい．ただしその著者の生涯は謎に包まれ，著作自身も全 13 巻中 6 巻までしか現存していない ([75, II, §17]，[46])．その中に 189 個の問題と解答が記されているが，それらの問題は多岐にわたり，数学者ハンケル (Hankel, Hermann, 1839–1873) をして「近代数学者は，ディオファントスの問題解法を 100 題学んだあとでも，101 番目の問題を解くことは困難である…　ディオファントスは人をよろこばせるよりも，幻惑させる」と言わしめたほどである ([49, §I.1.13(v)])．

まず一つ目の考え方は「射影」である．単位円 $X^2+Y^2=1$ 上の 1 点 $A=(1,0)$ と Y 軸上の点 $(0,t)$ を通る直線 L_t を考えよう．この L_t は単位円と 2 点で交わるが，その 1 点は A なので，もう一方の点の座標を求めてみる．L_t 上の点はパラメータ s を用いて

$$s(0,t)+(1-s)(1,0)=(1-s,st) \qquad (s\in\mathbb{R})$$

と書けるが，これが $X^2+Y^2=1$ を満たすから

$$(1-s)^2+(st)^2=1, \quad \therefore \quad s=\frac{2}{1+t^2}$$

である．ただし $s=0$ のときは点 A を表しているから $s\neq 0$ とした．したがって，円周上の点は（1 点 A を除いて）

$$(X,Y)=(1-s,st)=\left(\frac{t^2-1}{t^2+1},\frac{2t}{t^2+1}\right) \tag{4.8}$$

と表されることになる．それがどうした，と言われそうだが，この表示は t の有理式になっており，円上の点が有理関数でパラメータ付けできるという点がキーポイントである[*6]．したがって t を有理数にとると (X,Y) は有理数になって円上の有理点が t を動かせば好きなだけ得られる．約分の問題が生じるが，このようにしてピタゴラスの三つ組も無数に得られることになる．

演習 4.15　ピタゴラスの三つ組を 5 つあげよ．

演習 4.16　式 (4.8) を利用して，t を X,Y の有理式で表せ．つまり X,Y は t の有理式で表されるが，t もまた X,Y の有理式で表すことができる．このようにして，円から直線への有理写像が得られる．このようなとき，円と直線は双有理同値であると言う．［**答.** $t=Y/(1-X)$.］

もう一つ，ピタゴラスの三つ組を発見する方法を紹介しよう．今度は 2 次の正方行列を使う．2 つのピタゴラスの三つ組 (a,b,c) および (x,y,z) に対して，行列 $A=\begin{pmatrix} a & -b \\ b & a \end{pmatrix}$ および $B=\begin{pmatrix} x & -y \\ y & x \end{pmatrix}$ を考える．このとき $\det(AB)=$

[*6] このような曲線は単有理的であると言う．実際には円は有理的である（演習 4.16 参照）．

$\det A \det B$ を計算して書き下すと

$$(ax-by)^2+(bx+ay)^2=(a^2+b^2)(x^2+y^2)=(cz)^2$$

となることが確かめられる（ぜひ実際にやってみてほしい）．これは，$(ax-by, bx+ay, cz)$ がまた，ピタゴラスの三つ組になることを示している．

たとえば，$(a,b,c)=(3,4,5)$ と $(x,y,z)=(5,12,13)$ は有名なピタゴラスの三つ組であるが，これを用いると新しい三つ組

$$(ax-by, bx+ay, cz)=(-33,56,65)$$

を得る．すべて 2 乗して考えるから $(33,56,65)$ は新しいピタゴラスの三つ組である．cz は c, z よりも大きいから，このようにして得られた新しい三つ組はすでに得られているものとは異なっている．このようにして無数にピタゴラスの三つ組を作り出せる．

演習 4.17 p を与えられた整数として，一般に $X^2-pY^2=1$ の形の X, Y に関する不定方程式を**ペル方程式**と呼ぶ[*7]．円に対して行った，射影による有理写像，行列式による整数点の力学系の構成をペル方程式に応用してみよ．

このような例を見ていると曲線や多様体上には無数の整数点や有理点がありそうな気がしてくる．しかし，それは円や 2 次曲線が有理的であることに大きくよっているのである．このようなピタゴラスの三つ組に関する問題はディオファントス問題には違いないが，実は一般的なディオファントス問題は少し様相が違う．

ピタゴラスの三つ組をわきに置くと，おそらくもっとも有名なディオファントス問題はフェルマーの予想であろう[*8]．これは長い間“予想”だったが，20 世紀も終わろうとする頃，英国の数学者ワイルズによってフェルマーが予想もしなかった方法で解決され ([42, 41])，いまやワイルズの定理となっている[*9]．それは次のような定理である．

---

*7 Pell, John (1611–1685)

*8 Fermat, Pierre de (1601–1665). フェルマーは数論や幾何学を始め，確率論などへの貢献でも知られる．とくに数論ではフェルマーの小定理やフェルマー数（フェルマー素数）など彼の名前はよく知られている．

*9 Wiles, Andrew (1953–).

定理 4.18 (ワイルズ)　自然数 $n \geq 3$ に対して，$x^n + y^n = z^n$ を満たす自然数 x, y, z の三つ組は存在しない．

もちろん $x = y = z = 0$ とか，n が奇数のときには $x = -y,\ z = 0$ といった「自明な」整数解は存在するが，本質的な整数解はない，というのが主張である．$n = 2$ のときには x, y, z はピタゴラスの三つ組で，こちらは無限個存在するのだから，その落差は大きい．とくに，z^n で両辺を割って $X^n + Y^n = 1$ の形にしておくと，これには有理数の解は $(1, 0), (0, 1)$ の 2 つしかない（n が奇数のとき）．

フェルマーはディオファントスの『数論』を読んでいて，いろいろと興味深い考察を行い，その余白にメモを書きつけていた．昔の本は余白を裁ち切っていないものが多く，ずいぶんと広い余白があるのが普通だった．おそらくフェルマーは，自分のメモとしてだけでなく人に見られることも予期して（有名人の日記のようなものか）書き込みを入れていたに違いないと思う．たとえば p が素数のとき

$$x^2 + y^2 = p$$

を満たすような自然数 x, y の組は $p = 4m + 1$ のときにのみただ 1 組存在し，$p = 4m + 3$ のときは存在しない，というようなことも書いてあるようである（[46, §I.XI, §II.IX] 参照）．そしてこの定理 4.18 の内容を書いたあと，有名な科白「証明を書くにはこの余白は狭すぎる」との言葉を遺した[*10]．そのようなわけで定理 4.18 はしばしばフェルマーの大定理（あるいは最終定理）と呼ばれることもあるが，フェルマー予想，そしてワイルズの定理というのが正しいだろう．さまざまな状況を勘案すると，フェルマーが証明できたとは考えにくいのである（おそらく $n = 3, 4$ の証明はできていただろうと推測されている（[60, p.92], [58, §4, §28]））．定理の証明の経緯については，いろいろと興味深いドキュメントや解説記事が数多く出版・公開されているので参照してみるとよい．中でも [50], [59], [58] などが読み物としておもしろいと思う．実際の定理の証明を知りたい人は [51] を足がかりに原論文に当たるのが，おそらく近道である．

実は整数を係数とする方程式で定義されているにもかかわらず，このように曲線上に有理点がほとんど含まれていない方が普通であって，ディオファントス問

[*10] 原文はラテン語．“Hanc marginis exiguitas non caperet”.

題というと，その限られた有限個の整数点とか有理点を見つけようというのが一般的なのである．中でもモーデルはそのような問題に興味を持って研究し，楕円曲線と呼ばれる 3 次式で定義されるような曲線には有理点が無限個含まれているものの，さらに高次のほとんどの曲線には有理点はほとんどないことに気がついた ([36])[*11].

楕円曲線の場合には単に有理点が無限個あるというだけでなく，有理点の全体はとてもよい構造をもつ．それが有名な**モーデルの定理**である．

定理 4.19（モーデル） 有理数体上定義された，楕円曲線上の有理点全体は有限階の可換群の構造をもつ．

有限階の可換群の一般的なものは，ある自然数 $m_1, \ldots, m_k$ に対して

$$\mathbb{Z} \times \cdots \times \mathbb{Z} \times (\mathbb{Z}/m_1\mathbb{Z}) \times \cdots \times (\mathbb{Z}/m_k\mathbb{Z})$$

の形をしており，とくに整数 $\mathbb{Z}$ が含まれていれば，有理点は無限個あることになる（もちろん有限個しかないこともありうる）．

そして，楕円曲線以外の一般の曲線に関する彼の予想（**モーデル予想**）はファルティングスによって 20 世紀後半に証明された ([22, 23]) [*12]．いまでは**モーデル・ファルティングスの定理**と呼ばれているのが次の定理である（たとえば [80] 参照）．

定理 4.20（ファルティングス） 有理数体上定義された，種数が 2 以上の非特異な曲線上には有理点は有限個しか存在しない．

楕円曲線は種数が 1 で，2 次曲線は種数が 0 である．“種数（しゅすう）”というのは曲線を複素数体上で考えたときの幾何学的形状から定義されたもので，実数の範囲で考えると曲線でも，複素数で考えると曲面になるのである．このように複素数で考えて（さらに無限遠点を付け加えて完備化すると），種数 0 の曲線は球面に，種数 1 の曲線はトーラス（ドーナッツの表面）に，一般に種数が g の曲線では，トーラスのような曲面で穴の数が g 個のものになる．このような（複素数で考え

[*11] Mordell, Louis Joel (1888–1972).

[*12] Faltings, Gerd (1954–).

た）幾何学的な形状と数論が結びついたところに，このディオファントス問題のおもしろさがある[*13].

さて，曲線はパラメータが一つだが，このような問題でパラメータ，つまり変数の数を増やすとどうなるか.

ここに有名なエピソードがある．数論ではつとに有名なラマヌジャンが，肌に合わぬ外国生活がもとで衰弱し，入院していたとき[*14]，彼をインドからイギリスへと招聘したハーディが病院に見舞った[*15]．そのときハーディの乗っていたタクシーの番号が 1729．ハーディがこの番号を平凡でつまらないと評したところ，ラマヌジャンは即座に

$$1^3 + 12^3 = 10^3 + 9^3 = 1729$$

のように立方数の和で 2 通りに書ける最小の数で，とても興味深いと答えたという．これは考え方にもよるが

$$x^3 + y^3 + z^3 + w^3 = 0 \quad \text{または} \quad x^3 + y^3 + z^3 = 1$$

の整数解を求める問題と思うことができる．立方数の和は難しい問題なのだが，平方数については精密なことがわかっており，たとえば Jacobi はテータ関数を応用して，次の**四平方数定理**を証明している ([76, §2.11]) [*16].

定理 4.21 (Lagrange-Jacobi)　自然数 m を 4 つの整数の平方和に表す表し方の総数は，m の 4 で割れない正の約数の総和の 8 倍である.

ちなみに自然数が 4 つの整数の平方和にいつでも書けることは Lagrange が証明しており，非常に有名であった[*17]．こちらは解の存在定理だが，Jacobi の精密化は驚くべきもので，整数解の個数まで決まるというのである.

---

*13 松本眞氏による解説：
`http://www.math.sci.hiroshima-u.ac.jp/m-mat/TEACH/TEACH/kyokusen1.pdf`
が参考になるかもしれない.

*14 Ramanujan, Srinivasa (1887–1920).

*15 Hardy, Godfrey Harold (1877–1947).

*16 Jacobi, Carl (1804–1851).

*17 Lagrange, Joseph-Louis (1736–1813).

少し脱線した．このような精密なことがわかるのは 2 次の特別な場合で，普通はまるでわからない，五里霧中の状態になる．この定理 4.21 の場合，立方数ではなく，平方数であることが非常に効いており，実際，立方数になった途端に問題は急激に難しくなるのである．これは，一つには平方和であれば，その表し方が有限であることが明らかであるのに比して，立方和では負の数の存在によって解の探索が有限回で終わらないこと，そして平方和ではテータ関数という強力な道具が使えることなどによる．

実は任意の自然数 k に対して

$$x^3 + y^3 + z^3 = k$$

となるような整数 x, y, z が存在するかどうかはいまだに未解決の問題である．もう少し正確に述べよう．

◆予想 4.22 自然数 k に対して $k \not\equiv \pm 4 \pmod 9$ であれば，$x^3 + y^3 + z^3 = k$ を満たすような整数の三つ組 x, y, z が無限個存在する．

演習 4.23 整数 x に対して，$x^3 \equiv 0, \pm 1 \pmod 9$ であることを利用して，$k \equiv \pm 4 \pmod 9$ の形の自然数 k に対して $x^3 + y^3 + z^3 = k$ となる整数の三つ組は存在しないことを示せ．

この予想は，問題を三つ組が存在するかどうかだけに限り，範囲を $k < 100$ に限定しても，長い間未解決のままであった．この範囲で残されていたのは $k = 33$ と $k = 42$ の場合で，それが $k = 33$ は 2016 年に ([3])，$k = 42$ は 2019 年に ([4]) 相次いで (？) 解かれることとなった．しかし，それでもまだ $k = 114$ の場合は整数解の存在さえ未解決である！　整数解が無限個あるかどうかもいまだにわからない．

どんな感じなのか，感覚を掴んでもらうために，論文 [4] から結果を引用してみよう．

$$\begin{aligned} 33 &= (8866128975287528)^3 + (-8778405442862239)^3 \\ &\quad + (-2736111468807040)^3 \end{aligned}$$

$$\begin{aligned} 42 &= (-80538738812075974)^3 + (80435758145817515)^3 \\ &\quad + (12602123297335631)^3 \end{aligned}$$

どうだろう．その難しさの一端がわかっていただけたであろうか？　モーデルは $k = 3$ のときを研究し，$(1, 1, 1)$ と $(4, 4, -5)$ 以外に解はあるのかという問いを投げ掛けた．次の例がその答えの一つである ([4])．

$$\begin{aligned} 3 = (569936821221962380720)^3 &+ (-569936821113563493509)^3 \\ &+ (-472715493453327032)^3 \end{aligned}$$

やはりここでもその困難さが見て取れる．つまり，三つ組が存在してもそれは急激に大きくなるので，計算機でさえも探索をするのが難しいのである．

ヒルベルトは 1900 年の国際数学者会議において，数学の取り組むべき 23 の問題を提起した ([61])．そのうちの一つ，第 10 問題はディオファントス方程式に関するもので，次のように述べることができる．

> n 個の未知数を含む，係数が整数の多項式方程式
>
> $$P(x_1, x_2, \ldots, x_n) = 0$$
>
> が整数解をもつか否かを有限のアルゴリズムで判定できるだろうか．

ヒルベルトの問題はどの問題も，その後の数学の発展を促すための契機となった重要な問題であるが，この第 10 問題でも彼の慧眼は冴えている[*18]．実際，フェルマーの最終定理の単純さと難しさ，そして上に紹介した立方数の和の問題の困難さを考えてみてもわかるように，そのようなアルゴリズムは存在しないのではないかと思えてくるのである．そしてまさしくそのようにして，この第 10 問題は，当時若干 23 歳の若い数学者マティヤセヴィッチ[*19] によって否定的に解決された ([34])．つまり，

---

*18 Hilbert, David (1862–1943)．さまざまな証言によると，ヒルベルトはこの問題を肯定的に解決できると半ば信じていたようであるが，難しいと思っていたことは間違いがない．そして，おそらく，否定されはすまいかという一抹の不安も抱えていたと思う．そのようなぎりぎりの，しかもその後の発展を決定づけるような問題提起ができることが彼の能力の現れである．

*19 Matiyasevič, Yuri (1947–)．マティヤセヴィッチは，整数係数で 24 変数の（！）多項式であって，もしその値が正の整数になれば，それは素数になり，しかもすべての素数を網羅するようなものが存在することを示したことでも有名である ([33])．この多項式は 37 次式だったが，後年，[28] によって，次数が 25 次で変数が 26 文字のものに書き替えられた．アルファベットは 26 文字なので，26 は変数の数としてちょうどよい!!

すべてのディオファントス方程式を解くような計算機プログラムは存在しない！

もちろん個々のディオファントス方程式が解けないという意味ではないから安心してほしい．しかし，上で紹介した，自然数 k を立方数の和で表す問題も，たとえ計算機を援用してもすべての整数解を求めるのは不可能かもしれないのである．

実はフェルマーの問題も $x^n + y^n - z^n = 0$ として，n も変数としてしまえば4変数のディオファントス問題だと思えないこともない．しかし，n は冪指数として現れているので，これはある種の反則である．もともとヒルベルトの第10問題はロビンソン-デイヴィス-パットナムという3人の数学者が，この冪指数変数を含む形で否定的に解いていた ([18])．マティヤセヴィッチは，この冪指数変数をフィボナッチ数列を利用して多項式に取り込んだのである．

この冪指数変数を含む不定方程式に関してはオイラーのおもしろい予想がある．

◆**予想 4.24** (オイラー)　n, k を3以上の整数とする．自然数 b の冪 b^k が n 個の自然数を用いて

$$b^k = a_1^k + a_2^k + \cdots + a_n^k$$

と表されているならば $n \geq k$ である．

オイラーでも時には間違うこともある．この予想は $k = 4, 5$ のときに反例があって正しくない．$k = 4$ のときの反例の報告 [31] は，本文が5行かつ2文しかなくて，数学史上一番短い論文と呼ばれていた (図4.3参照)．

Conway たちの論文 [14] が40年後に現れるまでは (図4.4参照)．こちらも2文しかないが，ちょっと反則気味かもしれない[*20]．

もっとも，予想4.24に関しては，$k = 6$ のときにさえ反例があるかどうか知られていないようである．やはりオイラーはオイラーということか．

[*20] 2つの図が使われていることと，「学術論文」というよりは欄外のコラム的な要素が強いこと．これが「反則気味」の理由．でも，まぁ，短いね．

COUNTEREXAMPLE TO EULER'S CONJECTURE ON SUMS OF LIKE POWERS

BY L. J. LANDER AND T. R. PARKIN

Communicated by J. D. Swift, June 27, 1966

A direct search on the CDC 6600 yielded

$$27^5 + 84^5 + 110^5 + 133^5 = 144^5$$

as the smallest instance in which four fifth powers sum to a fifth power. This is a counterexample to a conjecture by Euler [**1**] that at least n nth powers are required to sum to an nth power, $n > 2$.

REFERENCE

1. L. E. Dickson, *History of the theory of numbers*, Vol. 2, Chelsea, New York, 1952, p. 648.

図 4.3　世界一短い数学の論文 I (L. J. Lander and T. R. Parkin [31], 1966)

Covering a Triangle with Triangles

Can $n^2 + 1$ unit equilateral triangles cover an equilateral triangle of side length greater than n, say of length $n + \varepsilon$? We note that $n^2 + 2$ can:

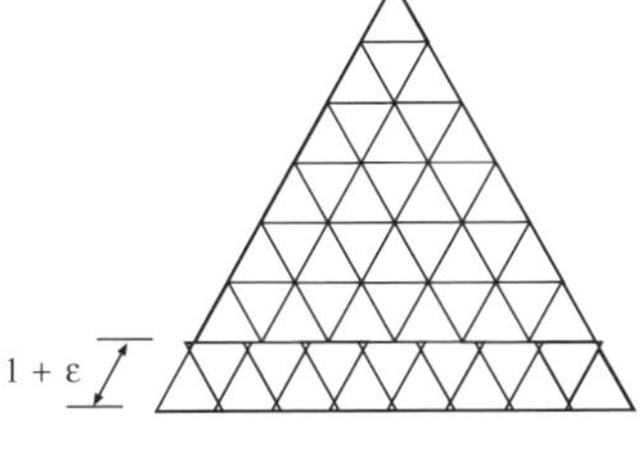

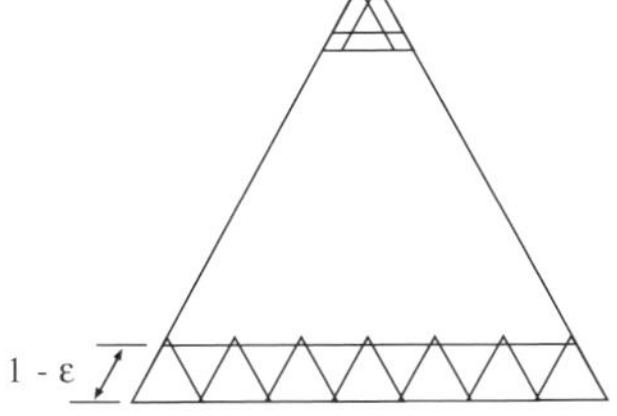

——Submitted by John H. Conway and Alexander Soifer, Princeton University

図 4.4　世界一短い数学の論文 II (J. H. Conway and A. Soifer [14], 2005) ©Mathematical Association of America, reprinted by permission of Taylor & Francis Ltd

さて，ずいぶん寄り道をしてしまったが，ディオファントス問題がどんなものか，だいたいの感じは掴んでいただけたと思う．それと同時に，全正値部分という制約はあるものの，フリーズ多様体の整数点，つまりフリーズ方程式の有限個の自然数解が，多角形の奇蹄列で分類されるという事実がいかに特別かもわかっていただけたのではないかと思う．

第5章　ロタンダスと中心対称な三角形分割

正多角形の三角形分割が重心に関して点対称なとき，中心対称な三角形分割と呼ぶ．このような特殊な三角形分割と対応するフリーズを考えると，それに対応するフリーズ方程式は驚くべきことに，ただ一つの多項式による方程式に帰着する．この多項式をロタンダスと呼ぶ．

この章では，ロタンダスと中心対称な三角形分割，フリーズの間の関係を紹介する．

§5.1　ロタンダス

オイラーの連分因子を導入して，フリーズ多様体を定義したが，この定義には変数を巡回的に入れ替えた多数の方程式が必要だった．しかし，実はその方程式の中で必要なものはたった3つなのである．この一見複雑そうに見える事態は連分因子が巡回的でないことに起因している．もう一度，連分因子の最初の部分をここにあげてみよう．

$$K_1 = x_1, \quad K_2 = x_1x_2 - 1$$

$$K_3 = x_3K_2 - K_1 = x_1x_2x_3 - x_1 - x_3$$

$$K_4 = x_4K_3 - K_2 = x_1x_2x_3x_4 - x_1x_2 - x_1x_4 - x_3x_4 + 1$$

$$\begin{aligned} K_5 = x_5K_4 - K_3 &= x_1x_2x_3x_4x_5 \\ &\quad - x_1x_2x_3 - x_1x_2x_5 - x_1x_4x_5 - x_3x_4x_5 + x_1 + x_3 + x_5 \end{aligned}$$

$n = 2$ までは巡回的であるが（対称式でもある），すでに K_3 は変数を巡回的に入れ替えると同じものではなくなってしまう．

これを巡回的に補完するとどうなるだろうか？　それがロタンダスと呼ばれているものである．

定義 5.1 $n \geq 3$ のとき，変数 $x = (x_1, \ldots, x_n)$ に対して，

$$R_n(x) = \operatorname{trace} M_n(x_1, x_2, \ldots, x_n)$$
$$= K_n(x) - K_{n-2}(x_2, x_3, \ldots, x_{n-1})$$

とおき，これを**ロタンダス** (rotundus) と名づける．

ロタンダスの名付け親は Conley と Ovsienko で，比較的新しい概念である[*1]．以下の内容はこの 2 人の論文 [11] によるところが大きい．

例 5.2 ロタンダスの例をいくつかあげておこう．

$$R_3 = x_1x_2x_3 - x_1 - x_2 - x_3$$

$$R_4 = x_1x_2x_3x_4 - x_1x_2 - x_2x_3 - x_1x_4 - x_3x_4 + 2$$

$$R_5 = x_1x_2x_3x_4x_5 - x_1x_2x_3 - x_2x_3x_4 - x_1x_2x_5 - x_1x_4x_5 - x_3x_4x_5 + x_1 + x_2 + x_3 + x_4 + x_5$$

$$R_6 = x_1x_2x_3x_4x_5x_6 - x_1x_2x_3x_4 - x_2x_3x_4x_5 - x_1x_2x_3x_6 - x_1x_2x_5x_6 - x_1x_4x_5x_6 - x_3x_4x_5x_6 + x_1x_2 + x_2x_3 + x_1x_4 + x_3x_4 + x_2x_5 + x_4x_5 + x_1x_6 + x_3x_6 + x_5x_6 - 2$$

巡回不変ということもあり，一般の n に対してロタンダスを書き下すのはそう難しくない．重要な性質である，この巡回不変性をまず示そう．

定理 5.3 ロタンダス $R_n(x)$ は変数 $x = (x_1, x_2, \ldots, x_n)$ の巡回的置換で不変である．つまり次の等式が成り立つ．

$$R_n(x_1, x_2, \ldots, x_n) = R_n(x_2, \ldots, x_n, x_1) = R_n(x_3, \ldots, x_n, x_1, x_2) = \cdots$$

[証明] 命題 4.9 の証明で見たように，

[*1] Conley, Charles H. Ovsienko, Valentin Yu.

$$\begin{aligned}
&\begin{pmatrix} x_1 & 1 \\ -1 & 0 \end{pmatrix}^{-1} M_n(x_1, x_2, \ldots, x_n) \begin{pmatrix} x_1 & 1 \\ -1 & 0 \end{pmatrix} \\
&= \begin{pmatrix} x_1 & 1 \\ -1 & 0 \end{pmatrix}^{-1} \begin{pmatrix} x_1 & 1 \\ -1 & 0 \end{pmatrix} \begin{pmatrix} x_2 & 1 \\ -1 & 0 \end{pmatrix} \cdots \begin{pmatrix} x_n & 1 \\ -1 & 0 \end{pmatrix} \begin{pmatrix} x_1 & 1 \\ -1 & 0 \end{pmatrix} \\
&= \begin{pmatrix} x_2 & 1 \\ -1 & 0 \end{pmatrix} \cdots \begin{pmatrix} x_n & 1 \\ -1 & 0 \end{pmatrix} \begin{pmatrix} x_1 & 1 \\ -1 & 0 \end{pmatrix} = M_n(x_2, \ldots, x_n, x_1)
\end{aligned}$$

である．行列のトレースの性質 $\mathrm{trace}(P^{-1}MP) = \mathrm{trace}\, M$ より，両辺のトレースをとると $R_n(x) = R_n(x_2, x_3, \ldots, x_n, x_1)$ がわかる．これを繰り返せば，任意の巡回的な置換によってロタンダスは不変であることがわかる． □

§ 5.2　ロタンダスと行列式

連分因子と同様にロタンダスも行列式を用いて表すことができる[*2]．次の定理を示すのがこの節の目的である．

定理 5.4　$a = (a_1, a_2, \ldots, a_n)$ に対して

$$R_n(a) = \det \begin{pmatrix} a_1 & 1 & & & & i \\ 1 & a_2 & 1 & & & \\ & 1 & a_3 & 1 & & \\ & & \ddots & \ddots & \ddots & \\ & & & 1 & a_{n-1} & 1 \\ -i & & & & 1 & a_n \end{pmatrix} = \det\left(A + i \begin{pmatrix} & & 1 \\ & & \\ -1 & & \end{pmatrix} \right)$$

ただし A は対角線が a で，その上とその下の副対角線が 1 であるような三重対角行列であり，$i = \sqrt{-1}$ は虚数単位である．また行列のうち空白になっている部分の成分はすべてゼロである．

この定理は行列式の行展開を用いて地道に計算しても示すことができるが，Desnanot-Jacobi 恒等式と呼ばれる等式を用いると簡単に示すことができる[*3]．

[*2] ロタンダスの行列式表示はこのあとほとんど使われないので，行列式が苦手な人はここを飛ばしても構わない．しかし，内容はとてもおもしろい．保証する．

[*3] Desnanot, Pierre (1777–1857).

この恒等式にはいろいろ使い道があっておもしろいのだが，まずはどんな恒等式なのかを述べよう．

定理 5.5 n 次正方行列 X に対して X_j^i で X の第 i 行と第 j 列を取り除いた $(n-1)$ 次の正方行列を表す．また，同様に $X_{1,n}^{1,n}$ で X から第 1 行目と n 行目の 2 行，第 1 列目と n 列目の 2 列を取り除いた $(n-2)$ 次の正方行列を表そう．このとき次の行列式の等式が成り立つ．これを **Desnanot-Jacobi の恒等式**と呼ぶ．

$$|X| \cdot |X_{1,n}^{1,n}| = |X_1^1| \cdot |X_n^n| - |X_1^n| \cdot |X_n^1|$$

［証明］ この証明は Bressoud [5, §3.5] による．非常にエレガントな証明だが，行列式の扱いに慣れていないと難しいと思う．

さて，X の**余因子行列**を Y と書く ([73, §11.4 (35)], [57, §II.3])．つまり Y の (i,j) 成分は $y_{i,j} = (-1)^{i+j}|X_i^j|$ であって，

$$XY = YX = |X| \cdot \mathbf{1}_n$$

が成り立つ．ただし $\mathbf{1}_n$ は n 次の単位行列を表すのであった．そこで行列 Z を

$$Z = \left(\begin{array}{c|ccc|c} y_{1,1} & 0 & \cdots & 0 & y_{n,1} \\ \hline y_{1,2} & & & & y_{n,2} \\ \vdots & & \mathbf{1}_{n-2} & & \vdots \\ y_{1,n-1} & & & & y_{n,n-1} \\ \hline y_{1,n} & 0 & \cdots & 0 & y_{n,n} \end{array}\right)$$

と定めると

$$XZ = \left(\begin{array}{c|ccc|c} |X| & * & \cdots & * & 0 \\ \hline 0 & & & & 0 \\ \vdots & & X_{1,n}^{1,n} & & \vdots \\ 0 & & & & 0 \\ \hline 0 & * & \cdots & * & |X| \end{array}\right)$$

が成り立つことがわかる（$*$ の部分は何かの数が並んでいるが，以下の計算には影響しない）．両辺の行列式をとると

$$|X| \cdot |Z| = |X|^2 \cdot |X_{1,n}^{1,n}| \tag{5.1}$$

を得るが，一方，

$$|Z| = y_{1,1}y_{n,n} - y_{n,1}y_{1,n} = |X_1^1| \cdot |X_n^n| - |X_1^n| \cdot |X_n^1|$$

である．そこで，式 (5.1) の両辺を $|X|$ で割って[*4]，求める式を得る．　□

さっそく，この恒等式を使って定理を証明しよう．

［定理 5.4 の証明］　Desnanot-Jacobi の恒等式を

$$X = \left(\begin{array}{c|cccc|c} a_1 & 1 & & & & i \\ \hline 1 & a_2 & 1 & & & \\ & 1 & a_3 & 1 & & \\ & & \ddots & \ddots & \ddots & \\ & & & 1 & a_{n-1} & 1 \\ \hline -i & & & & 1 & a_n \end{array}\right)$$

に対して用いる．ここで

$$|X_{1,n}^{1,n}| = \begin{vmatrix} a_2 & 1 & & \\ 1 & a_3 & \ddots & \\ & \ddots & \ddots & 1 \\ & & 1 & a_{n-1} \end{vmatrix} = K_{n-2}(a_2, \ldots, a_{n-1})$$

は連分因子の行列式表示であるが，同様にして $|X_1^1| = K_{n-1}(a_2, a_3, \cdots, a_n)$，$|X_n^n| = K_{n-1}(a_1, a_2, \cdots, a_{n-1})$ がわかる．一方，

---

*4 鋭い読者からは $|X| = 0$ だったらどうするんですか，と聞かれそうだが，両辺ともに $x_{i,j}$ たちの多項式と思って多項式の割り算をすればよいのである．

$$|X_1^n| = \left|\begin{array}{c|cccc} 1 & & & & i \\ \hline a_2 & 1 & & & \\ 1 & a_3 & 1 & & \\ & \ddots & \ddots & \ddots & \\ & & 1 & a_{n-1} & 1 \end{array}\right| = 1 + (-1)^{n-2} i \begin{vmatrix} a_2 & 1 & & \\ 1 & a_3 & \ddots & \\ & \ddots & \ddots & 1 \\ & & 1 & a_{n-1} \end{vmatrix}$$

$$= 1 + (-1)^n i K_{n-2}(a_2, \ldots, a_{n-1})$$

と計算でき，同様にして $|X_n^1| = 1 - (-1)^n i K_{n-2}(a_2, \ldots, a_{n-1})$ がわかる．記号が長くなってしまうので定理 4.5 の証明と同じように

$$a^\circ = (a_1, \ldots, a_{n-1}), \quad {}^\circ a = (a_2, \ldots, a_n), \quad {}^\circ a^\circ = (a_2, \ldots, a_{n-1})$$

と書くことにしよう．以上から，Desnanot-Jacobi 恒等式は

$$\begin{aligned} |X| K_{n-2}({}^\circ a^\circ) &= K_{n-1}({}^\circ a) K_{n-1}(a^\circ) \\ &\qquad - \bigl(1 + (-1)^n i K_{n-2}({}^\circ a^\circ)\bigr)\bigl(1 - (-1)^n i K_{n-2}({}^\circ a^\circ)\bigr) \\ &= K_{n-1}({}^\circ a) K_{n-1}(a^\circ) - K_{n-2}({}^\circ a^\circ)^2 - 1 \end{aligned} \tag{5.2}$$

となる．系 4.6 の証明にあるように $\det M_n = 1$ より

$$K_{n-1}({}^\circ a) K_{n-1}(a^\circ) - 1 = K_n(a) K_{n-2}({}^\circ a^\circ)$$

となるので式 (5.2) は

$$\begin{aligned} |X| K_{n-2}({}^\circ a^\circ) &= \bigl(K_n(a) - K_{n-2}({}^\circ a^\circ)\bigr) K_{n-2}({}^\circ a^\circ) \\ &= R_n(a) K_{n-2}({}^\circ a^\circ) \end{aligned}$$

である．両辺を $K_{n-2}({}^\circ a^\circ)$ で割って $|X| = R_n(a)$ を得る． □

ロタンダスの行列表示はいろいろあって楽しい．それをいちいち証明することはしないが，興味のある読者はぜひ原論文に当たってみてほしい．定理 5.4 のときと同じく

$$A = \begin{pmatrix} a_1 & 1 & & & \\ 1 & a_2 & 1 & & \\ & \ddots & \ddots & \ddots & \\ & & 1 & a_{n-1} & 1 \\ & & & 1 & a_n \end{pmatrix}, \quad B = \begin{pmatrix} & & 1 \\ & & \\ -1 & & \end{pmatrix}$$

と表そう．B は簡単な形をしているが，やはり n 次の正方行列であって，2 つの成分 ± 1 以外はすべてゼロのスカスカの行列である．

定理 5.6 (Conley-Ovsienko [11, Theorem 1])　上の記号の下にロタンダス $R_n(a)$ は

$$R_n(a)^2 = \det \begin{pmatrix} B & A \\ -A & B \end{pmatrix}$$

を満たす．

［証明］　一般に次の行列式の等式が成り立つことがよく知られている．

$$\begin{vmatrix} X & Y \\ -Y & X \end{vmatrix} = |X + iY| \cdot |X - iY|$$

ただし X, Y はそれぞれ n 次の正方行列である．この公式はたとえば [45, §1.9, (b-vi)] の特殊な場合であるが，行列式の計算によく慣れている人向けに 1 行ですむ証明を書いておく．

$$\begin{vmatrix} X & Y \\ -Y & X \end{vmatrix} = \begin{vmatrix} X+iY & Y \\ -Y+iX & X \end{vmatrix} = \begin{vmatrix} X+iY & Y \\ 0 & X-iY \end{vmatrix} = |X+iY| \cdot |X-iY|$$

この公式を $X = B, Y = A$ として用いると，

$$\begin{aligned} \begin{vmatrix} B & A \\ -A & B \end{vmatrix} &= |B + iA| \cdot |B - iA| = i^n |A - iB| \cdot (-i)^n |A + iB| \\ &= |A + iB| \cdot |A - iB| \end{aligned}$$

だが，定理 5.4 より $R_n(a) = |A + iB| = |A - iB|$ なので（$R_n(a)$ は“実”だから複素共役をとっても変わらない），最後の式は $R_n(a)^2$ に等しい．　□

ここでは詳しく説明しないが，交代行列には行列式の（多項式としての）平方根があって，パフィアンと呼ばれている（たとえば [57, §II 研究課題 I-3)] 参照）*5.
このパフィアンを $\mathrm{pf}\,X$ で表すと，実は $R_n(a) = \mathrm{pf}\begin{pmatrix} B & A \\ -A & B \end{pmatrix}$ であることもわかる．

§ 5.3　フリーズと Desnanot-Jacobi 恒等式

Desnanot-Jacobi 恒等式をフリーズに用いるとおもしろいことがわかる．正値帯状フリーズよりももっと一般的な SL_2 タイル張りを考えよう．たとえば次のような数字の並び

$$
\begin{array}{ccccccccccccccccccccccccccccccccc}
1 && 2 && 3 && 2 && 2 && 1 && 4 && 3 && 1 && 2 && 3 && 2 && 2 && 1 &&&&&& \\
& 1 && 5 && 5 && 3 && 1 && 3 && 11 && 2 && 1 && 5 && 5 && 3 && 1 && 3 &&&& \\
&& 2 && 8 && 7 && 1 && 2 && 8 && 7 && 1 && 2 && 8 && 7 && 1 && 2 &&&& \\
&&& 3 && 11 && 2 && 1 && 5 && 5 && 3 && 1 && 3 && 11 && 2 && 1 && 5 && \\
&&&& 4 && 3 && 1 && 2 && 3 && 2 && 2 && 1 && 4 && 3 && 1 && 2 && 3
\end{array}
$$

であって，ユニモジュラ規則を満たすようなものであった．ユニモジュラ規則は，この並びにおける菱形状の 4 つの数字が

$$
\begin{array}{ccc}
 & b & \\
a & & d \\
 & c &
\end{array}
$$

のように並んでいるとき $ad - bc = 1$ が成り立つという規則であった．菱形の対角線はちょうど十字形に交わっていて，その端点の数字を掛けて引き算をするので，このような式を俗にたすき掛けと呼ぶ．これはもちろん 2 次の行列式

$$
\det\begin{pmatrix} a & b \\ c & d \end{pmatrix} = ad - bc
$$

を考えることに他ならない．この菱形の辺を一つ延長して，SL_2 タイル張りの中に次のような 9 つの数字を考えよう．

*5 Pfaff, Johann (1765–1825).

$$
\begin{array}{ccccc}
 & & a_3 & & \\
 & a_2 & & b_3 & \\
a_1 & & b_2 & & c_3 \\
 & b_1 & & c_2 & \\
 & & c_1 & &
\end{array}
\tag{5.3}
$$

定理 5.7　どの成分も 0 ではない SL_2タイル張り（フリーズ）を考える．このとき，SL_2タイル張りの中に現れる，式 (5.3) のような配置の 9 つの数字は次の関係式を満たす．

$$a_1b_2c_3 + a_2b_3c_1 + a_3b_1c_2 = a_1b_3c_2 + a_2b_1c_3 + a_3b_2c_1$$

ほんと？と思うかもしれないが，皆さんも電卓（スマホ？）を片手に少し挑戦してみてほしい．たとえば一つ前のページにあげた例では，

$$
\begin{array}{ccccc}
 & & 3 & & \\
 & 5 & & 5 & \\
2 & & 8 & & 7 \\
 & 3 & & 11 & \\
 & & 4 & &
\end{array}
\quad \text{だから} \quad
\begin{aligned}
&2\cdot 8\cdot 7 + 5\cdot 5\cdot 4 + 3\cdot 3\cdot 11 \\
&\qquad = 2\cdot 5\cdot 11 + 5\cdot 3\cdot 7 + 3\cdot 8\cdot 4 = 311
\end{aligned}
$$

である！

［証明］　定理の証明には，要するに式 (5.3) の菱形を時計回りに 45° 回転して次のような 3 次の行列式を考えればよい．

$$
\begin{vmatrix} a_1 & a_2 & a_3 \\ b_1 & b_2 & b_3 \\ c_1 & c_2 & c_3 \end{vmatrix} = a_1b_2c_3 + a_2b_3c_1 + a_3b_1c_2 - a_1b_3c_2 - a_2b_1c_3 - a_3b_2c_1 \tag{5.4}
$$

この式は俗にサルスの公式と呼ばれている有名なものであるが，行列式の定義式に他ならない．たとえば [57, §II.2] や [73, §7.3] を見てほしい．また，このように 45° 回転しておくと，ユニモジュラ規則は左上隅や右上隅，そして左下隅と右下隅の 4 つの 2 次正方行列の行列式がすべて 1 であるという条件になっている．

もとの 3 次の行列を X と書いて，定理 5.5 の記号を使えば，これら 4 隅の 2 次正方行列は $X^3_3, X^3_1, X^1_3, X^1_1$ である．真ん中の数字は b_2 であるが，これ

は $X_{1,3}^{1,3}$ と表されていた 1×1 の (!) 行列に等しい．したがって，この X に Desnanot-Jacobi の恒等式を適用すると，ユニモジュラ規則より

$$b_2|X| = |X_1^1||X_3^3| - |X_3^1||X_1^3| = 1 - 1 = 0$$

だが，仮定から $b_2 \neq 0$ なので $|X| = 0$．したがって式 (5.4) はゼロとなり，定理の等式が成り立つ． □

証明を見ればわかるように，ある成分がゼロであっても，真ん中の b_2 に当たる成分がゼロでなければその部分では定理の等式が成り立つ．したがって正値帯状フリーズのようなゼロが並ぶ行がある場合でも，この定理の結論は成り立つ[*6]．

§ 5.4 中心対称な奇蹄列とロタンダス

正値帯状フリーズは，連分因子によって表されるフリーズ方程式と成分の正値性によって特徴づけられた．フリーズ方程式は巡回的に考えると $2n$ 個あるが（定理 4.8），うまく工夫すると連分因子による方程式を 3 個まで減らせたことを思い出そう（命題 4.9）．

実はロタンダス $R_n(a)$ も正値帯状フリーズと奇蹄列を関係づける重要な役割を果たすのである．

$a = (a_1, a_2, \ldots, a_n)$ を自然数の列とする．a を繰り返して 2 倍に延長した数列 (a, a) が $2n$ 角形の奇蹄列になっていることがある．このようなとき，（正 $2n$ 角形で考えると）三角形分割は**中心対称な分割**となっている．

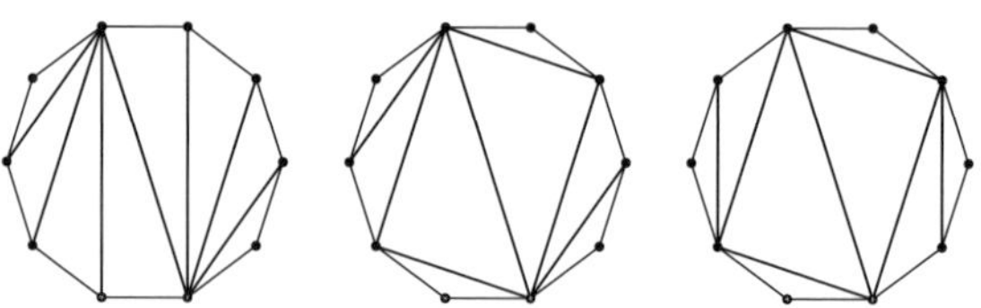

図 5.1 中心対称な三角形分割

このような中心対称な三角形分割の奇蹄列 (a, a) を言葉の流用で**中心対称**

*6 この定理についてはファレイ数列とフリーズの関係を論じるときにもう一度考えてみよう．

な奇蹄列と呼ぼう[*7]．もちろん対応するフリーズ $\mathscr{F}(a,a)$ は周期が $2n$ で幅が $m=2n-3$ の正値帯状フリーズになっている．“周期”と言うときは最短の繰り返しを指すのが普通だが，その意味でのフリーズ $\mathscr{F}(a,a)$ の最短の周期はもちろん n である．

この中心対称な奇蹄列 (a,a) はもちろんフリーズ方程式系を満たすが，実は次の“ロタンダス方程式”一つだけ考えれば十分である．

> **定理 5.8**　中心対称な奇蹄列 (a,a) に対して，a は**ロタンダス方程式**
>
> $$R_n(a)=R_n(a_1,\ldots,a_n)=0 \tag{5.5}$$
>
> を満たす．

この定理を証明するために，2 次の正方行列 $A=\begin{pmatrix} a & b \\ c & d \end{pmatrix}$ を考えよう．行列 A に対する**ケイリー-ハミルトンの公式**より

$$A^2-(a+d)A+(ad-bc)\mathbf{1}_2=\mathrm{O}_2$$

が成り立つ．ここで

$$\mathbf{1}_2=\begin{pmatrix} 1 & 0 \\ 0 & 1 \end{pmatrix}\quad \text{は単位行列,}\qquad \mathrm{O}_2=\begin{pmatrix} 0 & 0 \\ 0 & 0 \end{pmatrix}\quad \text{は零行列}$$

を表している．この公式は左辺を実際に計算してみれば簡単に確かめることができる[*8]．$\operatorname{trace} A=a+d$, $\det A=ad-bc$ なので，この式を書き直すと

$$A^2-(\operatorname{trace} A)A+(\det A)\mathbf{1}_2=\mathrm{O}_2$$

とも表すことができる．

このケイリー-ハミルトンの公式を使って次の補題を証明する．

---

*7　数列として中心対称となっているわけではなく，単に 2 回繰り返しているだけにすぎない．注意してほしい．

*8　ケイリー-ハミルトンの公式は一般の n 次正方行列でも成り立つ．詳しくは [73, 57, 45] などの線型代数学の教科書を参照してほしい．Cayley, Arthur (1821–1895). Hamilton, William Rowan (1805–1865).

補題 5.9 2 次正方行列 A が $\det A = 1$ を満たすとき，$\operatorname{trace} A = 0$ であることと $A^2 = -\mathbf{1}_2$ が成り立つことは同値である．

［証明］ $\det A = 1$ なのでケイリー-ハミルトンの公式は

$$A^2 - (\operatorname{trace} A)A + \mathbf{1}_2 = O_2$$

となる．もし $\operatorname{trace} A = 0$ ならばこの式から $A^2 = -\mathbf{1}_2$ がただちに従う．一方，$A^2 = -\mathbf{1}_2$ なら，この式に代入して $(\operatorname{trace} A)A = O_2$ だが，$A \neq O_2$ なので $\operatorname{trace} A = 0$ である． □

［定理 5.8 の証明］ 行列 $M_n(x)$ は

$$M_n(x) = M_n(x_1, x_2, \ldots, x_n) = \begin{pmatrix} x_1 & 1 \\ -1 & 0 \end{pmatrix}\begin{pmatrix} x_2 & 1 \\ -1 & 0 \end{pmatrix}\cdots\begin{pmatrix} x_n & 1 \\ -1 & 0 \end{pmatrix}$$

で定義されていた．右辺の行列はすべて行列式が 1 なので，その積である $M_n(x)$ の行列式も 1 である．一方，ロタンダスは定義 5.1 で

$$R_n(x) = \operatorname{trace} M_n(x) = K_n(x) - K_{n-2}(x_2, x_3, \ldots, x_{n-1})$$

と与えられていた．

さて，(a, a) が奇蹄列ならば，命題 4.9 より $M_{2n}(a, a) = -\mathbf{1}_2$ である．ところで $M_n(x)$ の式を眺めると $(x_1, \ldots, x_n)$ を 2 回繰り返したものに対応する行列は $M_{2n}(x, x) = M_n(x)^2$ のように $M_n(x)$ を単に 2 回掛けたものに等しいことがわかる．つまり $M_n(a)^2 = -\mathbf{1}_2$ が成り立っている．そこで補題 5.9 を用いると，$R_n(a) = \operatorname{trace} M_n(a) = 0$ である．

証明は完結したが，最後に $R_n(a) = \operatorname{trace} M_n(a) = 0$ ならば $M_{2n}(a, a) = -\mathbf{1}_2$ が成り立つことにも注意しておこう． □

例 5.10 中心対称な奇蹄列をもつフリーズ $\mathscr{F}(a, a)$ の例をいくつかあげよう．まずは中心対称 8 角形の奇蹄列 $(1, 2, 2, 4, 1, 2, 2, 4)$ に対応するフリーズ．

0 0 0 0 0 0 0 0 0 0 0 0 0 0 0 0
1 1 1 1 1 1 1 1 1 1 1 1 1 1 1 1
1 2 2 4 1 2 2 4 1 2 2 4 1 2 2
1 3 7 3 1 3 7 3 1 3 7 3 1 3 7
1 10 5 2 1 10 5 2 1 10 5 2 1 10
3 7 3 1 3 7 3 1 3 7 3 1 3 7
2 4 1 2 2 4 1 2 2 4 1 2 2
1 1 1 1 1 1 1 1 1 1 1 1 1
0 0 0 0 0 0 0 0 0 0 0 0 0

次にあげるのは中心対称 10 角形の奇蹄列 $(1,4,1,2,4,1,4,1,2,4)$ に対応するフリーズである．

0 0 0 0 0 0 0 0 0 0 0 0 0 0 0 0 0
1 1 1 1 1 1 1 1 1 1 1 1 1 1 1 1 1
1 4 1 2 4 1 4 1 2 4 1 4 1 2 4 1 4 1
3 3 1 7 3 3 3 1 7 3 3 3 1 7 3 3 3
2 2 3 5 8 2 2 3 5 8 2 2 3 5 8 2
1 5 2 13 5 1 5 2 13 5 1 5 2 13 5 1
2 3 5 8 2 2 3 5 8 2 2 3 5 8 2
1 7 3 3 3 1 7 3 3 3 1 7 3 3 3
2 4 1 4 1 2 4 1 4 1 2 4 1 4 1
1 1 1 1 1 1 1 1 1 1 1 1 1 1
0 0 0 0 0 0 0 0 0 0 0 0 0 0

例を見てわかるように，これらのフリーズには強い特徴があり，第 n 行目を対称軸として上下に鏡映対称である．また，水平方向にはもちろん周期が n で繰り返す．したがって $n \times n$ の平行四辺形の部分が決まれば，それを水平方向には平行移動し，垂直方向には n 行目を軸として鏡映で写せば完全なフリーズが得られることになる．

§5.5　ロタンダス超曲面

さて，中心対称な奇蹄列はロタンダス方程式を満たすのだが，実は $R_n(a) = 0$ という条件は中心対称な奇蹄列を“ほとんど”特徴づけてしまうほど強力な条件である．それを以下説明しよう．

中心対称な種数列 (a,a) を考える．すでに注意したように“中心対称”と言うものの，単に長さ n の数列 $a = (a_1, a_2, \ldots, a_n)$ を繰り返して並べたものにすぎない．この種数列に対応するフリーズ $\mathscr{F}(a,a)$ が，周期 $2n$ で幅 $m = 2n - 3$

の正値帯状フリーズになるための必要十分条件は (a, a) が奇蹄列となることである．一方，フリーズ方程式によってフリーズ多様体が決まり，その全正値部分に属する整数列は奇蹄列となるのであった．

フリーズ多様体にならって，ロタンダス多様体を

$$\mathfrak{R}_n = \{x \in \mathbb{R}^n \mid R_n(x) = 0\} \tag{5.6}$$

とおく．“多様体”と書いたが，ただ一つの方程式で定義されるような代数多様体は超曲面と呼ばれるのが普通である．そこで我々も $\mathfrak{R}_n$ を**ロタンダス超曲面**と呼ぼう．超曲面とは言うものの，もちろん $\mathfrak{R}_n$ は曲面ではなく $(n-1)$ 次元の多様体である．ただし $n = 3$ のときには本当に 3 次元ユークリッド空間 $\mathbb{R}^3$ の中の曲面になっている．

§4.3 でフリーズ多様体の全正値部分 $\mathfrak{F}_n^+$ を定義したが，ロタンダス超曲面の全正値部分を

$$\mathfrak{R}_n^+ = \{x \in \mathbb{R}^n \mid R_n(x) = 0,\ \ (x, x) \in \mathfrak{F}_{2n}^+\} \tag{5.7}$$

で決めよう．$x \in \mathfrak{R}_n$ なら $(x, x) \in \mathfrak{F}_{2n}$ が成り立つので，この定義は理論的な整合性をもっており，条件としては実質的に正値性のみが課されていることに注意しよう．

定理 5.11　中心対称な自然数の数列 (a, a) が奇蹄列であるための必要十分条件は $a \in \mathfrak{R}_n^+$ を満たすことである．

つまり中心対称な奇蹄列はただ一つの方程式（とたくさんの不等式）で決まっている．定理の証明はほとんど終わっているが，詳細を詰めておこう．

［証明］　すでに定理 5.8 の証明で注意したように，$R_n(a) = 0$ と $M_{2n}(a, a) = -\mathbf{1}_2$ は同値である．したがって $a \in \mathfrak{R}_n$ なら $(a, a) \in \mathfrak{F}_{2n}$ であって，さらにそれが正値性の条件を満たしていれば奇蹄列である（定理 4.14）．逆に (a, a) が奇蹄列ならばそれは全正値部分に属していて，$M_{2n}(a, a) = -\mathbf{1}_2$ が成り立ち，上で注意したことから $R_n(a) = 0$ である．　□

このように，ロタンダス超曲面は（その全正値部分が）有限個の整数解しかもっ

てないような超曲面になっており，興味深いものである．フリーズ多様体の場合と同じく，すべての整数解を求めることは未解決の問題である．

例 5.12　$R_n(a_1,\ldots,a_n)=0$ を満たす自然数列，つまりロタンダス方程式の自然数解について考えてみる．

$n=3$ のときは比較的簡単である．自然数 a,b,c が

$$R_3(a,b,c)=abc-a-b-c=0$$

を満たすとすると，たとえば a が最大であるとして

$$abc=a+b+c\leq 3a, \quad \therefore \quad bc\leq 3$$

したがって $b\geq c$ なら $(b,c)=(1,1),(2,1),(3,1)$ となって，これより $(a,b,c)=(3,2,1)$ の可能性しかないことがわかる．これは 6 角形の中心対称な奇蹄列である．

実は $R_3(a,b,c)=0$ を満たす整数は，どれか一つがゼロ，たとえば $c=0$ とすれば $(a,-a,0)$ と上の $\pm(3,2,1)$ しか解はない．したがって，すべての整数解がこれらの成分を適当に入れ替えれば得られる．

$n=4$ のときも $R_4(a)=0$ を満たす自然数解は 8 角形の中心対称な奇蹄列 $(4,2,2,1),(3,3,2,1),(4,1,3,1)$ とその巡回的な入れ替えしかないことがわかる（これを実際にチェックするには退屈な場合分けを繰り返さねばならないが）．

しかし，この場合には $R_4(2,1,1,-1)=0$ であって，成分が負になるような非自明な整数解が存在する．

さらに $n=5$ のときは，$R_5(2,1,1,1,1)=0$ が成り立ち，この自然数解は三角形分割とは対応しない．実際，三角形分割では 1 が 2 つ隣り合わせに並ぶことはない．この種数列から生成されたフリーズは非正値であり，図 4.2 に例としてあげてある．一方，その他の自然数解はすべて 10 角形の中心対称な三角形分割と対応する正値フリーズを生成する．

このようにして，式 (5.7) の中のロタンダス超曲面の全正値部分を定める条件 $(x,x)\in\mathfrak{F}_{2n}^{+}$ を省くことができないことがわかってもらえると思う．

§ 5.6　3 回転対称な奇蹄列とロタンダス

さて，三角形分割には，中心対称なものだけでなく，3 回転対称なものも存在

する.

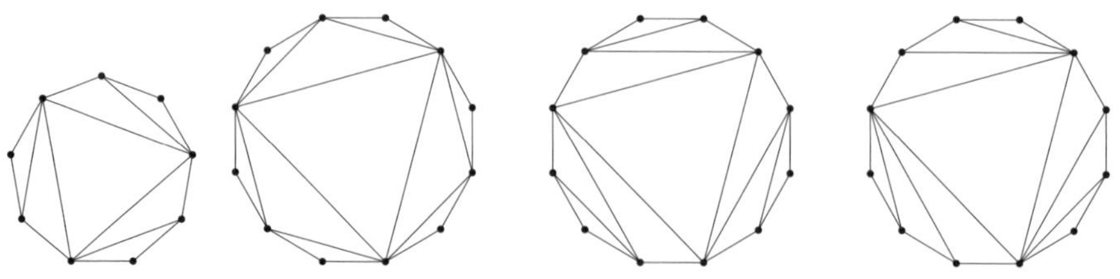

図 5.2 3 回転対称な三角形分割

では，4 回転対称や 5 回転対称は？　しばらく実験してみると，どうやら存在しそうにないとわかってくる．幾何学的に図を描いて考えるとこれは当たり前だと思えるが"証明"となるといささか覚束ない．そこで 3 回転対称な三角形分割の特徴付け，そして 4 回転以上の三角形分割が存在しないことを数式で確認してみよう．

まず次の補題に注目する．この補題の証明は行列の固有値など基本的な事実を理解していれば難しくないが，巻末に附録としてつける（§15.4 参照）．

> **補題 5.13**　M を整数を成分とする 2 次の正方行列で $\det M = 1$ とする[*9]．また $M \neq -\mathbf{1}_2$ と仮定する．
>
> (1) 自然数 $k \geq 1$ に対して $M^k = -\mathbf{1}_2$ ならば $k = 2$ または $k = 3$ である．
>
> (2) $M^2 = -\mathbf{1}_2$ と $\operatorname{trace} M = 0$ は同値である．
>
> (3) $M^3 = -\mathbf{1}_2$ と $\operatorname{trace} M = 1$ は同値である．

長さ n の自然数の列 $a = (a_1, \ldots, a_n)$ に対して，もし $(a, a, \ldots, a)$（k 回の繰り返し）が kn 角形の奇跡列になっていたとすれば，命題 4.9 より

$$M_{kn}(a, a, \ldots, a) = M_n(a)^k = -\mathbf{1}_2$$

が成り立っていなければならない．一方，上の補題 5.13 より，このとき $k = 1, 2, 3$ しか可能性はなく，$k = 1$ は繰り返しがない場合，$k = 2$ は中心対称な三角形分

[*9] つまり $M \in \mathrm{SL}_2(\mathbb{Z})$ である．

割の奇蹄列である．さらに $k=3$ のときは，$M_n(a)^3=-\mathbf{1}_2$ と $R_n(a)=1$ が同値である．

これをまとめると以下のようになる．

定理 5.14　自然数の列 $a=(a_1,\dots,a_n)$ に対して，その k 回の繰り返し $(a,a,\dots,a)$ が kn 角形の奇蹄列であるためには $k\leq 3$ でなければならない．

また (a,a,a) が $3n$ 角形の奇蹄列であるための必要十分条件は

$$R_n(a)=1 \quad \text{かつ} \quad (a,a,a)\in\mathfrak{F}_{3n}^{+} \tag{5.8}$$

が成り立つことである．ただし $\mathfrak{F}_{3n}^{+}$ は長さ $3n$ のフリーズ多様体の全正値部分である．

この $R_n(x)=1$ を満たすような $x\in\mathbb{R}^n$ のなす超曲面もロタンダス超曲面と呼んでよいだろう．その全正値部分は有限個の整数点しかもたない．

例 5.15　3 回転対称な奇蹄列をもつフリーズ $\mathscr{F}(a,a,a)$ の例をいくつかあげよう．これらのフリーズの周期は $3n$ で非常に大きく，紙面におさまらないものがほとんどだが，少し文字を小さくして書いてみよう．

3 回転対称 9 角形の奇蹄列 $(1,2,4,1,2,4,1,2,4)$ に対応するフリーズ：

1 1 1 1 1 1 1 1 1 1 1 1 1 1 1 1 1 1
1 2 4 1 2 4 1 2 4 1 2 4 1 2 4 1 2 4
1 7 3 1 7 3 1 7 3 1 7 3 1 7 3 1 7 3
3 5 2 3 5 2 3 5 2 3 5 2 3 5 2 3 5 2
2 3 5 2 3 5 2 3 5 2 3 5 2 3 5 2 3 5
1 7 3 1 7 3 1 7 3 1 7 3 1 7 3 1 7 3
2 4 1 2 4 1 2 4 1 2 4 1 2 4 1 2 4 1
1 1 1 1 1 1 1 1 1 1 1 1 1 1 1 1 1 1

3 回転対称 12 角形の奇蹄列 $(1,2,4,3,1,2,4,3,1,2,4,3)$ をもつフリーズ：

1 1 1 1 1 1 1 1 1 1 1 1 1 1 1 1
1 2 4 3 1 2 4 3 1 2 4 3 1 2 4 3
1 7 11 2 1 7 11 2 1 7 11 2 1 7 11 2
3 19 7 1 3 19 7 1 3 19 7 1 3 19 7 1
8 12 3 2 8 12 3 2 8 12 3 2 8 12 3 2
5 5 5 5 5 5 5 5 5 5 5 5 5 5 5 5
2 8 12 3 2 8 12 3 2 8 12 3 2 8 12 3
3 19 7 1 3 19 7 1 3 19 7 1 3 19 7 1
7 11 2 1 7 11 2 1 7 11 2 1 7 11 2 1
4 3 1 2 4 3 1 2 4 3 1 2 4 3 1 2
1 1 1 1 1 1 1 1 1 1 1 1 1 1 1 1

3 回転対称 12 角形の奇蹄列 $(1,5,1,3,1,5,1,3,1,5,1,3)$ をもつフリーズ：

1 1 1 1 1 1 1 1 1 1 1 1 1 1 1 1
1 5 1 3 1 5 1 3 1 5 1 3 1 5 1 3
4 4 2 2 4 4 2 2 4 4 2 2 4 4 2 2
3 7 1 7 3 7 1 7 3 7 1 7 3 7 1 7
5 3 3 5 5 3 3 5 5 3 3 5 5 3 3 5
2 8 2 8 2 8 2 8 2 8 2 8 2 8 2 8
5 5 3 3 5 5 3 3 5 5 3 3 5 5 3 3
3 7 1 7 3 7 1 7 3 7 1 7 3 7 1 7
4 2 2 4 4 2 2 4 4 2 2 4 4 2 2 4
1 3 1 5 1 3 1 5 1 3 1 5 1 3 1 5
1 1 1 1 1 1 1 1 1 1 1 1 1 1 1 1

例から見て取れるように，これらはやはり強い対称性をもっている．垂直方向に 3 等分すると真ん中の列はより短い滑り鏡映に関する対称性をもつ．各自観察してみるとおもしろいと思う．

§ 5.7　フリーズ多様体とロタンダス超曲面

フリーズ多様体からロタンダス超曲面への写像を構成しよう．それには次のような組合せ論的（あるいは平面幾何的）な意味付けから出発する．

$(n+1)$ 角形の三角形分割をとり，その奇蹄列を $q=(q_1,\ldots,q_n,q_{n+1})$ とする．このとき，辺 (v_n,v_{n+1}) を長くのばした多角形 P を考えて，それを 2 つ準備する．一方の多角形は長くのばした辺 (v_n,v_{n+1}) の中点を中心にして 180° 回転してそれを P' と書き，P と P' をこの辺に沿って貼り合わそう（図 5.3 参照）．

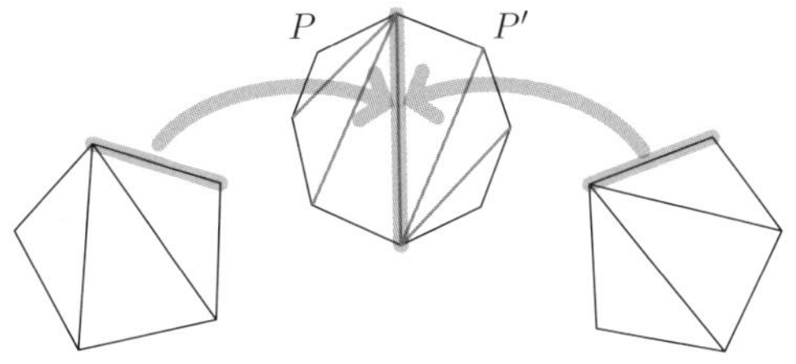

図 5.3　2 つの三角形分割を貼り合わせて中心対称な三角形分割を作る

このようにすると $2n$ 角形の中心対称な三角形分割が得られる．奇蹄列の方は q から $a=(q_1,\ldots,q_{n-1},q_n+q_{n+1})$ とおいて (a,a) に変化する．したがって次の対応を得る．

$$\mathfrak{F}^+_{n+1} \ni q \mapsto (a,a) \in \mathfrak{F}^+_{2n} \tag{5.9}$$

あるいは

$$\mathfrak{F}^+_{n+1} \ni q \mapsto a \in \mathfrak{R}^+_n \tag{5.10}$$

鋭い読者はこの対応が $\mathfrak{F}^+_{n+1}$ 上で決まっているわけではなく，奇蹄列 q に対してだけ決まっていることに気がついているに違いない．奇蹄列は有限個しかないから，このような対応をフリーズ多様体の全正値部分に拡張できるかどうかは一般にはわからない．たまたま有限個のところだけでうまくいっているだけかもしれないからである．

しかし，実はおもしろいことに次の定理が成り立つ．

定理 5.16　$x \in \mathfrak{F}_{n+1}$ に対して

$$y=(x_1,x_2,\ldots,x_{n-1},x_n+x_{n+1})$$

と定めると $y \in \mathfrak{R}_n$ であって，多様体の間の写像

$$\varphi : \mathfrak{F}_{n+1} \to \mathfrak{R}_n, \quad \varphi(x)=y$$

が矛盾なく定義される．このとき全正値部分は φ によって保たれ，写像 $\varphi : \mathfrak{F}^+_{n+1} \to \mathfrak{R}^+_n$ が定まる．

[証明]　前半は $\psi(x)=(y,y)$ とおくと (y,y) がフリーズ方程式を満たし，

$\psi : \mathfrak{F}_{n+1} \to \mathfrak{F}_{2n}$ が矛盾なく定まることを示せばよい．つまり $M_{2n}(y, y) = M_n(y)^2 = -\mathbf{1}_2$ を示せばよいことになる．

そこで $U(z) = \begin{pmatrix} z & 1 \\ -1 & 0 \end{pmatrix}$ とおいて，$T(z) = U(z)^{-1} = \begin{pmatrix} 0 & -1 \\ 1 & z \end{pmatrix}$ と書くことにしよう．この記号を使うと，$x = (x_1, x_2, \ldots, x_{n+1}) \in \mathfrak{F}_{n+1}$ はフリーズ方程式を満たすから

$$M_{n+1}(x) = U(x_1)U(x_2)\ldots U(x_{n-1})U(x_n)U(x_{n+1}) = -\mathbf{1}_2$$

が成り立っている．そこで $X = U(x_1)U(x_2)\ldots U(x_{n-1})$ とおけば，

$$X = -U(x_{n+1})^{-1}U(x_n)^{-1} = -T(x_{n+1})T(x_n),$$

$$M_n(y) = XU(x_n + x_{n+1}) = -T(x_{n+1})T(x_n)U(x_n + x_{n+1})$$

である．

次の補題は行列の計算により簡単に確かめることができる．

補題 5.17　任意の a, b, c に対して，

$$U(a)^{-1}U(c)U(b)^{-1} = T(a)U(c)T(b) = T(a + b - c)$$

が成り立つ．

この補題を $a = x_n$, $b = x_{n+1}$, $c = a + b = x_n + x_{n+1}$ として用いよう．すると

$$\begin{aligned} M_n(y)^2 &= (-1)^2 T(b)T(a)U(c)T(b)T(a)U(c) \\ &= T(b)T(a + b - c)T(a)U(c) = T(b)T(0)T(a)U(c) \end{aligned} \tag{5.11}$$

であるが，

$$T(0)T(a)U(c) = \begin{pmatrix} 0 & -1 \\ 1 & 0 \end{pmatrix}\begin{pmatrix} 0 & -1 \\ 1 & a \end{pmatrix}\begin{pmatrix} c & 1 \\ -1 & 0 \end{pmatrix} = -\begin{pmatrix} c - a & 1 \\ -1 & 0 \end{pmatrix} = -U(b)$$

と計算できる．これを式 (5.11) に代入すると $-T(b)U(b) = -\mathbf{1}_2$ となり，フリーズ方程式を満たすことがわかった．

正値部分が正値部分に写ることは，一般の実数値をとるフリーズの性質を準備してからでないと証明ができないので，だいぶ先の話になるが附録の §15.5 で示すことにしよう． □

もちろんフリーズ多様体 $\mathfrak{F}_{n+1}$ から 3 回転対称なフリーズのなすロタンダス超曲面 $R_n(y)=1$ への写像 $x \mapsto y = (x_1, \ldots, x_{n-1}, x_n + x_{n+1} + 1)$ も同様に考えられ，こちらも正値部分を保つことが証明できる．これは読者への研究課題としておこう[*10]．

---

*10 本書の粗稿がほとんど完成しかけていた頃，新しいプレプリントが投稿され，その論文にはまさしくこのようなロタンダス多様体の性質が詳しく調べられていることを知った．興味ある読者はそちらもご参照いただきたい ([10])．このようにして数学は日々進んでゆく．

第6章 連分数

この章では，しばらくの間フリーズから離れて，連分数そのものの性質を紹介する．

連分数は古くはユークリッドの互除法と対応するような分数の連鎖として現れるものだったが，無理数や超越数との関わりに深い理解をもたらすことが認識されるようになった．フリーズを考えるときには有限連分数しか現れないのだが，円周率 π やネイピアの数 e のさまざまな無限連分数展開が知られていて，見ているだけでも楽しい．

このような連分数展開を，ほんの一部ではあるが，オイラーの導きに従って紹介しよう．

§6.1 オイラーと連分数

§4.1 で紹介した連分因子 $K_n(a_1, \ldots, a_n)$ は，オイラー[*1] によって連分数との関係から導入されたのでこの名前がある ([21])．もっとも行列式はオイラーの時代にはまだ発展途上であり，現在のような形では理解されていなかったから，オイラーの扱いも行列式ではなく，あくまで多項式として考えられていた．このように多項式として考えるときには連分因子を"連分多項式"と呼ぶことも多い．

そこで行列式は置いておいて，オイラーもやったように連分数の計算をしてみよう．まず連分数とは何かを簡単に説明することから始める．

自然数の列 $\{a_n\}_{n=1}^{\infty}$ に対して，$\gamma_1 = a_1$,

$$\gamma_2 = a_1 + \cfrac{1}{a_2}, \quad \gamma_3 = a_1 + \cfrac{1}{a_2 + \cfrac{1}{a_3}}, \quad \gamma_4 = a_1 + \cfrac{1}{a_2 + \cfrac{1}{a_3 + \cfrac{1}{a_4}}},$$

一般に

*1 Euler, Leonhard (1707–1783).

$$\gamma_n = a_1 + \cfrac{1}{a_2 + \cfrac{1}{a_3 + \cfrac{1}{\ddots + \cfrac{1}{a_{n-1} + \cfrac{1}{a_n}}}}} \tag{6.1}$$

によって有理数列 $\{\gamma_n\}_{n=1}^{\infty}$ を決める．式 (6.1) のような表記は場所をとって繁雑なので，これを

$$\gamma_n = a_1 + \frac{1\ |}{|\ a_2} + \frac{1\ |}{|\ a_3} + \cdots + \frac{1\ |}{|\ a_n}$$

とか，あるいは，そっけない書き方ではあるが

$$\gamma_n = [a_1; a_2, a_3, \ldots, a_n]$$

と表し，**連分数**と呼ぶ．また，この極限 ω を

$$\omega = a_1 + \frac{1\ |}{|\ a_2} + \frac{1\ |}{|\ a_3} + \cdots + \frac{1\ |}{|\ a_n} + \cdots = [a_1; a_2, a_3, \ldots, a_n, \ldots]$$

と書いて ω の**連分数展開**（あるいは連分数表示）と呼ぶ．数列 $\{\gamma_n\}$ が収束するかどうかはすぐには明らかでないが，どのような種数列 $\{a_n\}$ に対しても常に収束することが証明できる．

最初のいくつかの連分数を計算してみよう．

$$\gamma_2 = a_1 + \frac{1}{a_2} = \frac{a_1a_2 + 1}{a_2}, \quad \gamma_3 = a_1 + \frac{a_3}{a_2a_3 + 1} = \frac{a_1a_2a_3 + a_1 + a_3}{a_2a_3 + 1}$$

すでに γ_4 はそうとう複雑で，結果だけ記すと

$$\gamma_4 = \frac{a_1a_2a_3a_4 + a_1a_2 + a_1a_4 + a_3a_4 + 1}{a_2a_3a_4 + a_2 + a_4}$$

となる．

この計算のように分母・分子を種数列 $\{a_n\}$ の多項式として計算して，それを

$$\gamma_n = \frac{p_n}{q_n} = \frac{p_n(a_1, a_2, \ldots, a_n)}{q_n(a_1, a_2, \ldots, a_n)} \quad (n = 1, 2, 3, \ldots)$$

とおく．この $p_n(a), q_n(a)$ を**連分多項式**と呼ぶ．

補題 6.1　連分多項式 p_n, q_n は次の漸化式を満たす．ただし $p_0 = 1,\ q_0 = 0$ と考える．

$$\begin{aligned} p_{n+1}(a_1, \dots, a_{n+1}) &= a_{n+1} p_n(a_1, \dots, a_n) + p_{n-1}(a_1, \dots, a_{n-1}) \\ q_{n+1}(a_1, \dots, a_{n+1}) &= a_{n+1} q_n(a_1, \dots, a_n) + q_{n-1}(a_1, \dots, a_{n-1}) \end{aligned} \tag{6.2}$$

[証明]　帰納法で証明しよう．

まず $n = 1$ のときには，上で計算した γ_1, γ_2 より成立していることが確認できる．

そこで $n-1$ まで正しいとして n のときを考えよう．$n-1$ のときの等式

$$p_n(a_1, \dots, a_n) = a_n p_{n-1}(a_1, \dots, a_{n-1}) + p_{n-2}(a_1, \dots, a_{n-2}) \tag{6.3}$$

は多項式としての等式であるから式 (6.3) の a_n に $a_n + 1/a_{n+1}$ を代入してみよう．すると，右辺から

$$\begin{aligned} \left(a_n + \frac{1}{a_{n+1}}\right) p_{n-1} + p_{n-2} &= (a_n p_{n-1} + p_{n-2}) + \frac{p_{n-1}}{a_{n+1}} \\ &= p_n + \frac{p_{n-1}}{a_{n+1}} = \frac{a_{n+1} p_n + p_{n-1}}{a_{n+1}} \end{aligned}$$

が得られる．同様にして $q_n = a_n q_{n-1} + q_{n-2}$ の右辺の a_n に $a_n + 1/a_{n+1}$ を代入すると，まったく同じ計算によって

$$\frac{a_{n+1} q_n + q_{n-1}}{a_{n+1}}$$

であることがわかる．したがって

$$\frac{p_n(a_1, \dots, a_n + 1/a_{n+1})}{q_n(a_1, \dots, a_n + 1/a_{n+1})} = \frac{a_{n+1} p_n + p_{n-1}}{a_{n+1} q_n + q_{n-1}}$$

である．一方，左辺の式は連分多項式の定義より

$$\gamma_n = a_1 + \cfrac{1}{a_2 + \cfrac{1}{\ddots + \cfrac{1}{a_{n-1} + \cfrac{1}{a_n}}}} \tag{6.4}$$

において a_n を $a_n + 1/a_{n+1}$ に置き換えたものになっている．それはちょうど γ_{n+1} になるから

$$\gamma_{n+1} = \frac{p_{n+1}}{q_{n+1}} = \frac{p_n(a_1, \ldots, a_n + 1/a_{n+1})}{q_n(a_1, \ldots, a_n + 1/a_{n+1})} = \frac{a_{n+1}p_n + p_{n-1}}{a_{n+1}q_n + q_{n-1}}$$

となり n のときにも式 (6.2) が成り立つことが示された．□

系 6.2　連分多項式 p_n, q_n と連分数 $\gamma_n = p_n/q_n$ に対して次の式が成り立つ．

(1) $p_{n+1}q_n - p_nq_{n+1} = \begin{vmatrix} p_{n+1} & p_n \\ q_{n+1} & q_n \end{vmatrix} = (-1)^{n+1}$

(2) $\gamma_{n+1} - \gamma_n = (-1)^{n+1}/q_nq_{n+1}$

(3) $\gamma_{n+1} - \gamma_1 = \dfrac{p_{n+1}}{q_{n+1}} - \dfrac{p_1}{q_1} = \displaystyle\sum_{k=1}^{n} \frac{(-1)^{k+1}}{q_kq_{k+1}}$

［証明］　漸化式 (6.2) より

$$\begin{aligned} p_{n+1}q_n - p_nq_{n+1} &= (a_{n+1}p_n + p_{n-1})q_n - p_n(a_{n+1}q_n + q_{n-1}) \\ &= -(p_nq_{n-1} - p_{n-1}q_n) = \cdots = (-1)^n(p_1q_0 - p_0q_1) \\ &= (-1)^n(a_1 \cdot 0 - 1 \cdot 1) = (-1)^{n+1} \end{aligned}$$

となる．この両辺を $q_{n+1}q_n$ で割って

$$\gamma_{n+1} - \gamma_n = \frac{p_{n+1}}{q_{n+1}} - \frac{p_n}{q_n} = \frac{(-1)^{n+1}}{q_nq_{n+1}}$$

を得る．(3) は，いま証明した (2) を用いて，$\gamma_{n+1} - \gamma_1 = (\gamma_{n+1} - \gamma_n) + (\gamma_n - \gamma_{n-1}) + \cdots + (\gamma_2 - \gamma_1)$ のように書き直しただけである．□

この漸化式を利用して次の定理を示そう（[20, Chap. XVIII.358] 参照*2）.

定理 6.3（オイラーの連分因子） (1) $q_n = p_{n-1}(a_2, a_3, \ldots, a_n)$

(2) p_n は次のように行列式で表される．このように表された右辺の行列式を**オイラーの連分因子**と呼ぶ.

$$p_n(a_1, a_2, \ldots, a_n) = \begin{vmatrix} a_1 & 1 & & & \\ -1 & a_2 & 1 & & \\ & \ddots & \ddots & \ddots & \\ & & -1 & a_{n-1} & 1 \\ & & & -1 & a_n \end{vmatrix} \tag{6.5}$$

上の式 (6.5) はフリーズのときに現れた連分因子 $K_n(a)$ とよく似ているが，下部の副対角線に現れる数が 1 でなく -1 である点が異なっている．実際，連分多項式は

$$p_2 = a_1a_2 + 1, \qquad p_3 = a_1a_2a_3 + a_1 + a_3,$$

$$p_4 = a_1a_2a_3a_4 + a_1a_2 + a_1a_4 + a_3a_4 + 1, \ldots$$

のように $K_n(a)$ のマイナスの符号をすべてプラスに置き換えたものと一致していて，K_n の計算方法がそのまま使える（§4.1 参照）.

以下，フリーズの連分因子 $K_n(a)$ に対してオイラーの連分因子を $\mathbb{K}_n(a)$ と書くことにしよう．状況から判断できるときには単に“連分因子”と呼ぶこともある.

[定理 6.3 の証明]　補題 6.1 の漸化式は p_n, q_n ともにまったく同じ形をしているが，初期値がそれぞれ違う．$p_0 = 1$, $p_1 = a_1$ とおくと $p_2 = a_1a_2 + 1, \ldots$ が漸化式より得られる．一方 $q_1 = 1$, $q_2 = a_2$ なので，これから同じ漸化式で得られる多項式は $p_{n-1}(a_2, \ldots, a_n)$ であって，$q_n(a)$ に一致する.

次に行列式について考えよう．定理の右辺の行列式を $\mathbb{K}_n(a)$ と書いて最後の

*2 原文はラテン語だが，式を見ているだけでも楽しい．次のサイトからダウンロードできる．
https://scholarlycommons.pacific.edu/euler-works/101/

行で行展開すれば

$$\mathbb{K}_n(a) = a_n \mathbb{K}_{n-1}(a_1, \dots, a_{n-1}) + \mathbb{K}_{n-2}(a_1, \dots, a_{n-2})$$

を得る．これはちょうど連分多項式 p_n の漸化式と同じであり，初期値を比較して等しいことがわかる（行展開の計算は定理 4.2 の証明を参考にしてほしい）． □

§ 6.2　無限連分数

ここで少し寄り道をして連分数展開についてもう少し紹介しておこう．この節は少し高度でもあり，このあとの話の展開には直接必要はない．先を急ぐ読者はあとから読み返してもよいと思う．

さて，連分因子をオイラーが導入したことはすでに述べた．連分因子に少し似ているが，連分数の理論では次の定理がもっとも基本的で重要である．この定理もやはりオイラーによる．

定理 6.4（オイラー [20, Chap.XVIII.368]）　n 個の変数 $a_1, a_2, \dots, a_n$ に対して

$$z_n = \cfrac{1}{1 - \cfrac{a_1}{a_1 + 1 - \cfrac{a_2}{a_2 + 1 - \cfrac{a_3}{a_3 + 1 - \dots \cfrac{a_{n-1}}{a_{n-1} + 1 - \cfrac{a_n}{a_n + 1}}}}}}$$

$$= \frac{1 |}{| 1} - \frac{a_1 \quad |}{| a_1 + 1} - \frac{a_2 \quad |}{| a_2 + 1} - \cdots - \frac{a_{n-1} \quad |}{| a_{n-1} + 1} - \frac{a_n \quad |}{| a_n + 1}$$

とおくと

$$z_n = 1 + a_1 + a_1 a_2 + a_1 a_2 a_3 + \cdots + a_1 a_2 \cdots a_n$$

が成り立つ．

［証明］　変数の個数 n に関する帰納法によって証明しよう．そこで

$$w = 1 - \frac{a_2 \quad |}{| a_2 + 1} - \frac{a_3 \quad |}{| a_3 + 1} - \cdots - \frac{a_n \quad |}{| a_n + 1}$$

とおくと，

$$z_n = \frac{1}{1 - \dfrac{a_1}{a_1 + w}} = \frac{a_1 + w}{a_1 + w - a_1} = a_1 \frac{1}{w} + 1 \tag{6.6}$$

帰納法の仮定によると

$$\frac{1}{w} = 1 + a_2 + a_2 a_3 + \cdots + a_2 \cdots a_n$$

だから式 (6.6) にこの式を代入して整理すると定理の結論を得る． □

実数列 $c_0, c_1, c_2, \ldots$ に対して，

$$f(x) = \sum_{n=0}^{\infty} c_n x^n = c_0 + c_1 x + c_2 x^2 + c_3 x^3 + \cdots \tag{6.7}$$

のような形の級数を**冪級数**と呼ぶ．冪級数は一般に収束するとは限らないが，ある $\rho > 0$ に対して $|x| < \rho$ の範囲で収束しているとき，これを収束冪級数と呼んで，このような ρ の最大値をその**収束半径**と言う．最大値が存在しないこともあるが，そのようなときは任意の x に対して冪級数は収束するということなので，収束半径を便宜的に無限大 ∞ と考えることにする．

系 6.5 式 (6.7) で与えられた収束冪級数 $f(x)$ に対して，$c_0 = 1$ のとき

$$a_1 = c_1 x, \quad a_2 = \frac{c_2}{c_1} x, \quad a_3 = \frac{c_3}{c_2} x, \quad \ldots, \quad a_n = \frac{c_n}{c_{n-1}} x, \quad \ldots$$

とおくと，定理 6.4 によって $f(x)$ の連分数展開が得られる．

6.2.1 円周率の連分数展開

一般に実数 ω に対して，その整数部分を a_0，次に小数部分 ω_1 をとり，$1/\omega_1$ の整数部分を a_1，次にその小数部分 ω_2 をとり，…と繰り返して整数列 $a_0, a_1, a_2, \ldots$ を決める．するとその構成の仕方から明らかに連分数表示

$$\omega = a_0 + \cfrac{1}{a_1 + \cfrac{1}{a_2 + \cfrac{1}{a_3 + \cdots}}} = a_0 + \frac{1\,|}{|\,a_1} + \frac{1\,|}{|\,a_2} + \frac{1\,|}{|\,a_3} + \cdots$$

が得られる．この連分数を

$$\omega = [a_0; a_1, a_2, a_3, \ldots] \tag{6.8}$$

と略記することもある．この表記は場所をとらないので便利である．たとえば，円周率 π に対してこの操作を行うと次のような連分数展開を得る．

$$\begin{aligned}\pi &= 3 + \frac{1|}{|7} + \frac{1|}{|15} + \frac{1|}{|1} + \frac{1|}{|292} + \frac{1|}{|1} + \cdots \\ &= [3; 7, 15, 1, 292, 1, 1, 1, 2, 1, 3, 1, 14, 2, 1, 1, 2, 2, 2, 2, 1, 84, 2, \ldots]\end{aligned}$$

これを有限のところで打ち切ったものを分数に直すと

$$3,\ \frac{22}{7} = 3.142857143\cdots,\ \frac{333}{106} = 3.141509434\cdots,$$
$$\frac{355}{113} = 3.141592920\cdots,\ \frac{103993}{33102} = 3.14159265301190\cdots$$

のようにとてもよい円周率の近似が得られる．第 4 項にしてなんと小数点以下第 9 桁までが正しい数字を与えている！　とくに 22/7 は非常に覚えやすいので古来円周率の近似として多用されたようである．このように，連分数表示は無理数の有理数による最良近似とも深く関連している．このような近似について興味のある人は，[52], [63]，あるいは英語だが大学初年級向けに書かれた [38] などをひもといてみるとよい．

さて，連分数の表示は一通りではなく，多数の興味深い例が知られている．それを少しだけ紹介しよう．

まずは逆正接関数 $\tan^{-1} x$ から始める[*3]．逆正接関数は，

$$\tan\theta = x \ \ (-\pi/2 < \theta < \pi/2) \quad \text{に対して} \quad \theta = \tan^{-1} x$$

と定義され，正接関数を区間 $(-\pi/2, \pi/2)$ に制限した関数の逆関数である．たとえば，

$$\tan^{-1}\sqrt{3} = \pi/3, \quad \tan^{-1} 1 = \pi/4, \quad \tan^{-1}(1/\sqrt{3}) = \pi/6$$

[*3] 逆正接関数は $\mathrm{Arctan}\, x$ などとも書かれることがある．

など．$y = \tan^{-1} x$，つまり $x = \tan y$ とおくと，逆関数の微分法則より

$$\frac{d}{dx} \tan^{-1} x = \frac{dy}{dx} = \frac{1}{\left(\dfrac{dx}{dy}\right)} = \frac{1}{1/\cos^2 y}$$

だが，$1/\cos^2 y = 1 + \tan^2 y = 1 + x^2$ なので

$$\frac{d}{dx} \tan^{-1} x = \frac{1}{1+x^2} = 1 - x^2 + x^4 - x^6 + \cdots = \sum_{n=0}^{\infty} (-1)^n x^{2n}$$

である．最後の等式は等比級数の和の公式であるから $|x| < 1$ において収束している．この式の両辺を 0 から x まで積分すると[*4]

$$\tan^{-1} x = x - \frac{1}{3}x^3 + \frac{1}{5}x^5 - \frac{1}{7}x^7 + \cdots = \sum_{n=0}^{\infty} \frac{(-1)^n}{2n+1} x^{2n+1} \tag{6.9}$$

がわかる．これをグレゴリー級数と呼ぶ[*5]．少し工夫すると，不思議なことにこの級数は $|x| < 1$ より少し広い範囲 $-1 < x \leq 1$ で収束していることを示すことができる．この新しく収束することが判明した $x = 1$ においては等式は

$$\frac{\pi}{4} = \tan^{-1} 1 = 1 - \frac{1}{3} + \frac{1}{5} - \frac{1}{7} + \cdots = \sum_{n=0}^{\infty} \frac{(-1)^n}{2n+1}$$

となる（たとえば [70, §9.3.2] を見てほしい）．この場合はライプニッツの級数とも呼ばれている[*6]．

さて，この $\tan^{-1} x$ のグレゴリー級数に系 6.5 を適用してみよう．

---

*4 厳密には“項別積分”ができることを証明する必要がある．詳しくは [70, §9.3] 参照．

*5 Gregory, James (1638–1675).

*6 Leibniz, Gottfried Wilhelm (1646–1716). 名前の先取権はあまり意味のないことが多く，グレゴリー級数もインドの数学者（天文学者） Madhava of Sangamagrama (1340–1425) によってすでに発見されていた．天文学では三角関数の深い知識がしばしば必要である．

定理 6.6　逆正接関数 $\tan^{-1} x$ に対して次の連分数展開が成り立つ.

$$\tan^{-1} x = \cfrac{x}{1 + \cfrac{x^2}{3 - x^2 + \cfrac{3^2x^2}{5 - 3x^2 + \cfrac{5^2x^2}{7 - 5x^2 + \cfrac{7^2x^2}{9 - 7x^2 + \cdots}}}}}$$

$$= \frac{x\,|}{|\,1} + \frac{x^2\ \ |}{|\,3 - x^2} + \frac{3^2x^2\ \ |}{|\,5 - 3x^2} + \frac{5^2x^2\ \ |}{|\,7 - 5x^2} + \cdots \quad (-1 < x \leq 1)$$

[証明]　$n \geq 1$ に対して $a_n = -(2n-1)x^2/(2n+1)$ とおくと,

$$a_1 a_2 \cdots a_n = \frac{-x^2}{3} \cdot \frac{-3x^2}{5} \cdot \frac{-5x^2}{7} \cdots \frac{-(2n-1)x^2}{2n+1} = \frac{(-1)^n x^{2n}}{2n+1}$$

であって, これはちょうど $\tan^{-1} x$ の冪級数展開 (6.9) の一般項と x の冪を除いて一致する. つまり

$$\tan^{-1} x = x\left(1 - \frac{1}{3}x^2 + \frac{1}{5}x^4 - \frac{1}{7}x^6 + \cdots\right)$$
$$= x(1 + a_1 + a_1a_2 + a_1a_2a_3 + \cdots)$$

が成り立っている. これに定理 6.4 を適用すれば

$$1 + a_1 + a_1a_2 + a_1a_2a_3 + \cdots = \frac{1\,|}{|\,1} - \frac{a_1\ \ |}{|\,a_1 + 1} - \frac{a_2\ \ |}{|\,a_2 + 1} - \cdots$$

だが, 分母を払って式を整理すると

$$-\frac{a_n}{a_n + 1 - \cdots} = -\frac{-(2n-1)x^2/(2n+1)}{-(2n-1)x^2/(2n+1) + 1 - \cdots}$$
$$= \frac{(2n-1)x^2}{(2n+1) - (2n-1)x^2 - (2n+1) \times (\cdots)}$$

となって, 定理で述べられている $\tan^{-1} x$ の展開を得る. □

とくにこの定理において $x=1$ とすると，次のような円周率 π の連分数展開が得られる．

系 6.7 円周率 π の連分数展開

$$\frac{\pi}{4}=\cfrac{1}{1+\cfrac{1^2}{2+\cfrac{3^2}{2+\cfrac{5^2}{2+\cfrac{7^2}{2+\cfrac{\cdots}{\cdots}}}}}}$$

$$=\frac{1\,|}{|\,1}+\frac{1^2\,|}{|\,2}+\frac{3^2\,|}{|\,2}+\frac{5^2\,|}{|\,2}+\frac{7^2\,|}{|\,2}+\cdots$$

が成り立つ．さらにもう少しきれいな形に書き直すと次の式を得る．

$$\frac{4}{\pi}+1=2+\frac{1^2\,|}{|\,2}+\frac{3^2\,|}{|\,2}+\frac{5^2\,|}{|\,2}+\frac{7^2\,|}{|\,2}+\cdots$$

この系はオイラーの『無限解析』“*Introductio in Analysin Infinitorum*” (1748) の第 XVIII 章例 II に現れる連分数だが[*7]，オイラーは他にも次のような興味深い連分数展開を発見している ([19])．

$$\frac{\pi}{2}=\cfrac{1}{1+\cfrac{1\cdot 2}{1+\cfrac{2\cdot 3}{1+\cfrac{3\cdot 4}{1+\cfrac{4\cdot 5}{1+\cfrac{\cdots}{\cdots}}}}}}$$

ここでは証明しないが，興味を持った読者は初等的な証明が [8] にあるので参照してみるとよい．

[*7] 日本語訳 [47] もあるが，ラテン語の原典 [20] も次の URL から利用できる．ラテン語は読めなくても式を見ているだけで楽しくなる．

https://scholarlycommons.pacific.edu/euler-works/101/

6.2.2　ネイピアの数

ついでにもう少し寄り道しよう．連分数を式 (6.8) のように書くことにすると，ネイピアの数 $e = 2.718281828459\cdots$ の連分数展開は

$$e = [2; 1, 2, 1, 1, 4, 1, 1, 6, 1, 1, 8, 1, 1, 10, 1, 1, 12, 1, 1, 14, 1, 1, 16, \ldots]$$

である．この連分数も規則的でおもしろいものであるが，e の美しい連分数展開がやはり系 6.5 を使って導き出せるので，そちらを紹介しよう．まずは指数関数そのものから．

定理 6.8　指数関数 e^x の連分数展開が次の式で与えられる．

$$e^x = \cfrac{1}{1 - \cfrac{x}{1 + x - \cfrac{x}{2 + x - \cfrac{2x}{3 + x - \cfrac{3x}{4 + x - \cdots}}}}}$$

$$= \frac{1|}{|1} - \frac{x|}{|1+x} - \frac{x|}{|2+x} - \frac{2x|}{|3+x} - \frac{3x|}{|4+x} - \cdots$$

［証明］　次の指数関数の冪級数展開（テイラー展開）は既知としよう．収束半径は ∞ である．つまり任意の実数 x に対して級数は収束する．

$$e^x = 1 + x + \frac{x^2}{2!} + \frac{x^3}{3!} + \frac{x^4}{4!} + \cdots = \sum_{n=0}^{\infty} \frac{x^n}{n!}$$

このとき $a_n = x/n$ とおけば，無限和の第 n 項は

$$\frac{x^n}{n!} = \frac{x}{1}\frac{x}{2}\frac{x}{3}\cdots\frac{x}{n} = a_1 a_2 a_3 \cdots a_n$$

だから系 6.5 によって次の式を得る．

$$e^x = \cfrac{1}{1 - \cfrac{x}{x+1 - \cfrac{x/2}{x/2+1 - \cfrac{x/3}{x/3+1 - \cfrac{x/4}{x/4+1 - \cfrac{\cdots}{\cdots}}}}}}$$

ここで，たとえば

$$\begin{aligned}\cfrac{x/3}{x/3+1 - \cfrac{x/4}{x/4+1-\cdots}} &= \cfrac{x}{x+3 - \cfrac{3x/4}{x/4+1-\cdots}} \quad (\text{分母分子 } \times 3) \\ &= \cfrac{x}{x+3 - \cfrac{3x}{x+4-4\times(\cdots)}} \quad (\text{分母分子 } \times 4)\end{aligned}$$

のように変形できるが，これには一つ前の変形から受け継がれた 2 が乗ぜられているので定理の式を得る． □

この定理の式で $x = 1$ とおいても十分美しいが，オイラーは少し違う書き方をしている ([20, Chap.XVIII, Ex.I])．

系 6.9 e をネイピアの数とすると次の連分数展開が成り立つ．

$$\begin{aligned}\frac{1}{e-1} &= \cfrac{1}{1 + \cfrac{2}{2 + \cfrac{3}{3 + \cfrac{4}{4 + \cfrac{5}{5+\cdots}}}}} \\ &= \frac{1|}{|1} + \frac{2|}{|2} + \frac{3|}{|3} + \frac{4|}{|4} + \frac{5|}{|5} + \cdots\end{aligned}$$

［証明］ 定理 6.8 の式を少し整理してから $x = -1$ とおくとよい．計算は読者諸君に任せる． □

どうです？ 美しいでしょう．

6.2.3 さまざまな連分数展開

小数による実数の表記とは違って，連分数展開は各実数の"数としての性質"を色濃く反映して，非常におもしろい．ここにほんの少しではあるが，いくつかの連分数を列挙しておくので興味を持った人は調べてみるとよい．まずは平方根から．

$$\sqrt{2} = 1 + \frac{1|}{|2} + \frac{1|}{|2} + \frac{1|}{|2} + \cdots$$

$$\sqrt{3} = 1 + \frac{1|}{|1} + \frac{1|}{|2} + \frac{1|}{|1} + \frac{1|}{|2} + \cdots$$

$$\sqrt{1+k^2} = k + \frac{1|}{|2k} + \frac{1|}{|2k} + \frac{1|}{|2k} + \cdots$$

$\tau = (1+\sqrt{5})/2$ を**黄金比**とするとき

$$\tau = 1 + \frac{1|}{|1} + \frac{1|}{|1} + \frac{1|}{|1} + \cdots$$

対数関数を含む連分数もあげておこう．$-1 < x \leq 1$ に対して

$$\log(1+x) = \frac{1|}{|1} + \frac{x|}{|2-x} + \frac{2^2x|}{|3-2x} + \frac{3^2x|}{|4-3x} + \frac{4^2x|}{|5-4x} + \cdots$$

さらに

$$\log 2 = \frac{1|}{|1} + \frac{1^2|}{|1} + \frac{2^2|}{|1} + \frac{3^2|}{|1} + \cdots$$

$$\frac{1}{2\log 2 - 1} = 2 + \frac{1\cdot 2|}{|2} + \frac{2\cdot 3|}{|2} + \frac{3\cdot 4|}{|2} + \frac{4\cdot 5|}{|2} + \cdots$$

$$= \cfrac{1}{\cfrac{2}{1} + \cfrac{1}{\cfrac{2}{2} + \cfrac{1}{\cfrac{2}{3} + \cfrac{1}{\cfrac{2}{4} + \cfrac{1}{\cfrac{2}{5} + \cdots}}}}}$$

などなど．連分数については実数の連分数展開を論じるだけでも話題は尽きない．しかし，このあたりで本来のフリーズの話に戻ろう．

§6.3 連分数とフリーズ

オイラーの連分因子 $\mathbb{K}_n(a)$ とフリーズの連分因子 $K_n(a)$ を比較して，連分数の符号を少し変えたものを考えてみる．これを **Hirzebruch-Jung 連分数**と呼ぶ[*8]．

$$a_1 - \frac{1\,|}{|\,a_2} - \frac{1\,|}{|\,a_3} - \cdots - \frac{1\,|}{|\,a_n} = a_1 - \cfrac{1}{a_2 - \cfrac{1}{\cdots - \cfrac{1}{a_{n-1} - \cfrac{1}{a_n}}}}$$

これを計算すると，

$$a_1 = \frac{a_1}{1} = \frac{K_1(a_1)}{K_0(\emptyset)}$$

$$a_1 - \frac{1\,|}{|\,a_2} = \frac{a_1a_2 - 1}{a_2} = \frac{K_2(a_1, a_2)}{K_1(a_2)}$$

$$a_1 - \frac{1\,|}{|\,a_2} - \frac{1\,|}{|\,a_3} = \frac{a_1a_2a_3 - a_1 - a_3}{a_2a_3 - 1} = \frac{K_3(a_1, a_2, a_3)}{K_2(a_2, a_3)}$$

と計算できて，ちょうどフリーズの連分因子 K_n を分母分子に配したものになっていることがわかる．

定理 6.10　種数列 $a = (a_1, a_2, \ldots, a_n)$ に対して

$$a_1 - \frac{1\,|}{|\,a_2} - \frac{1\,|}{|\,a_3} - \cdots - \frac{1\,|}{|\,a_n} = \frac{K_n(a)}{K_{n-1}(a_2, a_3, \ldots, a_n)}$$

が成り立つ．

[証明]　概略だけ書くと，左辺の連分数の a を変数とみなして，それを有理式 $\dfrac{\mathfrak{p}_n(a)}{\mathfrak{q}_n(a)}$ の形に書く．すると補題 6.1 とほぼ同様にして漸化式

$$\begin{aligned} \mathfrak{p}_{n+1}(a_1, \ldots, a_{n+1}) &= a_{n+1}\mathfrak{p}_n(a_1, \ldots, a_n) - \mathfrak{p}_{n-1}(a_1, \ldots, a_{n-1}) \\ \mathfrak{q}_{n+1}(a_1, \ldots, a_{n+1}) &= a_{n+1}\mathfrak{q}_n(a_1, \ldots, a_n) - \mathfrak{q}_{n-1}(a_1, \ldots, a_{n-1}) \end{aligned} \tag{6.10}$$

---

*8 このような連分数は実はトーリック多様体の特異点解消や数理物理学で自然に現れる．たとえば [17] を参照．Hirzebruch, Friedrich (1927–2012). Jung, Heinrich (1876–1953).

を得る．この漸化式はフリーズの連分因子 $K_n(a)$ が満たす漸化式 (4.2) と同じだから，初項を比較して $\mathfrak{p}_n(a) = K_n(a)$ がわかる．分母についても同様． □

オイラーの連分因子 $\mathbb{K}_n(a)$ とフリーズの連分因子 $K_n(a)$ の間に次の関係が成り立つ．

$$K_n(a_1, a_2, \ldots, a_n) = (-1)^{[n/2]}\mathbb{K}_n(a_1, -a_2, a_3, -a_4, \ldots, (-1)^{n-1}a_n) \quad (6.11)$$

ただし $[x]$ はガウス記号である．実際，連分数は

$$a_1 - \frac{1\ |}{|\ a_2} - \frac{1\ |}{|\ a_3} - \cdots - \frac{1\ |}{|\ a_n}$$
$$= a_1 + \frac{1\ |}{|\ (-a_2)} + \frac{1\ |}{|\ a_3} + \frac{1\ |}{|\ (-a_4)} \cdots + \frac{1\ |}{|\ (-1)^{n-1}a_n}$$

のように書き直すことができることから，定理 6.10 の内容と合致していることがわかる．

演習 6.11　オイラーの連分数は，振動しながら収束することを示せ（系 6.2 参照）．たとえば黄金比 $\phi = (1+\sqrt{5})/2 = [1; 1, 1, 1, \ldots]$ はフィボナッチ数列による近似式 $1, 2, 3/2, 5/3, 8/5, \ldots$ をもち，これは振動しながら ϕ に収束する．一方，Hirzebruch-Jung 連分数は，単調減少（または単調増加）で収束するような連分数になる．ϕ の Hirzebruch-Jung 連分数を計算せよ．

さて，系 4.3 を思い出そう．種数列 $a = (a_1, a_2, \ldots, a_n)$ によって構成されたフリーズ $\mathscr{F} = \mathscr{F}(a)$ の第 1 〜 3 対角線を次のように書いておく．

- 第 1 対角線：$f_0 = 1$, $f_1 = a_1$, f_2, f_3, $\ldots$　（成分表示では $f_i = \zeta_{i,1}$）
- 第 2 対角線：$g_0 = 1$, $g_1 = a_2$, g_2, g_3, $\ldots$　（$g_i = \zeta_{i,2}$）
- 第 3 対角線：$h_0 = 1$, $h_1 = a_3$, h_2, h_3, $\ldots$　（$h_i = \zeta_{i,3}$）

$$\begin{array}{cccccccccccccc}
0 & & 0 & & 0 & & 0 & & & & & & & \\
& 1 & & 1 & & 1 & & 1 & & & & & & \\
& & a_1 & & a_2 & & a_3 & & a_4 & & & & & \\
& & & f_2 & & g_2 & & h_2 & & & & & & \\
& & & & f_3 & & g_3 & & h_3 & & & & & \\
& & & & & f_4 & & g_4 & & h_4 & & & & \\
& & & & & & \ddots & & \ddots & & \ddots & & &
\end{array}$$

系 4.3 によって，フリーズの種数列を $a=(a_1,a_2,\ldots,a_n)$ とするとき，

$$f_s = K_s(a_1,a_2,\ldots,a_s)$$

$$g_s = K_s(a_2,a_3,\ldots,a_{s+1})$$

$$h_s = K_s(a_3,a_4,\ldots,a_{s+2})$$

のように対角成分は連分因子で与えられている．これから

$$\frac{f_s}{g_{s-1}} = \frac{K_s(a_1,a_2,\ldots,a_s)}{K_{s-1}(a_2,a_3,\ldots,a_s)} = a_1 - \cfrac{1}{a_2 - \cfrac{1}{\cdots - \cfrac{1}{a_{s-1} - \cfrac{1}{a_s}}}}$$

であることがわかる．次の 6 角形の奇蹄列によるフリーズでそれを確認してみてほしい．

6 角形の奇蹄列 $a=(2,2,1,4,1,2)$ によるフリーズ

1 1 1 1 1 1 1 1 1 1 1 1 1 1 1 1
 2 2 1 4 1 2 2 2 1 4 1 2 2 2 1 4
  3 1 3 3 1 3 3 1 3 3 1 3 3 1 3 3
   1 2 2 2 1 4 1 2 2 2 1 4 1 2 2 2
    1 1 1 1 1 1 1 1 1 1 1 1 1 1 1 1

$$2-\frac{1}{2}=\frac{3}{2}, \qquad 2-\cfrac{1}{2-\cfrac{1}{1}}=\frac{1}{1},$$

$$2-\cfrac{1}{2-\cfrac{1}{1-\cfrac{1}{4}}}=\frac{1}{2}, \qquad 2-\cfrac{1}{2-\cfrac{1}{1-\cfrac{1}{4-\cfrac{1}{1}}}}=\frac{0}{1}$$

確かに成り立っている!!　数学ではこれは当たり前のことだが，実際にやってみると結果にびっくりしてしまう．まるで魔法である．

まとめておこう．

定理 6.12　種数列 $a = (a_1, a_2, \ldots, a_n)$ で与えられる周期 n のフリーズ $\mathscr{F}(a)$ の第 1 対角線を上のように $f_1, f_2, f_3, \ldots$，第 2 対角線を $g_1, g_2, g_3, \ldots$ とすると，連分数との間に次の関係が成り立つ．

$$\frac{f_s}{g_{s-1}} = a_1 - \frac{1\ |}{|\ a_2} - \frac{1\ |}{|\ a_3} - \cdots - \frac{1\ |}{|\ a_s}$$

ただし a は周期 n で巡回的に延長しておく．

もちろん第 2，第 3 対角線に関しては

$$\frac{g_s}{h_{s-1}} = a_2 - \frac{1\ |}{|\ a_3} - \frac{1\ |}{|\ a_4} - \cdots - \frac{1\ \ |}{|\ a_{s+1}}$$

である．ぜひ自分で確認してみてほしい．

Leonhard Euler (1707–1783)

(→口絵 5 参照)

第7章 ガウスの奇跡の五芒星

Coxeter によるフリーズの研究は，ガウスが “pentagrama mirificum”（奇跡の五芒星）と呼んだ，球面上の 5 つの大円が切り出す 5 角形の辺の長さがユニモジュラ規則を満たしているという観察から始まった[*1]．そこで，球面幾何学の定理を少し復習してから，我々もガウスと Coxeter の足跡を追ってみよう．

§ 7.1 球面幾何学

球面幾何を少しだけ．

S を単位球面とする．中心はどこにあってもよいが，原点にしておこう．方程式では

$$S : x^2 + y^2 + z^2 = 1$$

と書ける．さて，皆さんはおそらく“大円航路”という言葉を聞いたことがあるに違いない．赤道上ではない地点から東に航路をとる．たとえば東京タワーあたりから東へ東へ太平洋上を通り過ぎ米国までたどり着くと，だいたいデスバレーの南端，ラスベガスの南方あたりにたどり着く．このように東へ東へ“一直線”にたどればラスベガスまでの距離は最短になるに違いないと思うのだが，そうではない．地球は丸いのだ．図 7.1 を見てほしい．

---

*1 Gauss, Carl Friedrich (1777–1855).

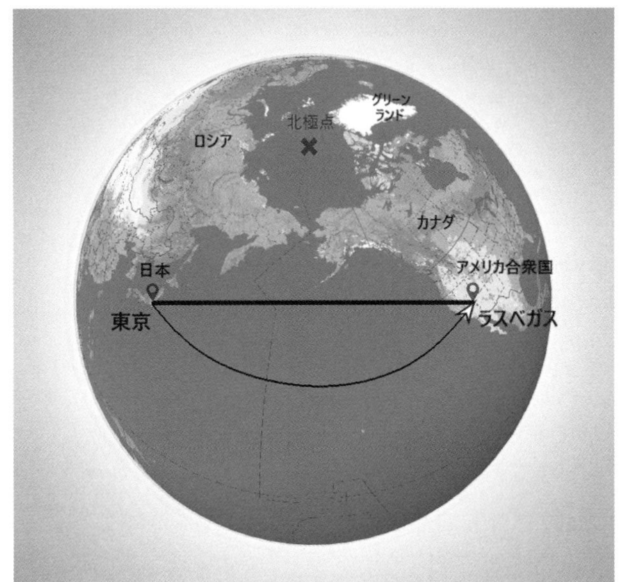

図 7.1　東京からラスベガスへ（Google マップより）

このように東京とラスベガスを“真上”から眺めるとその眼下にのびる曲線（真上から見ると直線のように見える）が実は最短路である．真東に一直線に進んだ径路はこの図だと，ニコちゃんマークの微笑みのように“曲がっている”（下方に湾曲している）ので最短ではない（図 7.1 では矢印のついた曲線で表されている）．地球儀上にゴムヒモをのばして持ってきて一端を東京にもう一端をラスベガスにあてがい，手を放すと自然に最短路を描く[*2]．

「真上から眺める」と書いたが，これはあまり正確な表現ではなく，東京とラスベガス，そして原点（地球の中心）の 3 点を通る平面と球面との切り口というのが正確である．このように，原点を通る平面と単位球面 S との交円を**大円**と呼んでいる（図 7.2 参照）．球面上の 2 点で直径の両端になっているものを**対蹠点**（たいせきてん）と呼ぶが，2 点 A, B が対蹠点でなければ A, B を通る大円はただ一つあり，大円上の A, B を結ぶ弧のうち短い方が最短距離を与える．

平面上の直線は 2 点を結ぶ最短距離を与える曲線，つまり線分を延長したものになっているから，球面上でも同様に考えて，平面上の“直線”に当たるものは

---

*2 摩擦というものがなければ．

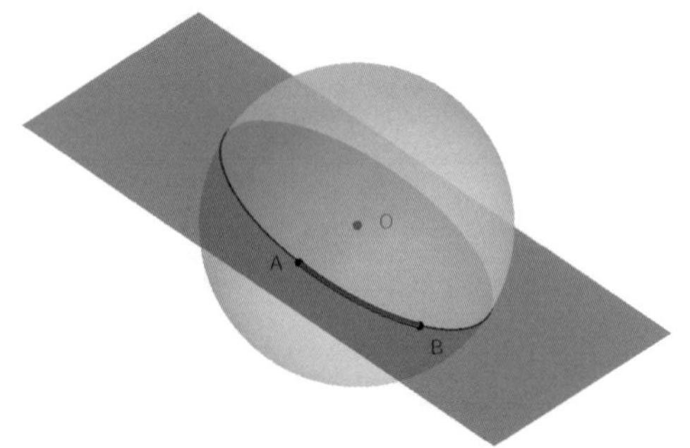

図 7.2 球面上の直線（大円）

球面上では大円であるとしてよいだろう．そこで大円を球面 S 上の**直線**，大円上の弧のうち短い方（**劣弧**）を S 上の**線分**と呼ぶことにしよう．少し紛らわしい呼び方だが，慣れてくると自然に思えてくるはずである．

補題 7.1 単位球面 S 上の相異なる 2 直線 L_1, L_2 はただ 2 点で交わり，その交点を $\mathrm{P}_1, \mathrm{P}_2$ とすると，P_1 と P_2 は互いに対蹠点の関係にあり，空間内の通常の意味の線分 $\mathrm{P}_1\mathrm{P}_2$ は原点を通る球の直径である．

［証明］ 直線は大円のことだったから，L_1, L_2 はそれぞれ原点を通る平面 H_1, H_2 と球面との共通部分である．$L_1 \neq L_2$ であるから $H_1 \neq H_2$ であるが，この 2 平面は原点で交わっている．したがってその共通部分 $H_1 \cap H_2$ は空間内の原点を通る通常の意味での直線であって，球面とただ 2 点 $\mathrm{P}_1, \mathrm{P}_2$ で交わり，$\mathrm{P}_1\mathrm{P}_2$ は単位球の直径となる． □

この補題のように直径の両端となる 2 点を $\mathrm{P}_1, \mathrm{P}_2$ とすると，この直径に垂直で原点を通る平面 K が考えられる．単位球面との交わりである大円 $L_3 = K \cap S$ はちょうど $\mathrm{P}_1, \mathrm{P}_2$ をそれぞれ北極・南極と思ったときの赤道に当たっており，L_1, L_2 は赤道と直交する経線を与えている．

このようなとき，$\mathrm{P}_1, \mathrm{P}_2$ は L_3 に関してちょうど極の位置にある，あるいはもっと簡単に L_3 の**極**であると言う．「極」は英語では polar と言い，北極星をポラリスと呼ぶのはここからきている．

球面上の直線によって囲まれた領域を（**球面**）**多角形**と呼ぶ．ただし，多角形の各辺は劣弧，つまり球面上の線分になっているものを考える．たとえば一直線上にない 3 点 A, B, C を頂点とする三角形は，3 片がすべて劣弧であるようなものを考える．このような三角形は 3 点によってただ一つに定まる．これを平面の場合と同じように $\triangle\mathrm{ABC}$ で表そう．

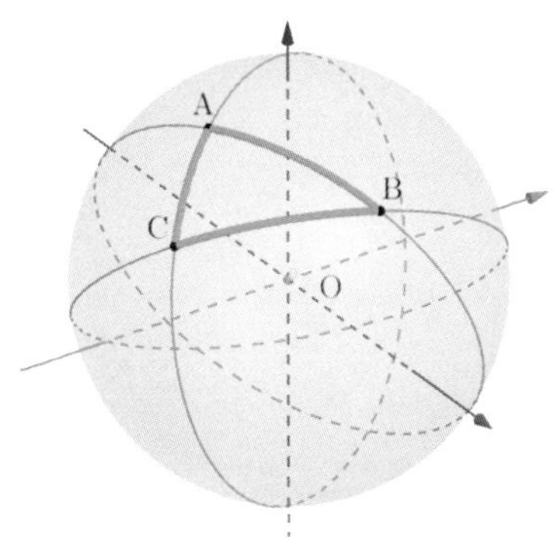

図 7.3　球面三角形

球面上の 2 本の直線に対して，交点における接線を考えることにより，直線のなす角を定義できる．球面上の直線は大円であり，大円は原点を通る平面と球面との交円であるから，結局「直線のなす角」はこの大円を切り出す2つの平面のなす角と同じである．このようにして，球面上の三角形や多角形の各頂点における内角を決めることができる．

補題 7.2　単位球面上の三角形 $T = \triangle\mathrm{ABC}$ の内角をそれぞれ $\angle\mathrm{A}, \angle\mathrm{B}, \angle\mathrm{C}$ とすれば，T の面積 $|T|$ は

$$|T| = \angle\mathrm{A} + \angle\mathrm{B} + \angle\mathrm{C} - \pi$$

で与えられる．

［証明］　C, B を通る大円と C, A を通る大円で囲まれた球面上の領域のうち，三角形 T を含んでいるものを H_{C} で表そう．また原点に関して H_{C} と対称な位置にある領域を H'_{C} で表す．同様にして $H_{\mathrm{A}}, H'_{\mathrm{A}}, H_{\mathrm{B}}, H'_{\mathrm{B}}$ を定める．このとき $H_{\mathrm{A}} \cap H_{\mathrm{B}} = H_{\mathrm{B}} \cap H_{\mathrm{C}} = H_{\mathrm{C}} \cap H_{\mathrm{A}} = T$ である．このことから $H_{\mathrm{A}}, \ldots, H'_{\mathrm{C}}$ は

単位球面を覆い，重複部分は三角形 T とその原点対称な三角形 T' であることがわかる．三角形の部分は 3 重に重なっている．したがって

$$|H_{\mathrm{A}}| + |H_{\mathrm{B}}| + |H_{\mathrm{C}}| + |H'_{\mathrm{A}}| + |H'_{\mathrm{B}}| + |H'_{\mathrm{C}}| = 4\pi + 4|T| \tag{7.1}$$

であることがわかる．もちろん 4π は単位球面の面積である．

一方，H_{A} の面積を全球面の面積と比較すると，比は $|H_{\mathrm{A}}| : 4\pi = \angle\mathrm{A} : 2\pi$ となっているから $|H_{\mathrm{A}}| = 2\angle\mathrm{A}$ である．同様にして $|H_{\mathrm{B}}|, |H'_{\mathrm{B}}|, \ldots$ が計算できるので，式 (7.1) は

$$2 \times (2\angle\mathrm{A} + 2\angle\mathrm{B} + 2\angle\mathrm{C}) = 4\pi + 4|T|,$$

$$\therefore \qquad |T| = \angle\mathrm{A} + \angle\mathrm{B} + \angle\mathrm{C} - \pi$$

であることがわかる． □

系 7.3 2 角が直角 $\angle\mathrm{B} = \angle\mathrm{C} = \pi/2$ である三角形 $T = \triangle\mathrm{ABC}$ において

$$（頂点 A の対辺の長さ）= \angle\mathrm{A} = |T|$$

が成り立つ[*3]．

［証明］ 2 角が直角なら，前補題より

$$|T| = \angle\mathrm{A} + \pi/2 + \pi/2 - \pi = \angle\mathrm{A}$$

である．ちなみにこの三角形 T は前補題の証明中に現れた H_{A} のちょうど半分になっているから，$|H_{\mathrm{A}}| = 2\angle\mathrm{A}$ より直接証明することもできる． □

球面幾何学は大変おもしろいが，フリーズとは関係がなさそうに思える．しかし，Coxeter 先生がフリーズの研究を始めたのは，ガウスによる球面上の 5 角形の研究がきっかけだった．

---

*3 ここで角度はラジアン（単位円においてその角が見込む弧の長さ）で測っているので，最初の等号はラジアンによる角度の定義そのものであることに注意しておく．

§7.2　五芒星

単位球面 S 上に，角 R が直角であるような球面直角三角形 △ABR をとり，各辺を延長した直線（大円）を考える．直線 RA を L_3，直線 RB を L_5，直線 AB を L_4 と書く．この一見不合理に思える不思議な番号付けはあとで理由がわかると思う．また図 7.4 では $\mathrm{R} = \mathrm{R}_1$ と書いてある（他の記号については，これからおいおい説明される）．

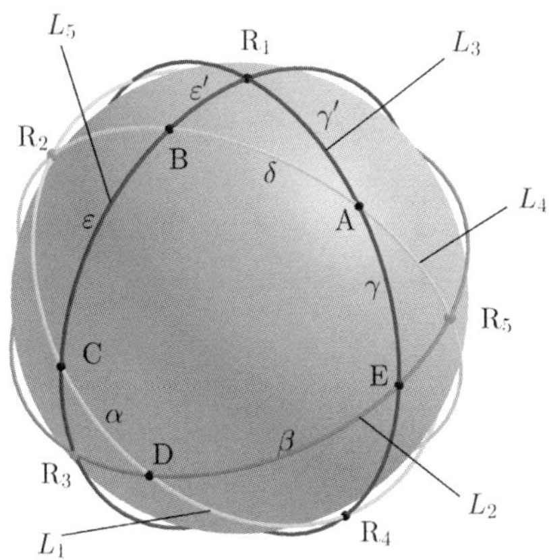

図 7.4　ガウスの五芒星（→口絵 1 参照）

大円は見やすいように球面から少し浮きあがっている．
本当は単位球面上の大円である．

次に，頂点 A を極にもつような直線（大円）を $L_1 = L_\mathrm{A}$，頂点 B を極にもつような直線（大円）を $L_2 = L_\mathrm{B}$ とする．

直線 L_i と L_j の交点を $L_i \cap L_j$ で表し，

$$\mathrm{C} = L_5 \cap L_1, \quad \mathrm{D} = L_1 \cap L_2, \quad \mathrm{E} = L_2 \cap L_3$$

とおく．このとき

$$\mathrm{A} = L_3 \cap L_4, \quad \mathrm{B} = L_4 \cap L_5$$

となっている．どうです？　きれいに並んでいるでしょう．また頂点 P を極とするような大円を L_P と表せば，

$$L_1 = L_\mathrm{A}, \quad L_2 = L_\mathrm{B}, \quad L_3 = L_\mathrm{C}, \quad L_4 = L_\mathrm{D}, \quad L_5 = L_\mathrm{E}$$

となっていることが確認できる（ぜひ確認してみてほしい）．また

$$\mathrm{R}_1 = L_5 \cap L_3, \quad \mathrm{R}_2 = L_1 \cap L_4, \quad \mathrm{R}_3 = L_2 \cap L_5,$$

$$\mathrm{R}_4 = L_3 \cap L_1, \quad \mathrm{R}_5 = L_4 \cap L_2$$

とおくと，頂点 R_i で直線 L_{i+4}, L_{i+2} は直角に交わっていることがわかる．ただし，L_k の添字 k は 5 を法とする剰余系[*4]で考えてほしい．

このように構成してゆくと球面上に五芒星が現れ，五芒星の内部に ABCDE を頂点とする球面 5 角形ができる．五芒星の頂点（星印の先端）は $\mathrm{R}_1 \sim \mathrm{R}_5$ であって，すべて直角である．このような球面上の五芒星を**ガウスの五芒星**と呼ぶことにしよう．

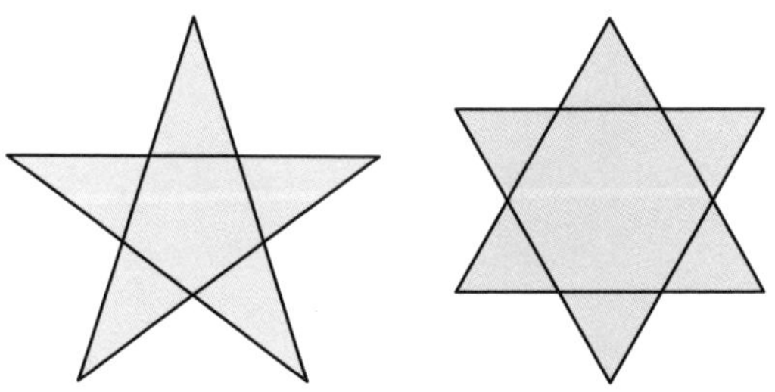

図 7.5 平面上の五芒星と六芒星

ガウスの五芒星の内部に現れる 5 角形の辺の長さを，頂点 A の対辺の長さが α，B の対辺の長さが β というようにして以下，$\gamma, \delta, \varepsilon$ を決めておく．さらに

$$a = \tan^2 \alpha, \quad b = \tan^2 \beta, \quad c = \tan^2 \gamma, \quad d = \tan^2 \delta, \quad e = \tan^2 \varepsilon \qquad (7.2)$$

のように対応するアルファベットで正接の 2 乗を表そう．不思議なことに次のような関係式が成り立つ．

[*4] 5 で割った余りを考え，$0 \equiv 5$ と解釈する．

補題 7.4 (1) ガウスの五芒星を用いて a から e までを上のように決めると，関係式

$$1+a=cd,\ 1+b=de,\ 1+c=ea,\ 1+d=ab,\ 1+e=bc \tag{7.3}$$

が成り立つ．

(2) 正の実数 a,b,c,d,e に対して，上の式 (7.3) の 5 つの関係式のうち任意の 3 つが成り立てば，残りの 2 つも成り立つ．

この補題の証明には球面三角形の正弦定理や余弦定理を使うことになり，少し手間がかかる．証明はおもしろいのだが，後回しにして先に進むことにしよう．

§7.3 ガウスのフリーズ

天下りではあるが，次のようなフリーズを考えてみよう．

$$\begin{array}{ccccccccccccccccccc}
1 & & 1 & & 1 & & 1 & & 1 & & 1 & & 1 & & 1 & & 1 & & \\
& a & & b & & c & & d & & e & & a & & b & & c & & \cdots & \\
& & d & & e & & a & & b & & c & & d & & e & & a & & \cdots \\
& & & 1 & & 1 & & 1 & & 1 & & 1 & & 1 & & 1 & & 1 &
\end{array} \tag{7.4}$$

1 行目は a,b,c,d,e が繰り返していて，2 行目はそれが少しずれた形になっている．ところが，ガウスの五芒星の関係式 (7.3) とユニモジュラ規則を使うと，2 行目は計算できて，ちょうどこのようなフリーズパターンを生成するのである．そこで，これを**ガウスのフリーズ**と呼ぼう．

このフリーズを眺めながら自分で少し計算してみると，補題 7.4 の (2) は自然に諒解されるだろう．実はこのフリーズを用いると，もっとたくさんの情報が得られる．それを説明しよう．

まず §4.3 で考えたフリーズ方程式を思い出す．今は周期が $n=5$，幅が $m=2$ のフリーズなのでフリーズ方程式は次のようになる．

$$\begin{cases} K_3(a,b,c)=1 \\ K_4(a,b,c,d)=0 \end{cases}, \quad \begin{cases} K_3(b,c,d)=1 \\ K_4(b,c,d,e)=0 \end{cases},$$

$$\begin{cases} K_3(c,d,e)=1 \\ K_4(c,d,e,a)=0 \end{cases}, \quad \ldots \qquad \text{（巡回的な繰り返し）}$$

ここで K_3, K_4 は連分因子で，

$$K_3(x,y,z) = xyz - x - z,$$

$$K_4(x,y,z,w) = xyzw - xy - yz - zw + 1$$

なのであった．したがって，上の最初の方程式は

$$abc - a - c = 1, \quad abcd - ab - ad - cd + 1 = 0 \tag{7.5}$$

となる．あとはこれを巡回的に入れ替えた 5 つの方程式が成り立っているわけである．これらの関係式はもちろんガウスの五芒星から決まった $a, b, c, \ldots$ にも成り立っているわけだが，実はもっとずっと興味深い関係式が成り立つ．

定理 7.5（ガウスの五芒星公式） a, b, c, d, e をガウスの五芒星から式 (7.2) で決まった正の実数とする．

(1) 次の関係式が成り立つ．

$$3 + a + b + c + d + e = abcde = \sqrt{(1+a)(1+b)(1+c)(1+d)(1+e)}$$

(2) 五芒星の内部の 5 角形 ABCDE の面積を S とすると

$$(1+i\sqrt{a})(1+i\sqrt{b})(1+i\sqrt{c})(1+i\sqrt{d})(1+i\sqrt{e}) = abcde \cdot e^{-iS}$$

が成り立つ．ここで i は虚数単位であって，$e^{-iS} = \cos S - i \sin S$ である．

［証明］ 式 (7.5) の第 1 の式を巡回的に入れ替えた次の 3 式を考える．

$$\begin{cases} 1+a+c=abc \\ 1+b+d=bcd \\ 1+c+e=cde \end{cases}$$

この 3 式を辺々加えると

$$(3+a+b+c+d+e)+c=c(ab+bd+de),$$

$$\therefore \quad 3+a+b+c+d+e=c(ab+bd+de-1)$$

であるが，$de-1=b$ に注意して右辺をまとめると

$$(\text{右辺})=bc(a+d+1)=bc\cdot dea=abcde$$

となる．これが定理の (1) の公式の最初の部分である．

次の部分はもっと簡単で，次のようにすればわかる．

$$(abcde)^2=ab\cdot bc\cdot cd\cdot de\cdot ea=(1+d)(1+e)(1+a)(1+b)(1+c)$$

次に，5 角形の面積 S を含んだ定理の (2) の主張を示そう．複素数 $z=1+i\sqrt{a}$ の極表示を考える．長さの 2 乗は $|z|^2=1^2+(\sqrt{a})^2=1+a$ であるが，

$$z=1+i\tan\alpha=\frac{1}{\cos\alpha}(\cos\alpha+i\sin\alpha)$$

だから，偏角はちょうど α である．つまり $z=1+i\sqrt{a}=\sqrt{1+a}\,e^{i\alpha}$ となる．したがって，

$$\begin{aligned}(\text{定理の (2) 式の左辺})&=\sqrt{1+a}\,e^{i\alpha}\cdot\sqrt{1+b}\,e^{i\beta}\cdots\sqrt{1+e}\,e^{i\varepsilon}\\&=\sqrt{(1+a)(1+b)(1+c)(1+d)(1+e)}\,e^{i(\alpha+\beta+\gamma+\delta+\varepsilon)}\\&=abcde\cdot e^{i(\alpha+\beta+\gamma+\delta+\varepsilon)}\end{aligned}$$

ここで 5 角形の面積 S が

$$S=2\pi-(\alpha+\beta+\gamma+\delta+\varepsilon) \tag{7.6}$$

で与えられることを示せば定理の (2) 式が成り立つことがわかる．式 (7.6) の証明は別に補題として示すことにしよう．□

ガウスの五芒星の内部の 5 角形 ABCDE に対して，頂点 A, B, ... の内角を $\angle$A, $\angle$B, ... などと書くことにする．頂点 A の対辺の長さは α と書くのであった．

補題 7.6 ガウスの五芒星の内部の 5 角形 ABCDE に対して $\angle \mathrm{A} + \alpha = \pi$ が成り立つ．

[証明] 状況を思い出すのに便利なように図 7.4 をここにコピーしておこう．

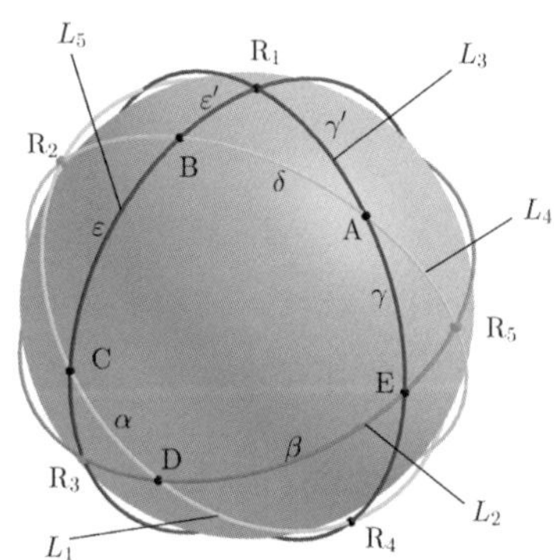

図 7.6 ガウスの五芒星（再掲）

頂点 A は大円 $L_1 = L_\mathrm{A}$ の極である．また，A を端点とする 5 角形の 2 辺を延長した直線は $L_4 = L_\mathrm{D}$ と $L_3 = L_\mathrm{C}$ であって，これと大円 L_A の交点がそれぞれ $\mathrm{R}_2, \mathrm{R}_4$ である．したがって，系 7.3 より弧 $\mathrm{R}_2\mathrm{R}_4$ の長さは $\angle$A に等しい．このことから

$$\overset{\frown}{\mathrm{CR}_4} + \overset{\frown}{\mathrm{DR}_2} = \alpha + \overset{\frown}{\mathrm{R}_2\mathrm{R}_4} = \alpha + \angle \mathrm{A}$$

がわかる．一方 C は $L_3 = L_\mathrm{C}$ の極なので，弧 CR_4 の長さは $\pi/2$ である．同様にして弧 DR_2 の長さは $\pi/2$ なので，結局

$$\alpha + \angle \mathrm{A} = \pi/2 + \pi/2 = \pi$$

である． □

これを用いて式 (7.6) を証明しよう．

補題 7.7　ガウスの五芒星の内部の 5 角形 ABCDE に対して，

$$(\alpha+\beta+\gamma+\delta+\varepsilon)+(\angle\mathrm{A}+\angle\mathrm{B}+\angle\mathrm{C}+\angle\mathrm{D}+\angle\mathrm{E})=5\pi \tag{7.7}$$

が成り立つ．これより 5 角形の面積は

$$S=2\pi-(\alpha+\beta+\gamma+\delta+\varepsilon)$$

で与えられる．つまり式 (7.6) が成り立つ．

[証明]　補題より $\alpha+\angle\mathrm{A}=\pi$ であるが，もちろんこれを巡回的に入れ替えた 5 つの式が成り立っている．これらを辺々加えると補題の式 (7.7) を得る．つまりガウスの 5 角形の内角の和と 5 辺の長さの和を加えるとちょうど 5π となる．一方，補題 7.2 より球面三角形の面積は (3 つの内角の和) $-\pi$ であった．そこで 5 角形 ABCDE を 3 つの三角形に分割して考えると

$$S=\angle\mathrm{A}+\angle\mathrm{B}+\angle\mathrm{C}+\angle\mathrm{D}+\angle\mathrm{E}-3\pi$$

となり，これと式 (7.7) より

$$S=2\pi-(\alpha+\beta+\gamma+\delta+\varepsilon)$$

である．□

§ 7.4　五芒星とフリーズ

証明は先送りにしたが，ガウスの五芒星に対して補題 7.4 が成り立ち，それが実はフリーズのユニモジュラ規則に他ならないことを見た．そして，さらにフリーズ方程式を用いてガウスの五芒星公式も証明できた．

では，フリーズから出発するとどうなのだろう？　という問いが素朴な疑問として浮かび上がってくるに違いない．

そこで周期 5 のフリーズ

$$
\begin{array}{ccccccccccccccccccccc}
1 & & 1 & & 1 & & 1 & & 1 & & 1 & & 1 & & 1 & & 1 & & & & \\
 & a & & b & & c & & d & & e & & a & & b & & c & & \cdots & & & \\
 & & d & & e & & a & & b & & c & & d & & e & & a & & & \cdots & \\
 & & & 1 & & 1 & & 1 & & 1 & & 1 & & 1 & & 1 & & & 1 & &
\end{array}
$$

から出発してみよう．このフリーズに現れる a, b, c, d, e はすべて正の実数であると仮定しよう．このようなときフリーズが**全正値**であると言う．ユニモジュラ規則より，補題 7.4 の関係式

$$1 + a = cd,\ 1 + b = de,\ 1 + c = ea,\ 1 + d = ab,\ 1 + e = bc \tag{7.8}$$

が成り立っているが，これより $\alpha, \ldots, \varepsilon > 0$ を

$$a = \tan^2 \alpha, \quad b = \tan^2 \beta, \quad c = \tan^2 \gamma, \quad d = \tan^2 \delta, \quad e = \tan^2 \varepsilon$$

を満たすように決める．逆正接関数 $\tan^{-1} x$ を用いれば，$\alpha = \tan^{-1} \sqrt{a}$ などと決めることになる．そうすると内部の 5 角形の辺の長さがちょうど $\alpha, \ldots, \varepsilon$ になるようなガウスの五芒星が存在し，それらはすべて回転か，あるいは鏡像をとることによって写り合うことが証明できる．

実際，次のようなガウスの五芒星を平面上に模式的に表した図を考えてみよう．

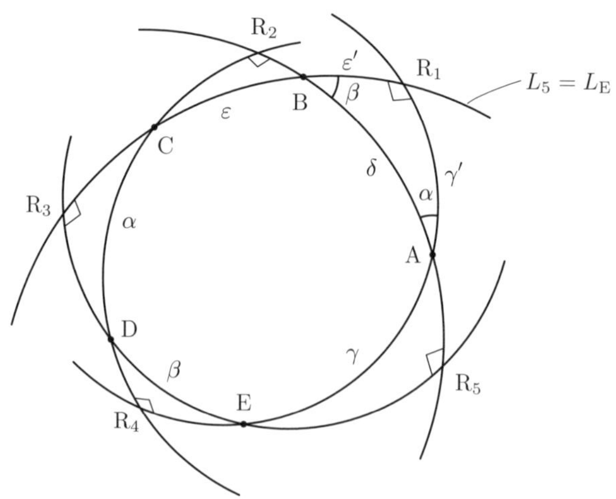

図 7.7　ガウスの五芒星（平面模式図）

このような五芒星が作成できるかどうかははっきりしないが，いましばらくの

間，この五芒星が作成できたとして考えてみる．この図において，すでに $\alpha,\dots,\varepsilon$ は上のように決まっている．また，図の円弧 $\overset{\frown}{\mathrm{AR}_1}$ の長さは $\gamma' = \pi/2 - \gamma$ である．実際，E を極とする大円は $L_5 = L_{\mathrm{E}}$ なので，E から R_1 に向かう円弧はちょうど北極から赤道まで移動する経路と思うことができ，それはちょうど 4 分の 1 円，つまり $\pi/2$ の長さをもつ．したがって図の $\gamma + \gamma' = \pi/2$ であることがわかる．同様にして $\varepsilon' = \pi/2 - \varepsilon$ だから，直角球面三角形 $\triangle\mathrm{ABR}_1$ は定まる．

逆に，この直角三角形から，§7.2 の冒頭にあるように五芒星を構成すれば，その内部の 5 角形の辺の長さはちょうど $\alpha,\dots,\varepsilon$ に一致せざるをえない．まぁ要するに，直角三角形からガウスの五芒星は実際に構成できて，辺の長さも決まってしまうわけである．したがって，γ,ε の 2 つの量を与えれば五芒星は決まる．これは別に α,β でもよく，内部の 5 角形の辺の長さはこの α,β によってすべて決まり，$0 < \alpha,\beta < \pi/2$ も自由でよい．

このようにして，フリーズから五芒星はただ一つに決まることがわかった．

定理 7.8（フリーズ・五芒星対応）　幅 2 で周期が 5 の全正値フリーズとガウスの五芒星は一対一に対応する．またフリーズ方程式は五芒星関係式

$$1 + a = cd,\ 1 + b = de,\ 1 + c = ea,\ 1 + d = ab,\ 1 + e = bc$$

と同値であり，さらにこの 5 つの方程式はどの 3 つの方程式をとってもフリーズ多様体 $\mathfrak{F}_5$ の定義方程式となる．ガウスの五芒星はフリーズ多様体の全正値部分 $\mathfrak{F}_5^+$ 上の点と一対一に対応する．

この場合，フリーズ多様体 $\mathfrak{F}_5$ は 5 次元空間の中の曲面である．実際，定理の直前で見たように，ガウスの五芒星は 2 つのパラメータ $0 < \alpha,\beta < \pi/2$ で決まっている．$a = \tan^2\alpha,\ b = \tan^2\beta$ だから，$a,b \geq 0$ は正の実数ならなんでも自由にとれ，これが曲面のパラメータになっているわけである．

a,b がパラメータになることは，フリーズの方から見るともっとわかりやすい．この節の始めに描いてあるフリーズの図で，a,b が決まったとするとユニモジュラ規則から d が決まり，次に e が決まり，そして c が決まる．c,d,e はすべて a,b の有理式で書くことができて，これが曲面のパラメータ表示を与えるわけである．

曲面（フリーズ多様体） $\mathfrak{F}_5$ ではパラメータ a, b が全実数を自由に動くのだが，そのうち座標が正の部分がガウスの五芒星と対応しているわけで，このようなとき，フリーズ多様体の全正値部分 $\mathfrak{F}_5^+$ はガウスの五芒星のモジュライ空間であると言う．

演習 7.9 ガウスのフリーズ多様体 $\mathfrak{F}_5$ のパラメータ表示を，2 つのパラメータ a, b を用いて表せ（フリーズのユニモジュラ規則，あるいは五芒星関係式を利用せよ）．

最後に，ガウスのフリーズを具体的に書いておこう（図 7.8 参照）．もちろん a, b からすべては決まるのだが，後々の都合で，対角線の変数 (a, d) をとって，あとはユニモジュラ規則で計算したものを描いておく．ここでは (a, d) を (x_1, x_2) と書き替えてある．

この表示から，フリーズ多様体 $\mathfrak{F}_5$ のパラメータ表示は

$$(x_1, x_2, x_3, x_4, x_5) = \left(x_1, x_2, \frac{x_2 + 1}{x_1}, \frac{x_1 + x_2 + 1}{x_1 x_2}, \frac{x_1 + 1}{x_2}\right)$$

で与えられることがわかる．ただし $x_1, x_2, \ldots$ の順序は (a, d, b, e, c) の順序で並んでいる．演習 7.9 の結果と比較してみるとよい．

§7.5 球面三角定理

この節の目標は，お預けにしていたガウスの五芒星に関する補題 7.4 を示すことにある．球面三角形の三角定理を認めてしまえば，それはそう骨が折れる証明ではないが，球面三角形の三角定理に関してはあまりよい参考書が見当たらないので，ここに証明付きで紹介しようと思う．しかし，詳細な証明は結構面倒なのでフリーズに興味のある読者は先を急がれてもよい．

ここで使った“三角定理”というのは聞き慣れない言葉であるが，本書では，正弦定理や余弦定理，三角関数の倍角公式などの三角形と三角関数に関係するような初等的な公式群を一括して「三角定理」と総称することにしよう．

ガウスの 5 角形からはしばらく離れて，一般の球面三角形 ABC を考えよう．A, B, C は頂点を表すが，同時にその頂点における角度も表している（図 7.9 参照）．

$$0 \quad 0 \quad 0 \quad 0 \quad 0 \quad 0 \quad 0 \quad 0 \quad 0 \quad 0 \quad 0 \quad 0 \quad 0 \quad 0 \quad 0$$

$$1 \quad 1 \quad 1 \quad 1 \quad 1 \quad 1 \quad 1 \quad 1 \quad 1 \quad 1 \quad 1 \quad 1 \quad 1 \quad 1 \quad 1$$

$$x_1 \quad \frac{x_2+1}{x_1} \quad \frac{x_1+1}{x_2} \quad x_2 \quad \frac{x_1+x_2+1}{x_1x_2} \quad x_1 \quad \frac{x_2+1}{x_1} \quad \frac{x_1+1}{x_2} \quad x_2 \quad \frac{x_1+x_2+1}{x_1x_2} \quad x_1 \quad \frac{x_2+1}{x_1} \quad \frac{x_1+1}{x_2} \quad x_2 \quad \frac{x_1+x_2+1}{x_1x_2}$$

$$x_2 \quad \frac{x_1+x_2+1}{x_1x_2} \quad x_1 \quad \frac{x_2+1}{x_1} \quad \frac{x_1+1}{x_2} \quad x_2 \quad \frac{x_1+x_2+1}{x_1x_2} \quad x_1 \quad \frac{x_2+1}{x_1} \quad \frac{x_1+1}{x_2} \quad x_2 \quad \frac{x_1+x_2+1}{x_1x_2} \quad x_1 \quad \frac{x_2+1}{x_1} \quad \frac{x_1+1}{x_2}$$

$$1 \quad 1 \quad 1 \quad 1 \quad 1 \quad 1 \quad 1 \quad 1 \quad 1 \quad 1 \quad 1 \quad 1 \quad 1 \quad 1 \quad 1$$

$$0 \quad 0 \quad 0 \quad 0 \quad 0 \quad 0 \quad 0 \quad 0 \quad 0 \quad 0 \quad 0 \quad 0 \quad 0 \quad 0 \quad 0$$

図 7.8　ガウスのフリーズ

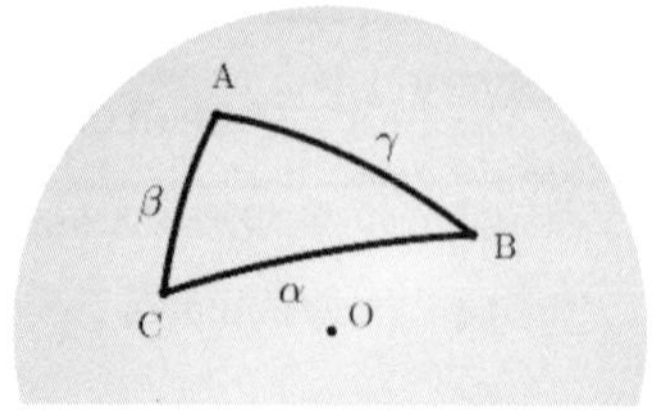

図 7.9 球面上の三角形

頂点 A の対辺の長さを α, 同様に頂点 B, C の対辺の長さをそれぞれ β, γ とする．以上の記号の下に次の定理が成り立つ．

定理 7.10（球面三角定理） 単位球面上の三角形 $\triangle\mathrm{ABC}$ に対して次の 4 つの等式が成り立つ．

(1) （**余弦定理**） $\cos\gamma = \cos\alpha\cos\beta + \sin\alpha\sin\beta\cos\mathrm{C}$

(2) （**正弦余弦定理**） $\sin\alpha\cos\mathrm{C} = \cos\gamma\sin\beta - \sin\gamma\cos\beta\cos\mathrm{A}$

(3) （**余接定理**） $\cot\alpha\sin\beta = \cos\beta\cos\mathrm{C} + \cot\mathrm{A}\sin\mathrm{C}$

(4) （**正弦定理**） $\dfrac{\sin\mathrm{A}}{\sin\alpha} = \dfrac{\sin\mathrm{B}}{\sin\beta} = \dfrac{\sin\mathrm{C}}{\sin\gamma} = k$ 　ここで

$$k^2 = \frac{1 - (\cos^2\alpha + \cos^2\beta + \cos^2\gamma) + 2\cos\alpha\cos\beta\cos\gamma}{\sin^2\alpha\sin^2\beta\sin^2\gamma}$$

［証明］ 単位球の中心を O として，

$$u = \overrightarrow{\mathrm{OA}}, \quad v = \overrightarrow{\mathrm{OB}}, \quad w = \overrightarrow{\mathrm{OC}}$$

とおく．これらはすべて単位ベクトルだから，内積は 2 つのベクトルのなす角の余弦に一致する．たとえば OB と OC の間の角度はラジアンで測れば弧の長さに一致するわけだから α に一致する．したがって

$$v \cdot w = \cos\alpha, \quad w \cdot u = \cos\beta, \quad u \cdot v = \cos\gamma$$

である．これを考慮に入れて，まずは余弦定理から示そう．

(1) 図 7.10 のように v, w を u の方向に正射影する．図の $\overrightarrow{\mathrm{OD}} = (v \cdot u)u$ と $\overrightarrow{\mathrm{OE}} = (w \cdot u)u$ である．このとき $\overrightarrow{\mathrm{DB}} = v - (v \cdot u)u$ と $\overrightarrow{\mathrm{EC}} = w - (w \cdot u)u$ のなす角がちょうど $\angle \mathrm{A}$ である．

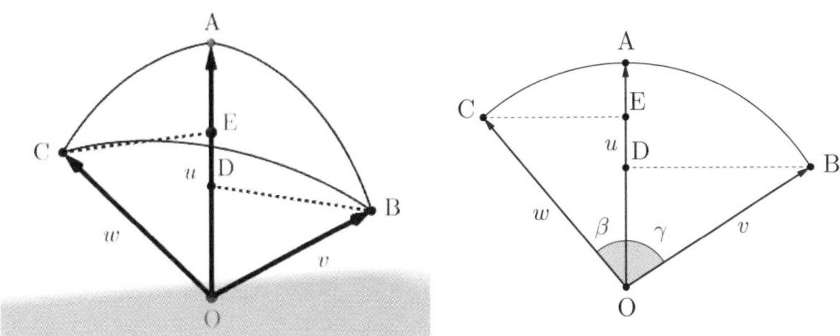

図 7.10　球面余弦定理：立体図（左）と展開平面図（右）

したがって，ベクトルの内積とその間の角の関係から

$$\cos \mathrm{A} = \frac{(v - (v \cdot u)u) \cdot (w - (w \cdot u)u)}{\|v - (v \cdot u)u\| \|w - (w \cdot u)u\|} \tag{7.9}$$

が成り立つ．ここで右辺の分子は

$$\begin{aligned}
&(v - (v \cdot u)u) \cdot (w - (w \cdot u)u) \\
&\qquad = v \cdot w - 2(v \cdot u)(w \cdot u) + (v \cdot u)(w \cdot u)(u \cdot u) \\
&\qquad = v \cdot w - (v \cdot u)(w \cdot u) = \cos\alpha - \cos\gamma\cos\beta
\end{aligned}$$

であり，分母は

$$\begin{aligned}
\|v - (v \cdot u)u\|^2 &= \|v\|^2 - 2(v \cdot u)^2 + (v \cdot u)^2\|u\|^2 \\
&= 1 - (v \cdot u)^2 = 1 - \cos^2\gamma = \sin^2\gamma
\end{aligned}$$

同様にして $\|w - (w \cdot u)u\| = \sin\beta$ だから (7.9) 式は

$$\cos \mathrm{A} = \frac{\cos\alpha - \cos\gamma\cos\beta}{\sin\beta\,\sin\gamma}$$

となるが，これは球面余弦定理の式である．

(2) 次に正弦余弦定理を示そう．定理の式の $\sin\beta\big((\text{左辺}) - (\text{右辺})\big)$ を計算すると

$$\begin{aligned}&\sin\beta\big(\sin\alpha\cos \mathrm{C} + \sin\gamma\cos\beta\cos \mathrm{A} - \cos\gamma\sin\beta\big)\\&\qquad = (\sin\alpha\sin\beta\cos \mathrm{C}) + \cos\beta(\sin\beta\sin\gamma\cos \mathrm{A}) - \cos\gamma\sin^2\beta\end{aligned}$$

ここで，括弧で括った式にすでに証明した余弦定理を使うと

$$\begin{aligned}(\text{上式}) &= (\cos\gamma - \cos\alpha\cos\beta) + \cos\beta(\cos\alpha - \cos\beta\cos\gamma) - \cos\gamma\sin^2\beta\\&= \cos\gamma(1 - \cos^2\beta - \sin^2\beta) = 0\end{aligned}$$

となって確かに両辺は等しい．

(4) 順番は前後するが，次に球面正弦定理を示そう．

$$\begin{aligned}\sin^2 \mathrm{A} &= 1 - \cos^2 \mathrm{A}\\&= 1 - \frac{(\cos\alpha - \cos\beta\cos\gamma)^2}{\sin^2\beta\sin^2\gamma} \quad (\text{余弦定理 (1) より})\\&= \frac{\sin^2\beta\sin^2\gamma - \cos^2\beta\cos^2\gamma - \cos^2\alpha + 2\cos\alpha\cos\beta\cos\gamma}{\sin^2\beta\sin^2\gamma}\\&= \frac{1 - (\cos^2\alpha + \cos^2\beta + \cos^2\gamma) + 2\cos\alpha\cos\beta\cos\gamma}{\sin^2\beta\sin^2\gamma}\end{aligned}$$

この最後の分数式の分子を p と書いておこう．すると両辺を $\sin^2\alpha$ で割って，

$$\frac{\sin^2 \mathrm{A}}{\sin^2\alpha} = \frac{p}{\sin^2\alpha\sin^2\beta\sin^2\gamma} \tag{7.10}$$

となる．この右辺を k^2 と書くと

$$k^2 = \frac{p}{\sin^2\alpha\sin^2\beta\sin^2\gamma},$$

$$p = 1 - (\cos^2\alpha + \cos^2\beta + \cos^2\gamma) + 2\cos\alpha\cos\beta\cos\gamma$$

となり，これは α, β, γ の対称式である．したがって，左辺の $\sin^2 \mathrm{A}/\sin^2\alpha$ を $\sin^2 \mathrm{B}/\sin^2\beta$ や $\sin^2 \mathrm{C}/\sin^2\gamma$ に変えても同じ式が成り立つはずであり，すべて

k^2 に等しい．正弦定理は $\sin \mathrm{A}/\sin\alpha > 0$ などに注意して，平方根をとれば得られる．

(3) 最後に余接定理を示そう．定理の式の右辺に $\sin\alpha\sin\beta$ を掛けて，

$$\sin\alpha\sin\beta\left(\cos\beta\cos\mathrm{C} + \frac{\cos\mathrm{A}}{\sin\mathrm{A}}\sin\mathrm{C}\right)$$

を得るが，正弦定理から $\dfrac{\sin\mathrm{C}}{\sin\mathrm{A}} = \dfrac{\sin\gamma}{\sin\alpha}$ である．したがって，上式は

$$\begin{aligned}
&\sin\alpha\sin\beta\left(\cos\beta\cos\mathrm{C} + \frac{\sin\gamma}{\sin\alpha}\cos\mathrm{A}\right)\\
&= \cos\beta\,(\sin\alpha\sin\beta\cos\mathrm{C}) + \sin\beta\sin\gamma\cos\mathrm{A} \quad \text{（余弦定理を使うと）}\\
&= \cos\beta\,(\cos\gamma - \cos\alpha\cos\beta) + (\cos\alpha - \cos\beta\cos\gamma)\\
&= \cos\alpha\,(1-\cos^2\beta) = \cos\alpha\sin^2\beta
\end{aligned}$$

最後の式を $\sin\alpha\sin\beta$ で割れば $\cot\alpha\sin\beta$ であって，それは余接定理の左辺に一致する． □

§7.6　補題 7.4 の証明

さて，ふたたびガウスの五芒星に戻って，補題 7.4 を証明しよう．補題を再掲しておく．

補題 7.11（補題 7.4）(1) ガウスの五芒星の各辺の弧長を $\alpha, \beta, \ldots, \varepsilon$ とし，$a = \tan^2\alpha$, $b = \tan^2\beta$, … などと書けば，

$$1+a = cd,\ 1+b = de,\ 1+c = ea,\ 1+d = ab,\ 1+e = bc \qquad (7.11)$$

が成り立つ．

(2) 正の実数 a, b, c, d, e に対して式 (7.11) の 5 つの関係式のうち 3 つが成り立てば，残りの 2 つも成り立つ．

［証明］ (1) $1+d = ab$ を示せば，あとは巡回的に入れ替えて，まったく同じ証明で 5 つの式が得られる．図 7.11 の球面三角形 $\triangle\mathrm{ABR}_1$ を考えよう．

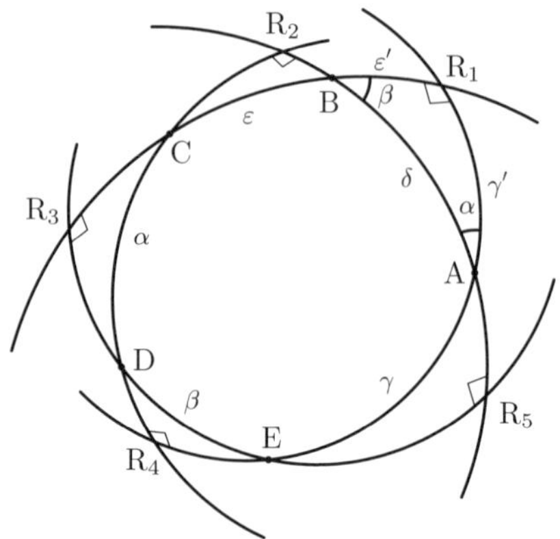

図 7.11　ガウスの五芒星（平面模式図）

補題 7.6 より $\angle A + \alpha = \angle B + \beta = \pi$ だから，三角形の頂点 A, B における内角はそれぞれ α, β である．一方，辺 $R_1B = \varepsilon' = \pi/2 - \varepsilon$ および辺 $R_1A = \gamma' = \pi/2 - \gamma$ なので，余接定理を用いると（定理 7.10 とかなり記号が異なっているので注意して使ってほしい）

$$\cot\varepsilon' \sin\gamma' = \cos\gamma' \cos\angle R_1 + \cot\alpha \sin\angle R_1 = \cot\alpha$$

である．角 $\angle R_1 = \pi/2$ に注意しよう．ε', γ' を入れ替えて考えるとまったく同様にして $\cot\gamma' \sin\varepsilon' = \cot\beta$ を得る．これより

$$\begin{aligned} ab = \tan^2\alpha \tan^2\beta &= \frac{1}{(\cot\varepsilon' \sin\gamma')^2} \frac{1}{(\cot\gamma' \sin\varepsilon')^2} \\ &= \frac{1}{\cos^2\varepsilon' \cos^2\gamma'} \end{aligned} \tag{7.12}$$

が成り立つ．一方，余弦定理から

$$\cos\delta = \cos\varepsilon' \cos\gamma' + \sin\varepsilon' \sin\gamma' \cos\angle R_1 = \cos\varepsilon' \cos\gamma'$$

なので，

$$1 + d = 1 + \tan^2\delta = \frac{1}{\cos^2\delta} = \frac{1}{\cos^2\varepsilon' \cos^2\gamma'}$$

であるが，この右辺は式 (7.12) と等しく，ab に一致する．

次に (2) を示そう．証明すべき式は $a, b, \ldots$ について巡回的なので，実際には最初の 3 つの式が成り立てば次の式が成り立つこと，第 $1, 2, 4$ 番目の式が成り立てば第 3 番目の式が成り立つことを示せば十分である．

そこで最初の 3 つの式が成り立つとしよう．つまり

$$1 + a = cd,\ 1 + b = de,\ 1 + c = ea$$

である．これを使って第 4 の式 $1 + d = ab$ を示す．そうすると第 $2, 3, 4$ 式を使って同じように第 5 の式も示すことができる．

aed を次のように 2 通りの仕方で計算しよう．

$$aed = (ae)d = (1 + c)d = d + cd = d + 1 + a$$

$$aed = a(ed) = a(1 + b) = a + ab$$

両者は等しいので

$$d + 1 + a = a + ab, \quad \therefore \quad d + 1 = ab$$

だが，これが示したかった第 4 の式である．

演習 7.12　cde を 2 通りの方法で計算して $1 + e = bc$ を直接証明してみよ．

一方，第 $1, 2, 4$ 番目の式を仮定して，$(1 + b)(1 + d)$ を 2 通りの方法で計算してみよう．

$$(1 + b)(1 + d) = de \cdot ab$$

$$\begin{aligned}(1 + b)(1 + d) &= (1 + d) + b(1 + d) = ab + b(1 + d)\\ &= b((1 + a) + d) = b(cd + d) = (1 + c)bd\end{aligned}$$

この 2 式は等しいので

$$aebd = (1 + c)bd, \quad \therefore \quad ae = 1 + c$$

となり，これが示したかった第 3 の式である．$b, d > 0$ としていたので $bd \neq 0$ であることに注意しよう．　□

演習 7.13　$(1+a)(1+d)$ を 2 通りに計算することによって直接第 5 式 $1+e=bc$ を導いてみよ．

Carl Friedrich Gauss (1777–1855)

(→口絵 6 参照)

第8章　ファレイの迷宮へようこそ

ファレイ数列というのは，$[0,1]$ 区間に含まれる，分母がある自然数以下の分数をただ小さいものから並べたものである．非常に簡単な数列なのだが，数学のさまざまな場所に登場し，深い性質をもっている．発端は地質学者のファレイが，この数列の連続する三項の間に"奇妙な性質"があることを 1816 年に発見したことに始まる[*1]．以後，この数列は彼の名前で呼ばれることになった（系 8.12 参照）．

こんな単純な数列が我々のフリーズと何か関係があるのかって？　それが大いにあるのである．しかし，その楽しみはあとにとっておいて，この章ではファレイ数列の迷宮を少しだけさまよってみることにしよう．

§8.1　ファレイ数列

定義 8.1　分母が N 以下の有理数（分数）で，0 以上 1 以下のものをすべて小さい順に並べた数列を N 次の**ファレイ数列**と呼び $\mathfrak{F}_N$ で表す．ただし $0 = \frac{0}{1}$, $1 = \frac{1}{1}$ と記すことにする．また分数表示は既約なものをとる．

例 8.2　1 次から 6 次までのファレイ数列を書き出してみよう．

$$\mathfrak{F}_1 = \left(\frac{0}{1}, \frac{1}{1}\right)$$

$$\mathfrak{F}_2 = \left(\frac{0}{1}, \frac{1}{2}, \frac{1}{1}\right)$$

$$\mathfrak{F}_3 = \left(\frac{0}{1}, \frac{1}{3}, \frac{1}{2}, \frac{2}{3}, \frac{1}{1}\right)$$

$$\mathfrak{F}_4 = \left(\frac{0}{1}, \frac{1}{4}, \frac{1}{3}, \frac{1}{2}, \frac{2}{3}, \frac{3}{4}, \frac{1}{1}\right)$$

---

*1 Farey, John (1766–1826).

$$\mathfrak{F}_5 = \left(\frac{0}{1}, \frac{1}{5}, \frac{1}{4}, \frac{1}{3}, \frac{2}{5}, \frac{1}{2}, \frac{3}{5}, \frac{2}{3}, \frac{3}{4}, \frac{4}{5}, \frac{1}{1}\right)$$

$$\mathfrak{F}_6 = \left(\frac{0}{1}, \frac{1}{6}, \frac{1}{5}, \frac{1}{4}, \frac{1}{3}, \frac{2}{5}, \frac{1}{2}, \frac{3}{5}, \frac{2}{3}, \frac{3}{4}, \frac{4}{5}, \frac{5}{6}, \frac{1}{1}\right)$$

$$\mathfrak{F}_7 =$$

演習 8.3 $N = 7$ のときのファレイ数列 $\mathfrak{F}_7$ を上の表に書き込んでみよ．

ファレイ数列の元は区間 $[0, 1]$ に含まれているが，一般の有理数 $v_1, v_2 \in \mathbb{Q}$ を[*2]既約分数で表して $v_1 = \dfrac{a_1}{b_1}$, $v_2 = \dfrac{a_2}{b_2}$ と書いたとき，

$$d(v_1, v_2) = \left|\det\begin{pmatrix} a_1 & a_2 \\ b_1 & b_2 \end{pmatrix}\right| = \left|a_1 b_2 - a_2 b_1\right|$$

を v_1 と v_2 の**ファレイ距離**と呼ぶ．以下，紛れがない場合にはファレイ距離を単に距離と呼ぶことがある．また，$v = \dfrac{a}{b}$ と書いたとき，絶対値をとるので a, b の正負はファレイ距離には影響しないが，我々は常に $b \geq 0$ と考えることにしよう．

$$v_1 - v_2 = \frac{a_1}{b_1} - \frac{a_2}{b_2} = \frac{1}{b_1 b_2}\begin{vmatrix} a_1 & a_2 \\ b_1 & b_2 \end{vmatrix} \tag{8.1}$$

なので，分母が正であれば $v_1 > v_2$ のとき $d(v_1, v_2) = \begin{vmatrix} a_1 & a_2 \\ b_1 & b_2 \end{vmatrix}$ である（絶対値が不要になる）．

ここで分母に $b = 0$ が含まれているのを不審に思った人がいるに違いない．もっともな疑問だが，これは無限遠点 $\infty = \dfrac{1}{0}$ のためだけに用いられる．無限遠点の既約分数表示は $\infty = \dfrac{1}{0}$ というわけである．

無限遠点 ∞ はもはや有理数ではないのだが，無限遠点を含めて考えることは本質的であって，いろいろな意味で便利でもある．そこで $\mathbb{P}^1(\mathbb{Q}) = \mathbb{Q} \cup \{\infty\}$ とおき，これを**有理射影直線**と呼ぶ．この有理射影直線については，あとでもう少し詳しく見ることにして，いまは単に $\infty = \dfrac{1}{0}$ を便宜的な記号とみなすことにする．すると，有理数と無限遠点との距離を考えることもできる！

[*2] $\mathbb{Q}$ は有理数全体を表す記号である．つまり $\mathbb{Q} = \{a/b \mid a, b \in \mathbb{Z}, b \neq 0\}$.

このファレイ距離は“距離”とは言うものの通常の距離が満たすべき公理のうち三角不等式は満たさないので注意が必要である．たとえば

$$v_1 = \frac{3}{4},\ v_2 = \frac{2}{3},\ v_3 = \frac{3}{5} \quad とすると$$

$$d(v_1, v_3) = 3 > d(v_1, v_2) + d(v_2, v_3) = 1 + 1 = 2$$

である．

定義 8.4　$u, v \in \mathbb{P}^1(\mathbb{Q})$ に対して，(u, v) が**ファレイ辺**であるとは $d(u, v) = 1$ を満たすときに言う．誤解を招かないときには，ファレイ辺のことを単に**辺**と呼ぶことにしよう．

$\mathbb{P}^1(\mathbb{Q})$ の n 点 $v_1, v_2, \ldots, v_n$ が**ファレイ n 角形**をなすとは，(v_i, v_{i+1}) $(i = 1, \ldots, n)$ がすべて辺になっているときに言う．ただし $v_{n+1} = v_1$ と考える．また $v_0 = v_n$ と考えると便利である．頂点 $v = (v_1, v_2, \ldots, v_n)$ で決まるファレイ多角形を $\mathfrak{F}(v)$ で表すことにしよう．

数直線上に 2 つの有理数 u, v をとり，(u, v) が辺のときに u と v を実軸上に直径をもつ半円で結ぶ．半円は実軸より上の半平面上にとろう．その中心が u, v の中点，つまり $(u + v)/2$ である．xy 平面において x 軸を実軸とみなすのならば，半円は $y \geq 0$ の上半平面上に描くことになる．

このように半円を描くと，半円同士が交わってしまいそうに思うが，実はこの半円たちは決して交わることがない（この事実は 定理 8.16 で証明する）．

さて，このようにして定まる辺をすべてファレイ数列に描き加えたものを**ファレイグラフ**と呼ぶ．ファレイグラフの例を図 8.1 にいくつかあげておこう．以下，ファレイ数列とファレイグラフを区別しないでどちらも $\mathfrak{F}_N$ で表すことにする．

ファレイグラフ $\mathfrak{F}_\infty$ は $[0, 1]$ 区間内の有理数すべてに対して距離が 1 の有理数の間に辺を付け加えたものである．この $\mathfrak{F}_\infty$ は小さいものから順に一列に並べることはできないのでファレイ数列とは少し趣が違う．あえて言えば，これはすべてのファレイ数列の和集合である．

$$\mathfrak{F}_\infty = \bigcup_{N=1}^{\infty} \mathfrak{F}_N$$

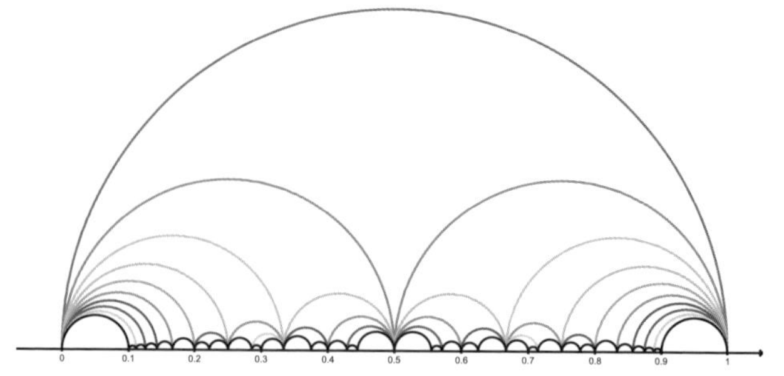

図 8.1 ファレイグラフ $\mathfrak{F}_N$ $(N=1,2,3,\ldots,10)$（→口絵 2 参照）

また，無限遠点を付け加えた $\mathbb{P}^1(\mathbb{Q})=\mathbb{Q}\cup\{\infty\}$ に辺を書き加えたファレイグラフを考えることもできる．

演習 8.5 無限遠点を $\infty=\dfrac{1}{0}$ と表しておくと，∞ と辺で結ばれる点は整数点 $\mathbb{Z}\subset\mathbb{Q}$ であることを示せ．

さて，次に準備する命題を簡潔に述べられるように言葉を用意しておこう．記号 $\mathrm{SL}_2(\mathbb{Z})$ で，成分が整数であるような 2 次正方行列であって，その行列式が 1 のもの全体を表すことにする．つまり

$$\mathrm{SL}_2(\mathbb{Z})=\left\{g=\begin{pmatrix}a&b\\c&d\end{pmatrix}\;\middle|\;a,b,c,d\in\mathbb{Z},\ \det g=ad-bc=1\right\}$$

である．

命題 8.6 $\begin{pmatrix}a_1&a_2\\b_1&b_2\end{pmatrix}\in\mathrm{SL}_2(\mathbb{Z})$ のとき

$$v_1=\frac{a_1}{b_1},\quad v_2=\frac{a_2}{b_2},\quad v_3=\frac{a_1+a_2}{b_1+b_2}$$

はすべて既約分数で，ファレイ距離はすべて 1 である．つまり (v_1,v_2,v_3) はファレイ三角形をなす．とくに任意の辺 (v_1,v_2) に対してファレイ三角形 (v_1,v_2,v_3) が存在する．

また $\mathfrak{F}_\infty$ における任意のファレイ三角形はこの形をしている（もっと一般に $\mathbb{P}^1(\mathbb{Q})$ のファレイ三角形を考えてもよい）．

[証明]　仮定より $d(v_1, v_2) = 1$ であって (v_1, v_2) はファレイグラフにおける辺である（厳密には v_1, v_2 の表示が既約分数であることを確かめる必要があるが，それは次の補題 8.7 から従う）.

次に $v_3 = \dfrac{a_1 + a_2}{b_1 + b_2}$ は既約分数であることを示そう．要するに分母分子が共通因数をもたないことを示せばよいが，それには次の補題が便利である.

補題 8.7（既約分数の言い替え）　$\dfrac{a}{b}$ が既約分数であることと，$p, q \in \mathbb{Z}$ が存在して $\begin{pmatrix} a & p \\ b & q \end{pmatrix} \in \mathrm{SL}_2(\mathbb{Z})$ が成り立つことは同値である.

補題の証明はあとで行うことにして，これを用いると，たとえば

$$\begin{vmatrix} a_1 & a_1 + a_2 \\ b_1 & b_1 + b_2 \end{vmatrix} = \begin{vmatrix} a_1 & a_2 \\ b_1 & b_2 \end{vmatrix} = 1$$

から $v_3 = \dfrac{a_1 + a_2}{b_1 + b_2}$ が既約分数であることがわかる．それと同時にこの式は $d(v_1, v_3) = 1$ も意味している．つまり v_1 と v_3 の距離は 1 である.

同様にして $d(v_2, v_3) = 1$ も示すことができる.

そこでファレイグラフにおける任意の三角形 (v_1, v_2, v_3) をとろう．必要なら順序を入れ替えて，(v_1, v_2) が命題 8.6 のように表されていて，

$$v_1 = \frac{a_1}{b_1} > v_3 = \frac{x}{y} > \frac{a_2}{b_2} = v_2$$

となっているとしてよい．このとき

$$\begin{vmatrix} a_1 & x \\ b_1 & y \end{vmatrix} = 1 = \begin{vmatrix} x & a_2 \\ y & b_2 \end{vmatrix}$$

であるから，

$$\begin{vmatrix} a_1 + a_2 & x \\ b_1 + b_2 & y \end{vmatrix} = \begin{vmatrix} a_1 & x \\ b_1 & y \end{vmatrix} - \begin{vmatrix} x & a_2 \\ y & b_2 \end{vmatrix} = 1 - 1 = 0$$

行列式がゼロなので 2 つのベクトル $\begin{pmatrix} x \\ y \end{pmatrix}$ と $\begin{pmatrix} a_1 + a_2 \\ b_1 + b_2 \end{pmatrix}$ は平行であるが，両者

ともに既約分数を表すから一致しなければならない（厳密に言うと我々は分母を必ず非負整数で表すことにしたので一致する）. □

［補題 8.7 の証明］ この場合，a, b の正負は任意であって，この 2 数が互いに素であるとは公約数が ± 1 しか存在しないことである．そこで a, b の公約数を d と書いておく．つまり $a = da', b = db'$ と表されている．

もし p, q が存在すれば，

$$\begin{vmatrix} a & p \\ b & q \end{vmatrix} = \begin{vmatrix} da' & p \\ db' & q \end{vmatrix} = d \cdot \begin{vmatrix} a' & p \\ b' & q \end{vmatrix}$$

は d の倍数であるが，仮定より $\begin{vmatrix} a & p \\ b & q \end{vmatrix} = 1$ なので $d = \pm 1$ しかありえない．つまり a, b は互いに素であって，$\dfrac{a}{b}$ は既約分数である．

次に d が a, b の最大公約数であれば $d = aq - bp$ となるような $p, q \in \mathbb{Z}$ が存在することを示そう．そうすると a, b が互いに素なら $d = 1$ であって，$\begin{vmatrix} a & p \\ b & q \end{vmatrix} = 1$ が成り立つことになる．

$am - bn \ (m, n \in \mathbb{Z})$ の形の正の整数（つまり自然数）で最小のものを D と書く．そのときの m, n を m_1, n_1 と書いておくと

$$D = am_1 - bn_1 = d(a'm_1 - b'n_1)$$

だから D は d の倍数である．一方, D は a, b の公約数になる．実際, $a = m_2 D + r$ と a を割り算して，余りを $r \ (0 \leq r < D)$ と書けば

$$r = a - m_2 D = a - m_2(am_1 - bn_1) = a(1 - m_1 m_2) - b(-n_1 m_2)$$

となるが，D は右辺のような形で表される自然数のうち最小のものとしたので $r = 0$ しかありえない．つまり $a = m_2 D$ であって，D は a の公約数．同様にして D は b の公約数でもある．したがって D は d を割り切る（これを $D \,|\, d$ と書く）ことになり $d \,|\, D$ と合わせて $D = d$ を得る．つまり $d = D = am_1 - bn_1$ と書けるので，$p = n_1$, $q = m_1$ ととればよい． □

演習 8.8　$(a,b)=(2,3)$, $(5,-17)$, $(-16,9)$, $(96,121)$ の場合に p,q を見つけてみよ．大きな数の場合にはユークリッドの互除法を用いると便利である（たとえば [81, §1.1] を参照）．

§ 8.2　ファレイ多角形と三角形分割

ファレイ数列 $\mathfrak{F}_N$ を考えよう．このとき，ファレイ数列の中で大小関係で隣り合った 2 つの点は辺で結ばれ，全体が大きな多角形になっていること，その多角形はファレイ三角形によって三角形分割されていることを示そう．

定理 8.9　ファレイ数列 $\mathfrak{F}_N$ の大小関係で隣り合った 2 つの点はすべて辺で結ばれ，さらに 0 と 1 も辺で結ばれている．したがってファレイグラフ $\mathfrak{F}_N$ は頂点の個数が $M=\#\mathfrak{F}_N$ のファレイ多角形になっているが，その内部はファレイ三角形によって三角形分割されている．

［証明］　まず隣接する 2 点が辺で結ばれることを示そう．証明の方針はハーディ-ライト『数論入門』による ([74])．補題を一つ用意する．

補題 8.10　ファレイ数列 $\mathfrak{F}_N$ の元 $\dfrac{a}{b}\neq 0,1$ に対して，ある $\dfrac{x}{y}$ であって

$$\frac{x}{y}>\frac{a}{b},\quad \begin{vmatrix} x & a \\ y & b \end{vmatrix}=1,\quad 1\leq y\leq N,\quad y+b>N$$

を満たすものが存在する．

［証明］　a,b は互いに素なので $\begin{vmatrix} p & a \\ q & b \end{vmatrix}=1$ となる $p,q\in\mathbb{Z}$ をとる．仮定より $1\leq b\leq N$ なので $0\leq N-b<N$ であるが，$N-b$ と N はちょうど b だけ離れているので $N-b<q-kb\leq N$ となるような $k\in\mathbb{Z}$ がただ一つ存在する．この k に対して

$$\binom{x}{y}=\binom{p-ka}{q-kb}=\binom{p}{q}-k\binom{a}{b}$$

とおく．すると $\begin{vmatrix} x & a \\ y & b \end{vmatrix} = 1$ は明らかで，k の取り方から $1 \leq y \leq N$ かつ $y + b > N$ である．また

$$\frac{x}{y} - \frac{a}{b} = \frac{1}{yb}\begin{vmatrix} x & a \\ y & b \end{vmatrix} = \frac{1}{yb} > 0$$

である． □

さて，定理の証明をしよう．そこでファレイ数列 $\mathfrak{F}_N$ において大小関係で隣り合う 2 点 $v_1 > v_2$ をとる．まず，この 2 点が辺で結ばれていること，つまり $d(v_1, v_2) = 1$ を示す．

例によって $v_i = \dfrac{a_i}{b_i}$ などと既約分数で表しておく．補題より $v_3 > v_2$ を

$$d(v_3, v_2) = \begin{vmatrix} a_3 & a_2 \\ b_3 & b_2 \end{vmatrix} = 1 \qquad \text{かつ} \qquad \begin{cases} b_2 + b_3 > N \\ 1 \leq b_3 \leq N \end{cases}$$

を満たすようにとることができる．ファレイ数列の元は $[0, 1]$ に含まれているので，$v_3 > 1$ ならば $v_3 > v_1 > v_2$ である．

一方，条件 $1 \leq b_3 \leq N$ より v_3 の分母は N 以下なので，$v_3 \leq 1$ ならば $v_3 \in \mathfrak{F}_N$ であって v_1, v_2 は隣り合っているから $v_3 \geq v_1$ である．もし $v_1 = v_3$ なら $d(v_1, v_2) = d(v_3, v_2) = 1$ で v_1, v_2 は辺で結ばれている．

そこで $v_3 > v_1 > v_2$ の場合を考えればよい．すると

$$v_3 - v_2 = \frac{1}{b_2 b_3}\begin{vmatrix} a_3 & a_2 \\ b_3 & b_2 \end{vmatrix} = \frac{1}{b_2 b_3} \qquad \text{だが，一方，}$$

$$\begin{aligned} v_3 - v_2 = v_3 - v_1 + v_1 - v_2 &= \frac{1}{b_1 b_3}\begin{vmatrix} a_3 & a_1 \\ b_3 & b_1 \end{vmatrix} + \frac{1}{b_1 b_2}\begin{vmatrix} a_1 & a_2 \\ b_1 & b_2 \end{vmatrix} \\ &\geq \frac{1}{b_1 b_3} + \frac{1}{b_1 b_2} \end{aligned}$$

なので，この 2 つの式を比較して

$$\frac{1}{b_2 b_3} \geq \frac{1}{b_1 b_3} + \frac{1}{b_1 b_2} = \frac{b_2 + b_3}{b_1 b_2 b_3}$$

を得る．これより $b_1 \geq b_2 + b_3 > N$ だが，$v_1 \in \mathfrak{F}_N$ だったからこれは矛盾である．つまり $v_3 > v_1 > v_2$ の場合は起こりえない．

少しわかりにくい議論ではあったが，要するに $v_3 = v_1$ となって，v_1, v_2 は辺で結ばれている．

これでファレイ数列の隣接する 2 つの点は辺で結ばれていることがわかったが，$0 = \frac{0}{1}$ と $1 = \frac{1}{1}$ も辺で結ばれているので，結局ファレイ数列 $\mathfrak{F}_N$ は**一つの大きな多角形をなしている**ことがわかった．もちろん隣接している頂点以外にもたくさんの辺が存在する．定理の第 2 の主張は，これらの辺をすべて考えれば，それがファレイ多角形の三角形分割を与えるというものである．

そこで，定理の残りの部分，ファレイ多角形 $\mathfrak{F}_N$ が三角形分割されていることを N に関する帰納法で示そう．$N = 1$ のときは多角形にならず，$N = 2$ のときは明らかなので，$N \geq 3$ として，$N - 1$ までは成り立っているとしよう．このとき $\mathfrak{F}_N \setminus \mathfrak{F}_{N-1}$ に属する 2 数[*3]

$$u_1 = \frac{k_1}{N},\ \ u_2 = \frac{k_2}{N}: \text{既約分数}$$

をとると，

$$d(u_1, u_2) = \left|\det\begin{pmatrix} k_1 & k_2 \\ N & N \end{pmatrix}\right| = N \cdot |k_1 - k_2| \geq 3$$

なので u_1, u_2 は辺で結ばれていない．したがって，前半で示した「ファレイグラフにおいて隣接するものは必ず辺で結ばれている」という事実を考え合わせると，$\mathfrak{F}_{N-1}$ に新しく付け加わった $\mathfrak{F}_N$ の元 u と $\mathfrak{F}_N$ の中で隣接するものは $\mathfrak{F}_{N-1}$ の点しかない．これを

$$v_1 > u > v_2, \qquad u = \frac{c}{N} \in \mathfrak{F}_N \setminus \mathfrak{F}_{N-1}, \quad v_1, v_2 \in \mathfrak{F}_{N-1}$$

と書こう．この 3 点 (v_1, u, v_2) は連続しているから，やはり前半で示したことより，すべて辺で結ばれておりファレイ三角形をなす．すると $d(v_1, u) = d(u, v_2) = 1$ だから

$$\begin{vmatrix} a_1 & c \\ b_1 & N \end{vmatrix} = \begin{vmatrix} c & a_2 \\ N & b_2 \end{vmatrix} = 1, \qquad \therefore \quad \begin{vmatrix} c & a_1 + a_2 \\ N & b_1 + b_2 \end{vmatrix} = 0$$

---

*3 $A \setminus B$ は**差集合**を表す記号で，A の要素のうち B に属さないもの全体を表す．

これより

$$u = \frac{c}{N} = \frac{a_1 + a_2}{b_1 + b_2}$$

である．さらに $d(v_1, u) = 1$ であることから命題 8.6 より，この u の表示は既約分数になっていることがわかる．

次に，この u と $\mathfrak{F}_N$ の他の点との間に辺がないことを示そう．もっとも $\mathfrak{F}_N \setminus \mathfrak{F}_{N-1}$ の点とは辺で結ばれていないので，u と結ばれているのは $\mathfrak{F}_{N-1}$ の点のみである．そこでそれを v_3 と書こう．まず $v_1 > u > v_2 > v_3$ の場合を考える．

$$v_3 = \frac{a_3}{b_3}, \quad u = \frac{a_1 + a_2}{b_1 + b_2}$$

と書いておく．すると

$$d(u, v_3) = \left| \begin{vmatrix} a_1+a_2 & a_3 \\ b_1+b_2 & b_3 \end{vmatrix} \right| = \left| \begin{vmatrix} a_1 & a_3 \\ b_1 & b_3 \end{vmatrix} \right| + \left| \begin{vmatrix} a_2 & a_3 \\ b_2 & b_3 \end{vmatrix} \right| = d(v_1, v_3) + d(v_2, v_3) \geq 2$$

だから (u, v_3) は辺ではない．同様にして $v_3 > v_1 > u > v_2$ の場合も (u, v_3) は辺で結ばれていないことが結論できる．

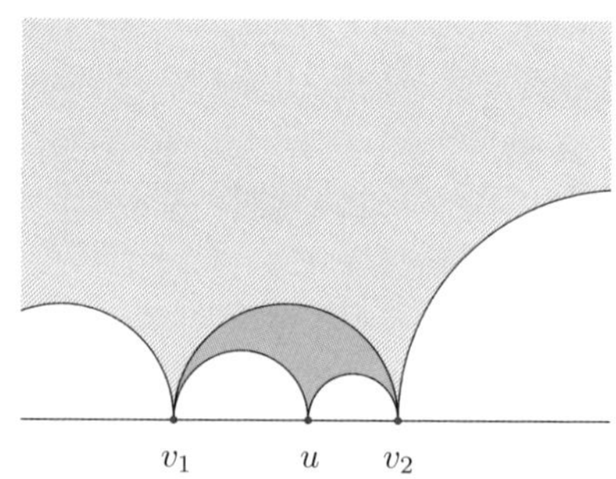

図 8.2 ファレイ多角形に三角形を付け加える

結局，新しく $\mathfrak{F}_{N-1}$ に付け加わった点 u を考えると，(v_1, u, v_2) は $\mathfrak{F}_{N-1}$ の外部にある三角形になっていて，新しい頂点 u は v_1, v_2 以外の点と辺で結ばれていない．したがって（帰納法の仮定から）すでに三角形分割されている $\mathfrak{F}_{N-1}$ の辺 (v_1, v_2) の外部に新しくファレイ三角形 (v_1, u, v_2) が付け加わって，$\mathfrak{F}_N$ は $\mathfrak{F}_{N-1}$ のいくつかの辺にファレイ三角形を付加したグラフになることがわかる（図 8.2 参照）．このことから $\mathfrak{F}_N$ もやはり三角形分割されている． □

$N = 10$ までのファレイ多角形の三角形分割のさまは図 8.1 に示されている．いまや，図の見方をよりよく理解できるだろうと思う．ファレイ多角形の三角形分割がどのようにして成長してゆくか，じっくり見てほしい．

§ 8.3　隣接ファレイ項とファレイグラフの性質

定理 8.9 はファレイ多角形と三角形分割に関する定理だったが，この定理の系としてファレイ多角形に関する非常におもしろい性質をいくつかあげよう．まず，定理 8.9 の中で証明した事実を系の形で述べておこう．

系 8.11　ファレイ数列 $\mathfrak{F}_N$ の隣接する点 $v_1 = \dfrac{a_1}{b_1}$, $v_2 = \dfrac{a_2}{b_2}$ に対して，ファレイ数列の次数を増やし，$\mathfrak{F}_M$ $(M > N)$ において初めてこの間に点 $u = \dfrac{c}{d}$ が付け加わったとすると，$M = b_1 + b_2$ であって

$$u = \frac{c}{d} = \frac{a_1 + a_2}{b_1 + b_2} \qquad (\text{右辺は既約分数}) \tag{8.2}$$

が成り立つ．

この性質とよく似ているが，もっと印象的なのは次の系である．

系 8.12　ファレイ数列 $\mathfrak{F}_N$ の連続して隣接する 3 点

$$v_1 = \frac{a_1}{b_1} > v_2 = \frac{a_2}{b_2} > v_3 = \frac{a_3}{b_3}$$

に対して，

$$v_2 = \frac{a_2}{b_2} = \frac{a_1 + a_3}{b_1 + b_3} \tag{8.3}$$

が成り立つ．ただし右辺は既約分数とは**限らない**．

[証明]　定理 8.9 より (v_1, v_2) および (v_2, v_3) は辺になっているから，

$$d(v_1, v_2) = \begin{vmatrix} a_1 & a_2 \\ b_1 & b_2 \end{vmatrix} = 1, \qquad d(v_2, v_3) = \begin{vmatrix} a_2 & a_3 \\ b_2 & b_3 \end{vmatrix} = 1$$

が成り立つ．したがって

$$0 = \begin{vmatrix} a_1 & a_2 \\ b_1 & b_2 \end{vmatrix} - \begin{vmatrix} a_2 & a_3 \\ b_2 & b_3 \end{vmatrix} = \begin{vmatrix} a_1 & a_2 \\ b_1 & b_2 \end{vmatrix} + \begin{vmatrix} a_3 & a_2 \\ b_3 & b_2 \end{vmatrix} = \begin{vmatrix} a_1 + a_3 & a_2 \\ b_1 + b_3 & b_2 \end{vmatrix}$$

となって，これは式 (8.3) を意味している． □

読者は $N = 1, 2, \ldots, 6$ の場合にこの関係式が成り立っていることを実際に確かめてみてほしい．地質学者であった J. ファレイが 1816 年に問題提起したのがこの性質であった[*4]．

もう一つ，すでに予告した，ファレイ距離のとてもおもしろい性質を述べておこう．ファレイ数列に辺を描き加えるとき，多角形のファレイ辺，つまり中心が x 軸上にある半円たちは決してお互いに交わることはない．これを証明しておこう．

$\mathfrak{F}_\infty$ は $[0, 1]$ 区間上のすべての有理数に対して，距離が 1 の点の組に辺を付け加えたものであった．まずはこのグラフ $\mathfrak{F}_\infty$ の辺が交わらないことに注意しよう．

補題 8.13　ファレイグラフ $\mathfrak{F}_\infty$ の 2 つの辺は互いに交わらない（共有するのは端点のみである）．

［証明］　2 つの辺の 4 つの端点をすべて考え，その分母のうち最大のものを N とすれば，これらの点はすべて $\mathfrak{F}_N$ に含まれている．しかし $\mathfrak{F}_N$ の辺は $\mathfrak{F}_N$ を三角形分割するだけで互いに交わることはない． □

この結果をすべての有理数に拡張して考えるためには次の 2 つの補題に注意すればよい．

補題 8.14　任意の有理数 $v_1 > v_2 \in \mathbb{Q}$ と整数 $m \in \mathbb{Z}$ に対して

$$d(v_1 - m, v_2 - m) = d(v_1, v_2)$$

が成り立つ．つまりファレイ距離は整数だけ平行移動しても変わらない．

[*4] このファレイ数列の性質はファレイ以前，1802 年に Haros が気づいていたらしいが，ファレイほど明確には述べられていなかった（[7, p.66] 参照）．

［証明］　例によって $v = a/b$ と既約分数で書いておくと，

$$v - m = \frac{a}{b} - m = \frac{a - mb}{b}$$

となって，これはやはり既約分数である．したがって

$$d(v_1 - m, v_2 - m) = \begin{vmatrix} a_1 - mb_1 & a_2 - mb_2 \\ b_1 & b_2 \end{vmatrix} = \begin{vmatrix} a_1 & a_2 \\ b_1 & b_2 \end{vmatrix} = d(v_1, v_2)$$

である．□

補題 8.15　2 つの有理数 $v_1 > v_2$ に対して，$v_1 > m > v_2$ となるような整数 $m \in \mathbb{Z}$ が存在すれば $d(v_1, v_2) \geq 2$ であって，この 2 点は辺で結ばれることはない．

実は $m \in \mathbb{Z}$ は ∞ と辺で結ばれているが，それは m を通り y 軸と平行な線分とみなされる．上の補題は要するにこの (m, ∞) が他の辺とは交わらないことを主張しているのである．

［証明］　補題 8.14 によって $d(v_1, v_2) = d(v_1 - m, v_2 - m)$ なので，$v_1 > 0 > v_2$ のときに $d(v_1, v_2) \geq 2$ を示せばよい．$v_2 = a_2/b_2$ と書いたとき，$a_2 < 0$ であることに注意しよう．すると

$$d(v_1, v_2) = a_1 b_2 - a_2 b_1 = a_1 b_2 + (-a_2) b_1$$

で右辺の 2 項はどちらも ≥ 1 であるから，$d(v_1, v_2) \geq 2$ である．□

定理 8.16　有理数全体 $\mathbb{Q}$ にファレイ距離を入れ，距離が 1 の点同士を辺（x 軸上に中心をもつ半円）で結んでできるファレイグラフの辺同士は交わることがない（共有点は端点のみである）．

［証明］　ファレイグラフは整数による平行移動で不変（補題 8.14）であって，しかも整数点を超えて辺で結ばれることはない（補題 8.15）から，結局 $\mathbb{Q}$ 全体のファレイグラフは $[0, 1]$ 区間上の $\mathfrak{F}_\infty$ を平行移動で繰り返して得られる．$\mathfrak{F}_\infty$ の辺が交わることがないことは示したから，以上から定理の主張が得られる．□

§8.4 有理射影直線と一次分数変換

いままではほとんどの場合にファレイグラフ $\mathfrak{F}_N$ だけを扱ってきたが，ファレイ多角形は頂点が有理数の点で，それらが辺で結ばれているようなものならなんでもよいのであった．このような一般的な多角形を扱うにはその“標準形”を使うのが便利である．そのようなファレイ多角形の標準形を導くために一次分数変換（射影変換）を考えることにしよう．

分数というのは整数の比のことであるが，このような比を考えることはさまざまな局面で役に立つ．そこで2つの有理数 $a, b \in \mathbb{Q}$ の組の全体を考え，この有理数の組の比が同じときに組そのものが同じであると考えることにしよう．つまり

$$[a, b] = [c, d] \overset{\text{def}}{\iff} (c, d) = k(a, b) \text{ となる } k \in \mathbb{Q},\ k \neq 0 \text{ が存在する} \tag{8.4}$$

と決める．この記号 $[a, b]$ は単に (a, b) の組を表すわけではなく，比が同じ組はすべて等しいとみなすという意味で使われていることに注意しよう．たとえば，

$$[2, 3] = [4, 6] = [-2, -3], \quad [0, 3] = [0, 6] = [0, 1],$$
$$\left[\frac{3}{2}, \frac{5}{3}\right] = \left[3, \frac{10}{3}\right] = [9, 10], \quad \left[\frac{5}{2}, \frac{-3}{7}\right] = \left[\frac{-5}{2}, \frac{3}{7}\right] = [-35, 6]$$

のように一見まったく異なるものも“同じ”とみなすのである．このような“比”を表す組 $[a, b]$ をすべて集めたものを射影直線と呼ぶ．

定義 8.17（射影直線） $\mathbb{P}^1(\mathbb{Q}) = \mathbb{P}(\mathbb{Q}^2) = \{[a, b] \mid (a, b) \neq (0, 0)\}$ とおいてこれを**有理射影直線**と呼ぶ．

ここでわざわざ“有理”と断った理由は，有理数の代わりに実数 $\mathbb{R}$ を考えたり，あるいは複素数 $\mathbb{C}$ を考えたりできるからである．そのようなときは実射影直線とか複素射影直線と呼んだりする．

演習 8.18 $(a, b), (c, d)$ は $(0, 0)$ ではないとする．このとき $[a, b] = [c, d]$ は次にあげる条件 (1)–(3) すべてと，それぞれ同値であることを示せ．

(1) $\begin{vmatrix} a & c \\ b & d \end{vmatrix} = 0$

(2) (a,b) と (c,d) を結ぶ直線が原点を通る．つまり (a,b) と (c,d) は原点を通る同一直線上にある．

(3) $\dfrac{a}{b} = \dfrac{c}{d}$ $(b, d \neq 0)$ または $\dfrac{b}{a} = \dfrac{d}{c}$ $(a, c \neq 0)$ が成り立つ．

なぜ射影直線と呼ばれるのか説明しておこう．

上の演習問題からもわかるように，$[a,b]$ と等しい $[c,d]$ は要するに xy 平面内で原点と点 (a,b) を通る直線上にある．つまり $[a,b]$ はそのような直線を表している（ただし傾きは有理数である）と考えられる．だから

$$\mathbb{P}(\mathbb{Q}^2) = \{L \subset \mathbb{Q}^2 \mid L \text{ は原点を通る } \mathbb{Q}^2 \text{ 内の直線 }\}$$

である．この“直線” L には有理数の座標しか現れないことに注意せよ[*5]．

演習 8.19　任意の $[a,b] \in \mathbb{P}^1(\mathbb{Q})$ に対して，$[a,b] = [p,q]$ となるような整数 $p, q \in \mathbb{Z}$ が存在することを示せ．この意味で $\mathbb{P}(\mathbb{Q}^2) = \mathbb{P}(\mathbb{Z}^2)$ であると言うことができる．ここで $\mathbb{P}(\mathbb{Z}^2)$ は“$\mathbb{Z}^2$ 内の原点を通る直線の集合”という意味だが，この“直線”は座標が整数の点だけを含んでいる !!

ああ，それで射影“直線”と呼ぶのか，と早合点しないでほしい．そうではなく，まだ話には続きがある．

1 本の直線を一つの点とみなすのは高度な抽象化の作業だが，それを簡明にする方法がある．次の図 8.3 を見てほしい．x 軸に平行な直線 $y=1$ を考え，それを U と書こう．

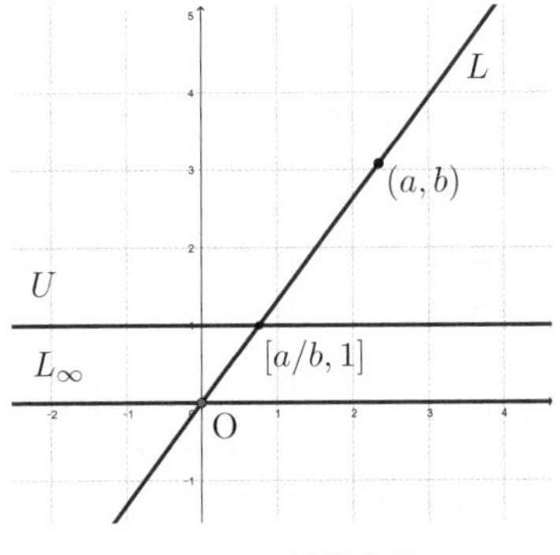

図 8.3　射影直線

[*5] したがって通常の $\mathbb{R}^2$ の直線とは少し趣が異なっている．

そうすると原点を通る直線 L と U はただ 1 点で交わる…と言いたいところだが，1 本だけ例外があり，x 軸のみは U と交わらない．この x 軸を L_∞ と書くことにしよう．$L \neq L_\infty$ なら $L \cap U$ はただ 1 点からなる．これを式で書くと $b \neq 0$ のとき

$$(a, b) = b(a/b, 1) \quad \text{だから} \quad [a, b] = [a/b, 1]$$

この $(a/b, 1)$ が L と U との交点の座標である．$b = 0$ なら $(a, 0)$ は x 軸上の点であり，U とは交わらない．

傾きが正の直線 L をとって，その傾きを時計回りに小さくしていくと L_∞（x 軸）に近づいてゆくが，U 上の点は正の方向にどんどん逃げてゆき，やがて消えてなくなる（U との交点がなくなる）．“消える”瞬間を確認はできないが，何しろ消える．一方，傾きが負の直線をとり，傾きを反時計回りにどんどん大きく[*6]してゆくとやはり L_∞ に近づく．今度は U との交点は左側の $-\infty$ の方向にどんどん逃げてゆき，最後は消えてなくなる．U 上の点は右に行っても左に行っても無限大の極限ではどちらも L_∞ に近づく．

まとめると，L_∞ 以外の直線 L は U 上の点と一対一に対応し $\mathbb{Q}$ と同一視できる．U 上を ∞ に発散しても $-\infty$ に発散しても，結果は L_∞ との（仮想的な）“交点”とみなすことができ，象徴的に

$$\mathbb{P}(\mathbb{Q}^2) = \mathbb{Q} \cup \{\infty\}$$

と書くことができる．つまり $\mathbb{P}(\mathbb{Q}^2)$ は通常の数直線上の有理数 $\mathbb{Q}$ に無限遠点 ∞ を付け加えたものであると言うことができる．要するに，直線に無限遠の毛が生えたようなものである．この意味で「射影直線」と呼ばれるのである[*7]．「射影」についてはもうおわかりだろうと思うが，U をスクリーンと思うと，原点を視点とする透視（射影）を行ったとき，(a, b) の U 上の影が $(a/b, 1)$ となることによる（図 8.3 参照）．

このように射影直線を考えることのメリットは，ベクトル空間 $\mathbb{Q}^2$ が使えることにある．$\mathbb{Q}^2$ の元を通常のようにタテベクトルで書いておくと 2 次正方行列を

[*6] 少し違和感があるが，負の傾きは大きくなるとゼロに近づく，つまり x 軸に近づく．

[*7] 点の集まりと考えるだけでなく，さらに言えば“一次元射影多様体”というものになっているのだが，それは気にしないでおく．

掛け算することができる．

$$g = \begin{pmatrix} a & b \\ c & d \end{pmatrix},\ \ v = \begin{pmatrix} p \\ q \end{pmatrix} \quad \text{に対して} \quad gv = \begin{pmatrix} a & b \\ c & d \end{pmatrix}\begin{pmatrix} p \\ q \end{pmatrix} = \begin{pmatrix} ap+bq \\ cp+dq \end{pmatrix}$$

これを行列 g による**一次変換**と呼ぶ．ただし gv がゼロベクトルになってしまっては困るので，g は正則行列とし，有理数の範囲で考えるためにその成分 a, b, c, d はすべて有理数とする．このような行列全体は群をなし，

$$\mathrm{GL}_2(\mathbb{Q}) = \left\{ g = \begin{pmatrix} a & b \\ c & d \end{pmatrix} \,\middle|\, \det g \neq 0, a, b, c, d \in \mathbb{Q} \right\}$$

と書いて 2 次の**一般線型群**と呼ぶ．この中で，行列式が 1 のものだけを集めてもまた群になるので，これを**特殊線型群**と呼び，

$$\mathrm{SL}_2(\mathbb{Q}) = \{ g \in \mathrm{GL}_2(\mathbb{Q}) \mid \det g = 1 \}$$

で表す．我々は整数も扱いたいので，さらに成分が整数のものばかりからなる部分群も用意して，それを

$$\mathrm{SL}_2(\mathbb{Z}) = \left\{ g = \begin{pmatrix} a & b \\ c & d \end{pmatrix} \,\middle|\, \det g = 1,\ a, b, c, d \in \mathbb{Z} \right\}$$

で表そう．こちらは記号だけだが，すでに登場していた．

$\det \begin{pmatrix} a & b \\ c & d \end{pmatrix} = ad - bc = 1$ はユニモジュラ規則そのものなので，これを SL_2 規則，ユニモジュラ・フリーズを SL_2フリーズなどと呼ぶこともある．

ベクトル $v = \begin{pmatrix} p \\ q \end{pmatrix}$ はタテ書きしたが $[v] = [p, q] \in \mathbb{P}(\mathbb{Q}^2)$ を意味することにしよう．すると $[v] = [p/q, 1]$ であり，また

$$[gv] = [ap+bq, cp+dq] = \left[\frac{ap+bq}{cp+dq}, 1 \right]$$

でもある．別の $v' = \begin{pmatrix} p' \\ q' \end{pmatrix}$ をとっても，射影的に等しければ，つまり $[p, q] = [p', q']$ ならば $[gv] = [gv']$ である．というのも

$$[p, q] = [p', q'] \iff (p, q) = k(p', q')\ \ (k \neq 0) \iff v = kv'\ \ (k \neq 0)$$

だが，$gv = g(kv') = kgv'$ なので $[gv] = [gv']$ が成り立つから．したがって $[gv]$ は射影直線上の点として v の取り方によらずに $[v]$ に対して定まる．

一方 $\mathbb{P}(\mathbb{Q}^2) = \mathbb{Q} \cup \{\infty\}$ であったが，このうち $\mathbb{Q}$ だけで見れば

$$g \cdot \frac{p}{q} = \begin{pmatrix} a & b \\ c & d \end{pmatrix} \cdot \frac{p}{q} = \frac{ap+bq}{cp+dq}$$

となっていると思うことができる．これを g による $\mathbb{Q}$ 上の**一次分数変換**と言う．一次変換はベクトルの変換で，その比をとって有理数にしてしまったものが一次分数変換である．

我々がとくに注目したいのは，整数を成分にもつ $\mathrm{SL}_2(\mathbb{Z})$ の元による一次分数変換である．

補題 8.20 $g = \begin{pmatrix} a & b \\ c & d \end{pmatrix} \in \mathrm{SL}_2(\mathbb{Z})$ と表す．このとき次が成り立つ．

(1) $\dfrac{p}{q}$ が既約分数ならば $g \cdot \dfrac{p}{q} = \dfrac{ap+bq}{cp+dq}$ も既約分数である．

(2) 任意の $v_1, v_2 \in \mathbb{P}(\mathbb{Q}^2)$ に対して $g \cdot v_1 = v_2$ となるような $g \in \mathrm{SL}_2(\mathbb{Z})$ が存在する．とくに，任意の $v_1 \in \mathbb{P}(\mathbb{Q}^2)$ に対して $g \cdot v_1 = 1$（または 0）となるような $g \in \mathrm{SL}_2(\mathbb{Z})$ が存在する．

(3) 任意の 4 点 $v_1, v_2, v_3, v_4 \in \mathbb{P}(\mathbb{Q}^2)$ に対して，(v_1, v_2) および (v_3, v_4) がファレイグラフの辺である，つまりファレイ距離が $d(v_1, v_2) = d(v_3, v_4) = 1$ であれば，$g \cdot v_1 = v_3$ かつ $g \cdot v_2 = v_4$ となるような g が存在する．

少々記号が多くなってしまったが，補題の (2) は任意の 2 つの有理数は一次分数変換で写り合うということ，とくに任意の有理数は 1 に写すことができる，ということを主張している．ここに無限遠点を含めてもよい．また補題の (3) は辺で結ばれている 2 組の頂点は一次分数変換で互いに写り合うことを示している．$(1,0), (\infty,0), (\infty,1)$ などのファレイ距離はすべて 1 で辺で結ばれているから，$d(v_1, v_2) = 1$ となっているような (v_1, v_2) はこれら任意の組に $\mathrm{SL}_2(\mathbb{Z})$ による一次分数変換で写すことができる．このことを指して“(v_1, v_2) を標準化して考える”というのである．

［証明］　以下，証明は無限遠点 $\infty = [1,0]$ の場合でも通用するように行うが，読者は射影直線 $\mathbb{P}(\mathbb{Q}^2)$ の元が $[p,q]$ $(q \neq 0)$，つまり無限遠点ではなく，比 p/q が有理数の場合を想定して読んでいただくとよいと思う．

(1) 補題 8.7 によって $\dfrac{p}{q}$ が既約分数であることと，ある整数 r, s が存在して $\begin{pmatrix} p & r \\ q & s \end{pmatrix} \in \mathrm{SL}_2(\mathbb{Z})$ となることは同値だった．この行列を h と書こう．h の第 1 列のベクトルを $\boldsymbol{v} = \begin{pmatrix} p \\ q \end{pmatrix}$，第 2 列を $\boldsymbol{u} = \begin{pmatrix} r \\ s \end{pmatrix}$ と書けば，

$$gh = g(\boldsymbol{v}, \boldsymbol{u}) = (g\boldsymbol{v}, g\boldsymbol{u}) = \begin{pmatrix} ap+bq & ar+bs \\ cp+dq & cr+ds \end{pmatrix}$$

ここで $\det gh = \det g \, \det h = 1$ なので右辺の行列は $\mathrm{SL}_2(\mathbb{Z})$ に属する．ふたたび補題 8.7 によって $\dfrac{ap+bq}{cp+dq}$ は既約分数である．

この証明は無限遠点 $[p,q] = [1,0]$ の場合でも通用することに注意しておく．このときは単に，a/c が既約分数であることを主張しているにすぎない．

(2) 主張とは逆の順序になるが，まず v_1 を一次分数変換で 1 に写すことを考えよう．そこで $v_1 = p/q$ と既約分数の形に書いておく．いつものように $q > 0$ とする．すると補題 8.7 によって $h = \begin{pmatrix} p & r \\ q & s \end{pmatrix} \in \mathrm{SL}_2(\mathbb{Z})$ となるように $r, s \in \mathbb{Z}$ がとれる．また $u = \begin{pmatrix} 1 & 0 \\ 1 & 1 \end{pmatrix} \in \mathrm{SL}_2(\mathbb{Z})$ とおく．このとき，逆行列 h^{-1} を用いて $g = uh^{-1} \in \mathrm{SL}_2(\mathbb{Z})$ とおくと $gh = u$ となるから，

$$\begin{pmatrix} 1 & 0 \\ 1 & 1 \end{pmatrix} = u = gh = \left(g\begin{pmatrix} p \\ q \end{pmatrix}, g\begin{pmatrix} r \\ s \end{pmatrix} \right)$$

が成り立つ．つまり

$$g\begin{pmatrix} p \\ q \end{pmatrix} = \begin{pmatrix} 1 \\ 1 \end{pmatrix}, \qquad \text{したがって} \qquad g \cdot \frac{p}{q} = 1$$

であって，この g が求める行列である．

次に v_1, v_2 に対して，$g_1 \cdot v_1 = 1$，$g_2 \cdot v_2 = 1$ となるような $g_1, g_2 \in \mathrm{SL}_2(\mathbb{Z})$ を選んでおく．すると

$$g_1 \cdot v_1 = g_2 \cdot v_2, \quad \therefore \ (g_2^{-1} g_1) \cdot v_1 = v_2$$

だから，行列 $g_2^{-1}g_1$ による一次分数変換で v_1 を v_2 に写すことができる．

(3) $v_i = a_i/b_i$ $(i = 1, 2, 3, 4)$ と既約分数で書いておく．例によって $b_i \geq 0$ としておく．$d(v_1, v_2) = d(v_3, v_4) = 1$ なので順序を入れ替えれば

$$g_1 = \begin{pmatrix} a_1 & a_2 \\ b_1 & b_2 \end{pmatrix}, \ g_2 = \begin{pmatrix} a_3 & a_4 \\ b_3 & b_4 \end{pmatrix} \in \mathrm{SL}_2(\mathbb{Z})$$

である．そこで $g = g_2 g_1^{-1} \in \mathrm{SL}_2(\mathbb{Z})$ とおけば，

$$g\begin{pmatrix} a_1 & a_2 \\ b_1 & b_2 \end{pmatrix} = g_2 g_1^{-1} g_1 = g_2 = \begin{pmatrix} a_3 & a_4 \\ b_3 & b_4 \end{pmatrix}$$

なので $g \cdot v_1 = v_3$，$g \cdot v_2 = v_4$ がわかる．

順序の入れ替えは，

$$g = g_1 \begin{pmatrix} 0 & -1 \\ 1 & 0 \end{pmatrix} g_1^{-1} \in \mathrm{SL}_2(\mathbb{Z})$$

とおくと

$$g\begin{pmatrix} a_1 & a_2 \\ b_1 & b_2 \end{pmatrix} = g_1 \begin{pmatrix} 0 & -1 \\ 1 & 0 \end{pmatrix} g_1^{-1} g_1 = \begin{pmatrix} a_1 & a_2 \\ b_1 & b_2 \end{pmatrix}\begin{pmatrix} 0 & -1 \\ 1 & 0 \end{pmatrix} = \begin{pmatrix} a_2 & -a_1 \\ b_2 & -b_1 \end{pmatrix}$$

となって，$(-a_1)/(-b_1) = a_1/b_1 = v_1$ を考え合わせると，g によって v_1, v_2 は v_2, v_1 と入れ替わることがわかる．□

このように，射影直線上の点は一次分数変換で自在に写り合う．しかし，ファレイ多角形を考えるとき「一次分数変換で写す」というだけでは標準化のありがたみはあまりない．次のファレイ距離に関する一次分数変換の性質が本質的である．

定理 8.21　$\mathrm{SL}_2(\mathbb{Z})$ の元による一次分数変換はファレイ距離を変えない．つまり $g \in \mathrm{SL}_2(\mathbb{Z})$ ならば $d(g \cdot v_1, g \cdot v_2) = d(v_1, v_2)$ が成り立つ．

［証明］　例によって $v_i = a_i/b_i$ $(i = 1, 2)$ と既約分数で書いておく．すると

$$d(g \cdot v_1, g \cdot v_2) = \left|\det\left(g\begin{pmatrix} a_1 \\ b_1 \end{pmatrix}, g\begin{pmatrix} a_2 \\ b_2 \end{pmatrix}\right)\right| = \left|\det\left(g\begin{pmatrix} a_1 & a_2 \\ b_1 & b_2 \end{pmatrix}\right)\right|$$

$$= \left|\det g \det\begin{pmatrix} a_1 & a_2 \\ b_1 & b_2 \end{pmatrix}\right| = \left|\det\begin{pmatrix} a_1 & a_2 \\ b_1 & b_2 \end{pmatrix}\right| = d(v_1, v_2)$$

となる． □

つまり行列式が 1 であるような整数係数の一次分数変換でファレイ距離は変化しない．少し難しくなるが，この事実を

「$\mathrm{SL}_2(\mathbb{Z})$ は $\mathbb{P}^1(\mathbb{Q})$ 上のファレイ距離に関する等長変換群である」

と述べることができる*8．小難しそうには見えるが，非常に簡潔に書けていることに注意してほしい．いままで散々苦労して記号で表し，証明してきたことが嘘のようである．数学ではこのように結果を短く，的確なコンセプトの下にまとめて言い表すことがとても大切である．

一般に一次分数変換は有理数の順序を保存しないが，次のような場合には順序も変えない．

補題 8.22　$g = \begin{pmatrix} a & b \\ c & d \end{pmatrix} \in \mathrm{SL}_2(\mathbb{Z})$ であって，さらに $c, d > 0$ であるとき，$v_1, v_2 \in \mathbb{Q}$ に対して $v_1 > v_2 > 0$ ならば $g \cdot v_1 > g \cdot v_2$ である．

［証明］　例によって $v_i = p_i/q_i$ $(i = 1, 2)$ と既約分数で書いておく．このとき分母が $q_i > 0$ と正ならば，

$$v_1 > v_2 \iff \begin{vmatrix} p_1 & p_2 \\ q_1 & q_2 \end{vmatrix} > 0$$

である．これは実際に $v_1 - v_2$ を計算してみればわかる（式 (8.1) 参照）．ところが，仮定より $p_1, q_1 > 0$ かつ $c, d > 0$ なので

$$g \cdot v_1 = \frac{ap_1 + bq_1}{cp_1 + dq_1}$$

*8 エキスパート向けに言うと，この等長変換群の作用は忠実ではなく，$\pm\mathbf{1}_2$ が作用の核である．したがって $\mathrm{PSL}_2(\mathbb{Z}) = \mathrm{SL}_2(\mathbb{Z})/\{\pm\mathbf{1}_2\}$ を考えるのがよく，この $\mathrm{PSL}_2(\mathbb{Z})$ は 2 点推移的な等長変換群として $\mathbb{P}^1(\mathbb{Q})$ に作用している．

の分母は正である．同様にして v_2 の分母も正であるが，$\boldsymbol{v}_i = \begin{pmatrix} p_i \\ q_i \end{pmatrix}$ と書いておくと，$v_1 > v_2$ だから

$$\det(g\boldsymbol{v}_1, g\boldsymbol{v}_2) = \det\bigl(g\,(\boldsymbol{v}_1, \boldsymbol{v}_2)\bigr) = \det(\boldsymbol{v}_1, \boldsymbol{v}_2) > 0$$

が成り立ち，$g \cdot v_i$ の分母は正だからこれは $g \cdot v_1 > g \cdot v_2$ を意味している． □

§8.5　ファレイ多角形と奇蹄列

一般のファレイ n 角形を考えよう．つまり頂点が n 個あって，それぞれが辺で結ばれているものである．頂点を

$$\infty \geq v_0 > v_1 > \cdots > v_{n-1}$$

と書いておく．∞ は $[1,0]$ と思うと正の無限大だが $[-1,0]$ と思うと負の無限大になるので順序はつけがたい．しかし，この節では便宜的に正の無限大だと思って順序をつけることにしよう．この多角形の頂点 v_0 は無限大でも構わない．これらの頂点が辺で結ばれているので

$$d(v_i, v_{i+1}) = 1 \ \ (0 \leq i \leq n-1) \quad (v_n = v_0 \text{ とする})$$

が成り立っている．図で描くと図 8.4 のようになっている．

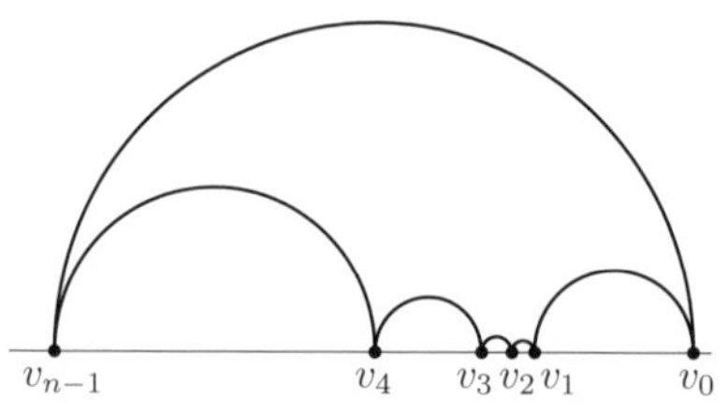

図 8.4　ファレイ n 角形

この多角形にすべてのファレイ辺を書き込むとどうなるか？　実はそのように辺をすべて書き込むとこの多角形は自動的に三角形分割され，その三角形分割から奇蹄列が得られるのである．それをまず証明しよう．

定理 8.23　任意のファレイ多角形は，あるファレイ数列 $\mathfrak{F}_N$ の部分グラフとして $\mathrm{SL}_2(\mathbb{Z})$ による一次分数変換を用いて埋め込むことができる．とくにファレイ多角形は自然に三角形分割され，奇蹄列が対応する．ただし奇蹄列は巡回的に入れ替えたものはすべて同じとみなす．

$\mathrm{SL}_2(\mathbb{Z})$ による一次分数変換は等長変換だったから，一次分数変換で写した多角形はもとの多角形と“同じ形”であることに注意しよう．要するに，定理は，どんなファレイ多角形をとってきてもそれは必ずファレイ数列 $\mathfrak{F}_N$ の中で実現できる，と言っているのである．まるでお釈迦さまの掌から跳び出すことのできない孫悟空のようなものだ ([55])．この定理を次の順序で示そう．

[証明の戦略]

(1) まず頂点を一次分数変換によって

$$v_0 = \infty > v_1 > \cdots > v_{n-2} > v_{n-1} = 0$$

と変換できることを示す．このように $v_0 = \infty, v_{n-1} = 0$ となっているような多角形を**正規化された**ファレイ多角形と呼ぶ．頂点集合を $v = (v_0, v_1, \ldots, v_{n-1})$ とおくとき，ファレイ多角形は $\mathfrak{F}(v)$ と書くのだった．

(2) 次にこれをさらに一次分数変換によって

$$v_0 = 1 > v_1 > \cdots > v_{n-2} > v_{n-1} = 0$$

と変換する．このように変換できると v_i の分母のうち最大のものを N とおくことによって，多角形 $\mathfrak{F}(v)$ をファレイ数列 $\mathfrak{F}_N$ に埋め込むことができる．

ではまず戦略の (1) を示そう．いつものように $v_i = p_i/q_i$ $(0 \leq i < n)$ と既約分数の形に書いておき，分母は $q_i > 0$ とする．また，対応するベクトルを $\boldsymbol{v}_i = \begin{pmatrix} p_i \\ q_i \end{pmatrix}$ と太文字で表すことにしよう．いささか天下り的ではあるが

$$g = (\boldsymbol{v}_0, \boldsymbol{v}_{n-1})^{-1} = \begin{pmatrix} p_0 & p_{n-1} \\ q_0 & q_{n-1} \end{pmatrix}^{-1} = \begin{pmatrix} q_{n-1} & -p_{n-1} \\ -q_0 & p_0 \end{pmatrix} \in \mathrm{SL}_2(\mathbb{Z})$$

とおく．この式にあるようにベクトルを 2 つ並べて行列を表すことは以下頻繁に行われる．この記法は場所を節約するとともに非常に便利である．ぜひ慣れてほしい．

このとき一次分数変換は

$$g \cdot v_i = \frac{q_{n-1}p_i - p_{n-1}q_i}{-q_0p_i + p_0q_i} = \frac{\det(\boldsymbol{v}_i, \boldsymbol{v}_{n-1})}{\det(\boldsymbol{v}_0, \boldsymbol{v}_i)} \tag{8.5}$$

で与えられるが，分母が正なので $v_i > v_{n-1}$ から $\det(\boldsymbol{v}_i, \boldsymbol{v}_{n-1}) > 0$ がわかる．同様にして $v_0 > v_i$ から $\det(\boldsymbol{v}_0, \boldsymbol{v}_i) > 0$ である．これより $g \cdot v_i > 0$ であって，式 (8.5) は $g \cdot v_i$ の分母が正の既約分数表示である．

仮定から $v_i > v_{i+1}$ であって，分母が正だから $\det(\boldsymbol{v}_i, \boldsymbol{v}_{i+1}) = 1$ だが，これより

$$\det(g\boldsymbol{v}_i, g\boldsymbol{v}_{i+1}) = \det g \ \det(\boldsymbol{v}_i, \boldsymbol{v}_{i+1}) = 1$$

が成り立つ．ふたたび $g \cdot v_i$ の既約分数表示 (8.5) の分母が正であるから $g \cdot v_i > g \cdot v_{i+1}$ である．

そこで $v'_i = g \cdot v_i$ とおくと，$v'_0 > v'_1 > \cdots > v'_{n-1}$ はまたファレイ多角形をなすが，g の取り方から，

$$g\boldsymbol{v_0} = \begin{pmatrix} 1 \\ 0 \end{pmatrix}, \qquad g\boldsymbol{v_{n-1}} = \begin{pmatrix} 0 \\ 1 \end{pmatrix}$$

なので

$$v'_0 = g \cdot v_0 = \infty, \qquad v'_{n-1} = g \cdot v_{n-1} = 0$$

である．これで戦略の (1) が示せた．つまりファレイ多角形は $\mathrm{SL}_2(\mathbb{Z})$ の一次分数変換によっていつも正規化できる．

次に戦略の (2) を示そう．すでに示した戦略 (1) より最初から $v_0 = \infty$, $v_{n-1} = 0$ としてよい．また v_i たちの分数表示も戦略 (1) のように書いておく．このとき $g = \begin{pmatrix} 1 & 0 \\ 1 & 1 \end{pmatrix}$ で一次分数変換を行う．すると $v_0 = \infty = [1, 0]$ に対応するベクトルは $\begin{pmatrix} 1 \\ 0 \end{pmatrix}$ だから，

$$g\begin{pmatrix} 1 \\ 0 \end{pmatrix} = \begin{pmatrix} 1 \\ 1 \end{pmatrix}, \qquad \therefore \ g \cdot \infty = 1$$

がわかる．同様にして $g \cdot 0 = 0$ である．そこで $v_i' = g \cdot v_i$ とおくと，戦略 (1) とまったく同様にして $v_0' = 1 > v_1' > \cdots > v_{n-1}' = 0$ はまたファレイ多角形をなすことがわかる．これが戦略 (2) で示したいことであった． □

定理より，任意のファレイ多角形 $\mathfrak{F}(v)$ はすべてのファレイ辺を書き込むと自然に三角形分割されている．

定義 8.24　ファレイ多角形 $\mathfrak{F}(v)$ は自然に三角形分割されているので，その三角形分割の奇蹄列を**ファレイ多角形の奇蹄列**と呼ぶ．ファレイ多角形の奇蹄列は，巡回的な置換を除いて多角形 $\mathfrak{F}(v)$ からただ一つに定まる．

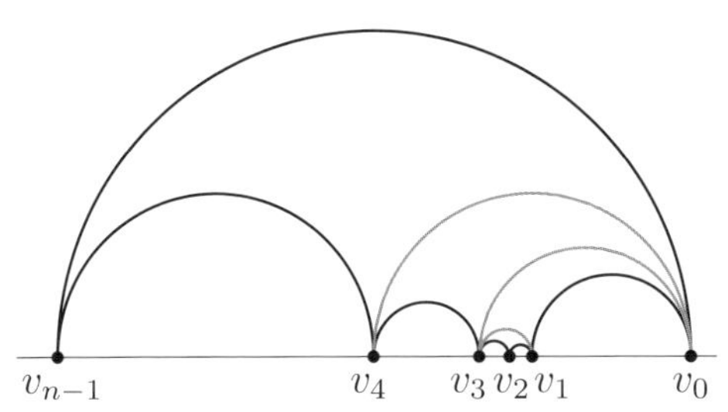

図 8.5　ファレイ多角形（図 8.4）の三角形分割

ん？　ちょっと待て，通常の 7 角形には奇蹄列は複数種類存在するが，いったいどの奇蹄列がファレイ多角形の奇蹄列に現れるのだろう？　これは自然に起こってくる疑問であろうと思う．

この問いに答えるにはフリーズを考えるのがよい．フリーズの話をしよう．

第9章 ファレイ多角形とフリーズ

ファレイ数列は堪能していただけただろうか．単なる数の並びだと思っていたものが深い性質をもっていて，ついには多角形の三角形分割にまで到達するのは思いもかけないことであった．

もちろん三角形分割が登場したら，フリーズの出番である．この章では，ファレイ多角形の三角形分割に付随する奇蹄列によって生成されるフリーズを考え，そのフリーズがもとのファレイ数列とどう結びついているのかを明らかにしよう．その過程で，フリーズ成分の行列式表示や第1対角線によるフリーズの生成などの公式群が得られる．

§ 9.1　フリーズの隣接項

例として次のようなフリーズを考えよう．

0 0 0 0 0 0 0 0 0 0 0 0 0 0 0 0 0 0 0 0
1 1 1 1 1 1 1 1 1 1 1 1 1 1 1 1 1 1 1 1
2 2 3 1 2 4 1 2 2 3 1 2 4 1 2 2 3 1 2 4
3 5 2 1 7 3 1 3 5 2 1 7 3 1 3 5 2 1 7 3
7 3 1 3 5 2 1 7 3 1 3 5 2 1 7 3 1 3 5 2
4 1 2 2 3 1 2 4 1 2 2 3 1 2 4 1 2 2 3 1
1 1 1 1 1 1 1 1 1 1 1 1 1 1 1 1 1 1 1 1
0 0 0 0 0 0 0 0 0 0 0 0 0 0 0 0 0 0 0 0

この第1対角線を f_i，第2対角線を g_i と書いて，この2つをペアにして分数 g_i/f_{i+1} を並べてみる．

$$v_0 = 0 = \frac{0}{1},\ \ v_1 = \frac{1}{2},\ \ v_2 = \frac{2}{3},\ \ v_3 = \frac{5}{7},$$
$$v_4 = \frac{3}{4},\ \ v_5 = \frac{1}{1} = 1,\ \ v_6 = \frac{1}{0} = \infty$$

おやおや．これはファレイ多角形の頂点ではないか．実際，フリーズのユニモジュラ規則が，隣接する点のファレイ距離が1であることを保証している．このファレイ多角形を書いてみたのが図 9.1 である．ついでに辺で結ばれる点はすべてその辺を書き込んでおいた．

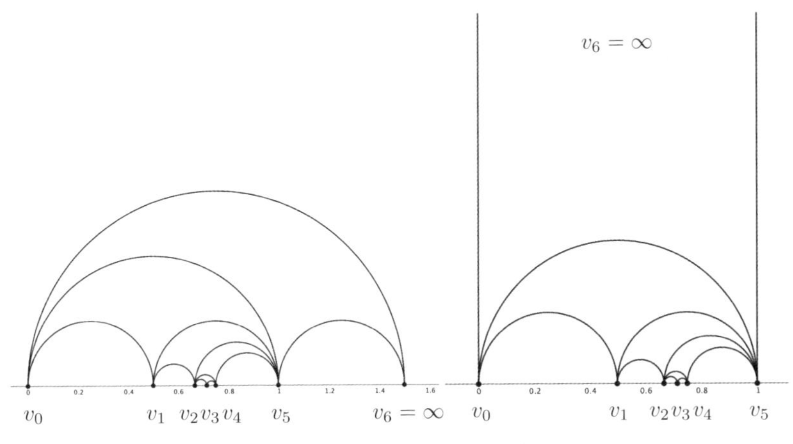

図 9.1　フリーズのファレイ多角形

左側の図では $v_6 = \infty$ を無理やり有限の位置に書いてみた．三角形分割はこちらの方がよくわかるが，正確なのは右側の図で，∞ ははるか彼方にあって，$v_0 = 0$ と ∞，$v_5 = 1$ と ∞ を結ぶ辺は垂直にのびた 2 本の半直線になっている．この半直線と一番大きな半円の間の無限にのびる部分がはるか彼方で ∞ と交わり，一つの大きな三角形をなしているのである．

おもしろいことに

$$\frac{2}{3} = \frac{1+5}{2+7}, \quad \frac{5}{7} = \frac{2+3}{3+4}, \quad \frac{3}{4} = \frac{5+1}{7+1}$$

のように隣接する 3 項 v_1, v_2, v_3 をとってくると，

$$v_1 = \frac{a_1}{b_1}, \quad v_2 = \frac{a_1 + a_3}{b_1 + b_3}, \quad v_3 = \frac{a_3}{b_3} \tag{9.1}$$

のような関係式が成り立っている．和 $v_1 + v_3$ が v_2 に等しいわけではないが，人生で一番最初に分数の足し算を習うときには間違って計算してしまいそうな関係式である．これはベクトル $\boldsymbol{v}_i = \begin{pmatrix} a_i \\ b_i \end{pmatrix}$ を使って，射影直線の関係式として書き表すともっとわかりやすい．$[\boldsymbol{v}_1] = [a_1, b_1]$ などと書こう．すると式 (9.1) は

次のように表すことができる.

$$[\boldsymbol{v}_2] = [\boldsymbol{v}_1 + \boldsymbol{v}_3]$$

“間違った”計算方法はある意味で間違ってはいないのである．さて，もちろん，もう皆さんはなぜこのような関係式が成り立つのか諒解されていることだろうと思う．まとめておこう.

定理 9.1 幅が m，周期が n の正値帯状フリーズの第 k 対角線を

$$f_{-1} = 0,\ f_0 = 1,\ f_1,\ f_2,\ \ldots,\ f_m,\ f_{m+1} = 1,\ f_{m+2} = 0,$$

第 $(k+1)$ 対角線の**番号付けを一つずらして**

$$g_0 = 0,\ g_1 = 1,\ g_2,\ \ldots,\ g_{m+1},\ g_{m+2} = 1,\ g_{m+3} = 0$$

と書く[*1]．このとき $v_i = \dfrac{g_i}{f_i}$ $(0 \leq i < n)$ とおくと

$$v_0 = 0,\ v_1,\ v_2,\ \ldots,\ v_{n-1} = \infty$$

はファレイ多角形 $\mathfrak{F}(v)$ の頂点をなし，次の関係式が成り立つ.

$$v_i = \frac{g_i}{f_i} = \frac{g_{i-1} + g_{i+1}}{f_{i-1} + f_{i+1}} \qquad (1 \leq i < n-1) \tag{9.2}$$

［証明］ 帯状フリーズなので $n = m + 3$ であることに注意しよう．フリーズがユニモジュラ規則を満たすことから $d(v_i, v_{i+1}) = 1$ がわかり，隣接する点は辺で結ばれている．一方，$d(0, \infty) = 1$ なので，v_0 と v_{n-1} も辺で結ばれている.

また連続する 3 点が辺で結ばれていれば式 (9.2) を満たすことは系 8.12 とまったく同様に証明できる. □

[*1] この節の最初に出てきた第 2 対角線（以前に出てきた第 2 対角線）とは番号付けが一つずれていることに注意.

§9.2　フリーズの成分表示

定理 9.1 には第 k 対角線などが出てきたが，いちいちこれを説明するのは面倒である．そこでフリーズの成分を都合のよいように順序づけて書いておこう．と言っても簡単な話で，第 k 対角線に並んでいる数字を第 1 行目から

$$c_{k,k},\ \ c_{k,k+1},\ \ c_{k,k+2},\ \ \ldots \qquad \text{ただし } c_{k,k-2}=0,\ \ c_{k,k-1}=1 \tag{9.3}$$

と書くだけである．これをフリーズの配置に並べると

$$\begin{array}{ccccccccccccccccccc}
0 & & 0 & & 0 & & 0 & & 0 & & 0 & & 0 \\
& 1 & & 1 & & 1 & & 1 & & 1 & & 1 & & 1 \\
& & c_{1,1} & & c_{2,2} & & c_{3,3} & & c_{4,4} & & c_{5,5} & & c_{6,6} & & c_{7,7} \\
& & & c_{1,2} & & c_{2,3} & & c_{3,4} & & c_{4,5} & & c_{5,6} & & c_{6,7} & & c_{7,8} \\
& & & & c_{1,3} & & c_{2,4} & & c_{3,5} & & c_{4,6} & & c_{5,7} & & c_{6,8} & & c_{7,9} \\
& & & & & c_{1,4} & & c_{2,5} & & c_{3,6} & & c_{4,7} & & c_{5,8} & & c_{6,9} & & c_{7,10} \\
& & & & & & c_{1,5} & & c_{2,6} & & c_{3,7} & & c_{4,8} & & c_{5,9} & & c_{6,10} & & c_{7,11} \\
& & & & & & & c_{1,6} & & c_{2,7} & & c_{3,8} & & c_{4,9} & & c_{5,10} & & c_{6,11} & & c_{7,12}
\end{array}$$

図 9.2　フリーズ成分の番号付け・その 2

のようになる．見てわかるように，種数列は $c_{1,1}$，$c_{2,2}$，$c_{3,3}$，…，$c_{n,n}$ となる．ずいぶん変わった番号付けのように思えるかもしれないが，対角線と逆対角線に注目するとその番号付けの理由が見えてくるだろう．ちなみに第 2 章の図 2.3 で採用したフリーズの成分の番号付け $(\zeta_{i,j})$ とは異なっているので注意してほしい．

演習 9.2　図 2.3 で定義した $(\zeta_{i,j})$（第 j 対角成分の i 行目が $\zeta_{i,j}$）とここの $(c_{i,j})$ との関係は次のように与えられることを確認せよ．

$$c_{i,j}=\zeta_{j-i+1,i},\quad \zeta_{i,j}=c_{j,i+j-1} \tag{9.4}$$

この記号 $(c_{i,j})$ の便利なところはユニモジュラ規則が見やすくなるところである．ユニモジュラ規則は次のように簡明に書ける．

$$\begin{vmatrix} c_{i,j} & c_{i,j+1} \\ c_{i+1,j} & c_{i+1,j+1} \end{vmatrix} = c_{i,j}c_{i+1,j+1}-c_{i,j+1}c_{i+1,j}=1 \tag{9.5}$$

また定理 9.1 にある式 (9.2) は次のようになる．

$$\frac{c_{k+1,i}}{c_{k,i}} = \frac{c_{k+1,i-1} + c_{k+1,i+1}}{c_{k,i-1} + c_{k,i+1}}$$

ずいぶん簡単になったと思うが，いかがだろうか．数学はうまく記号を準備するかどうかで見通しがよくなったり悪くなったりするものである．時には記号を乗り替えてみるのも効果的である．

§9.3　ファレイ多角形からのフリーズの生成

フリーズ $\mathscr{F}$ の成分を上のように $C = (c_{i,j})_{i,j}$ で表して，そのときフリーズを $\mathscr{F} = \mathscr{F}(C)$ と表すことにしよう．

補題 9.3　2 つの数列

$$\begin{cases} \ldots,\ f_{-1},\ f_0,\ f_1,\ f_2,\ f_3,\ \ldots \\ \ldots,\ g_{-1},\ g_0,\ g_1,\ g_2,\ g_3,\ \ldots \end{cases}$$

が次のようなユニモジュラ規則を満たすとする．

$$\begin{vmatrix} f_i & f_{i+1} \\ g_i & g_{i+1} \end{vmatrix} = 1 \qquad (i \in \mathbb{Z}) \tag{9.6}$$

このとき

$$c_{k,j} = \begin{vmatrix} f_{k-2} & f_j \\ g_{k-2} & g_j \end{vmatrix} \qquad (k,\ j \in \mathbb{Z}) \tag{9.7}$$

と定めれば，$C = (c_{k,j})_{k,j \in \mathbb{Z}}$ はユニモジュラ規則をもつフリーズ $\mathscr{F} = \mathscr{F}(C)$ を定める．

2 つの数列がユニモジュラ規則を満たすものの，他にとくに条件をつけなければ，得られたフリーズ $\mathscr{F}(C)$ は周期的でもなく，帯状でもなく，もちろん正値とは限らない．

［証明］　まず次の行列式に関する等式に注意する．

$$\begin{vmatrix} a_1 & a_2 \\ b_1 & b_2 \end{vmatrix} \cdot \begin{vmatrix} c_1 & c_2 \\ d_1 & d_2 \end{vmatrix} = \begin{vmatrix} a_1 & -b_1 \\ a_2 & -b_2 \end{vmatrix} \cdot \begin{vmatrix} d_1 & d_2 \\ c_1 & c_2 \end{vmatrix} = \begin{vmatrix} \begin{vmatrix} a_1 & c_1 \\ b_1 & d_1 \end{vmatrix} & \begin{vmatrix} a_1 & c_2 \\ b_1 & d_2 \end{vmatrix} \\ \begin{vmatrix} a_2 & c_1 \\ b_2 & d_1 \end{vmatrix} & \begin{vmatrix} a_2 & c_2 \\ b_2 & d_2 \end{vmatrix} \end{vmatrix}$$

この等式をうまく使って $c_{i,j}$ たちがユニモジュラ規則を満たすことを示そう．

$$\begin{aligned} c_{i-1,j}c_{i,j+1} &= \begin{vmatrix} f_{i-3} & f_j \\ g_{i-3} & g_j \end{vmatrix} \cdot \begin{vmatrix} f_{i-2} & f_{j+1} \\ g_{i-2} & g_{j+1} \end{vmatrix} \quad (c_{i,j}\ \text{の定義}) \\ &= \begin{vmatrix} \begin{vmatrix} f_{i-3} & f_{i-2} \\ g_{i-3} & g_{i-2} \end{vmatrix} & \begin{vmatrix} f_{i-3} & f_{j+1} \\ g_{i-3} & g_{j+1} \end{vmatrix} \\ \begin{vmatrix} f_j & f_{i-2} \\ g_j & g_{i-2} \end{vmatrix} & \begin{vmatrix} f_j & f_{j+1} \\ g_j & g_{j+1} \end{vmatrix} \end{vmatrix} = \begin{vmatrix} 1 & c_{i-1,j+1} \\ -c_{i,j} & 1 \end{vmatrix} \\ &= 1 + c_{i,j}c_{i-1,j+1} \end{aligned}$$

最初の項と最右辺を比較して，$\begin{vmatrix} c_{i-1,j} & c_{i-1,j+1} \\ c_{i,j} & c_{i,j+1} \end{vmatrix} = 1$ がわかるが，これはちょうどユニモジュラ規則になっている．これが示したいことであった．□

さて，正値帯状フリーズのときには，その幅を m，周期を n とすると $n = m+3$ となるのであった．このとき第 1 対角線は

$$f_{-1} = 0,\ f_0 = 1,\ f_1,\ f_2,\ f_3,\ \ldots f_m,\ f_{m+1} = 1,\ f_{m+2} = 0$$

となっていた．$f_i > 0\ (1 \leq i \leq m)$ は自然数である．これをユニモジュラ規則にのっとって，あえて $n = m+3$ 以降も続けようとすると

$$f_{m+1} = 1,\ f_{m+2} = 0,\ f_{m+3} = -1,\ f_{m+4} = -f_1,\ f_{m+5} = -f_2,\ \ldots,$$

$$f_{2m+3} = -f_m,\ f_{2m+4} = -1,\ f_{2m+5} = 0,\ f_{2m+6} = 1,\ f_{2m+7} = f_1,\ \ldots$$

のように (-1) 倍されて繰り返すことになる．周期を考えると $+$ と $-$ の部分がそれぞれ $n = m+3$ 個あるので，全体では $2n$ が周期になる．

第2対角線に当たる g_i の方も事情は同じだが，一つ順番がずれる．具体的に書いてみると

$$g_{-1} = -1,\ g_0 = 0,\ g_1 = 1,\ g_2,\ g_3,\ \ldots g_{m+1},\ g_{m+2} = 1,\ g_{m+3} = 0,$$

もちろん $g_i > 0\ \ (2 \leq i \leq m+1)$ は自然数である．さらに，その次の一群は (-1) 倍されて $g_{m+3+k} = -g_k\ \ (1 \leq k \leq m+3)$ となっており，これを周期 $2n = 2(m+3)$ で繰り返す．

次の定理は Coxeter によるものである ([15])．

定理 9.4 (Coxeter)　奇蹄列を種数列 $a = (a_1, a_2, \ldots, a_n)$ とするフリーズ $\mathscr{F}$ の成分を $c_{i,j}$ で表しておく．また第1対角線と第2対角線を上の f_i, g_i のように書いておき，これを $2n$ 周期で繰り返して考える．この2つの数列はユニモジュラ規則 (9.6) を自然に満たしている．

このとき，フリーズ $\mathscr{F}$ の第 (k, j) 成分はこの第1対角線と第2対角線によって決まり，次の式で与えられる．

$$c_{k,j} = \begin{vmatrix} f_{k-2} & f_j \\ g_{k-2} & g_j \end{vmatrix} = \begin{vmatrix} c_{1,k-2} & c_{1,j} \\ c_{2,k-2} & c_{2,j} \end{vmatrix} \qquad (k,\ j \in \mathbb{Z}) \tag{9.8}$$

逆に，$f_i, g_i\ \ (0 \leq i \leq m+2)$ が定理の直前で説明したような，ユニモジュラ規則

$$\begin{vmatrix} f_i & f_{i+1} \\ g_i & g_{i+1} \end{vmatrix} = 1 \qquad (i \in \mathbb{Z}) \tag{9.9}$$

を満たす2つの数列で，交代的に拡張された周期 $2n$ の列とする．このとき，上式 (9.8) によって決めた $C = (c_{k,j})$ は幅が m で周期が $n = m+3$ の正値帯状フリーズ $\mathscr{F} = \mathscr{F}(C)$ を定める．また数列 $a = (c_{1,1}, c_{2,2}, \ldots, c_{n,n})$ は n 角形の奇蹄列になる．

[証明]　前半の証明のかなりの部分はすでに説明済みである．まずそれを具体的に確かめよう．

式 (9.8) のように決めた $c_{k,j}$ たちがユニモジュラ規則を満たすことは補題 9.3 ですでに示した．一方，第1および第2対角線が決まると，そこからユニモジュ

ラ規則を使って計算していけばフリーズはただ一つに決まる.

そこで我々が確かめなければならないのは，上のようにして決まった $c_{k,j}$ の第 1 対角線が f_j たちであり，また第 2 対角線が g_j になるということ，そしてそのようにしてできたフリーズが正値で周期が n，幅が m であることである．そうすると f_j, g_j によって生成されるフリーズは，自動的に奇蹄列 a を種数列としてもつフリーズと一致するはずである[*2].

第 1 対角線は $c_{1,j}$ であるから，これを式 (9.8) に基づいて計算すると

$$c_{1,j} = \begin{vmatrix} f_{-1} & f_j \\ g_{-1} & g_j \end{vmatrix} = \begin{vmatrix} 0 & f_j \\ -1 & g_j \end{vmatrix} = f_j$$

となって確かにもとの f_j に一致する．次に第 2 対角線の $j-1$ 番目の数は $c_{2,j}$ であるから（§9.2 冒頭のフリーズ配置参照）

$$c_{2,j} = \begin{vmatrix} f_0 & f_j \\ g_0 & g_j \end{vmatrix} = \begin{vmatrix} 1 & f_j \\ 0 & g_j \end{vmatrix} = g_j$$

となり，それは g_j と一致する．g_j は対角線の $j-1$ 番目の数で順番が一つずれていたことを思い出そう．これで前半の証明はお仕舞い.

後半に進もう．数列 f_j, g_j から出発してフリーズを作る．するとそれはユニモジュラ規則を満たしていて，幅が m，周期が n で正値である．これを確認しよう．すると Conway-Coxeter の定理 2.18 から，それは周期が $n = m + 3$ の奇蹄列を種数列とするような帯状フリーズとなることがわかる.

まずは幅が m になることを確認しよう．第 1 行目と第 $m+1$ 行目に 1 が並べばよい．第 1 行目は $c_{1,0}, c_{2,1}, \ldots, c_{k,k-1}, \ldots$ である．このとき，ちょうどユニモジュラ規則によって

$$c_{k,k-1} = \begin{vmatrix} f_{k-2} & f_{k-1} \\ g_{k-2} & g_{k-1} \end{vmatrix} = 1$$

となっていることがわかる．次に第 $m+1$ 行目

$$c_{1,m+1}, c_{2,m+2}, \ldots, c_{k,m+k}, \ldots$$

[*2] 実は第 1 対角線だけで十分である.

を考えよう．このときは

$$c_{k,m+k} = \begin{vmatrix} f_{k-2} & f_{m+k} \\ g_{k-2} & g_{m+k} \end{vmatrix} = \begin{vmatrix} f_{k-2} & -f_{k-3} \\ g_{k-2} & -g_{k-3} \end{vmatrix} = \begin{vmatrix} f_{k-3} & f_{k-2} \\ g_{k-3} & g_{k-2} \end{vmatrix} = 1$$

となる．$f_{n+j} = -f_j$，$g_{n+j} = -g_j$ に注意しよう．また最後の等号はユニモジュラ規則 (9.9) から従う．

次に周期が n であることを示そう．すでに注意したように $f_{n+j} = -f_j$，$g_{n+j} = -g_j$ のように 2 つの数列を交代的に拡張したのであった．またフリーズの第 j 行は $c_{1,j}, c_{2,j+1}, \ldots, c_{k,j+k-1}, \ldots \quad (k = 1, 2, 3, \ldots)$ のように添え字づけられている．計算してみると，

$$\begin{aligned} c_{k+n,j+(k+n)-1} &= \begin{vmatrix} f_{k+n-2} & f_{j+(k+n)-1} \\ g_{k+n-2} & g_{j+(k+n)-1} \end{vmatrix} \\ &= \begin{vmatrix} -f_{k-2} & -f_{j+k-1} \\ -g_{k-2} & -g_{j+k-1} \end{vmatrix} = \begin{vmatrix} f_{k-2} & f_{j+k-1} \\ g_{k-2} & g_{j+k-1} \end{vmatrix} = c_{k,j+k-1} \end{aligned}$$

となって $k \to k+n$ の置き換えで不変，つまり周期的であることがわかる．

次に正値性を確かめよう．フリーズの成分 $c_{k,j}$ がすべて整数であるのは，その決め方から明らかである．一方，これが正になっていることは第 k 対角線から第 $k+1$ 対角線をユニモジュラ規則によって計算することを考えるとわかる．実際

$$\begin{array}{ccccccc} c_{k,j} & & c_{k+1,j+1} & & c_{k+2,j+2} & & \\ & c_{k,j+1} & & c_{k+1,j+2} & & \ddots & \\ & & c_{k,j+2} & & c_{k+1,j+3} & & \\ & & & \ddots & & \ddots & \end{array}$$

のように並んでいる部分で $c_{k,j} \quad (k \le j \le k+m-1)$ は正であると仮定し，$c_{k+1,j+1} > 0$ ならば

$$c_{k,j+1}c_{k+1,j+2} - c_{k+1,j+1}c_{k,j+2} = 1,$$

$$\therefore \quad c_{k+1,j+2} = \frac{1 + c_{k+1,j+1}c_{k,j+2}}{c_{k,j+1}} > 0$$

となり $c_{k+1,j+2} > 0$ が帰納的に従う（$c_{k+1,k} = 1$ であったことに注意しよう）.

この最後の正値性の部分はユニモジュラ規則さえあれば整数性などには無関係である. □

この Coxeter の定理はユニモジュラ規則をもつような 2 つの数列と奇蹄列の間の対応を与えているが，一方，ユニモジュラ規則をもつような 2 つの数列は，正規化されたファレイ多角形を定めるのであった．ファレイ多角形ではそれ自身，自然に三角形分割が決まって，奇蹄列が得られる．奇蹄列は巡回的な置換を除いてファレイ多角形からただ一つに決まるのである.

次の節では，このファレイ多角形の奇蹄列とフリーズの奇蹄列の関係について考えてみよう.

§ 9.4　ファレイ多角形の奇蹄列とフリーズ

前節に引き続き，フリーズの第 1 対角線と第 2 対角線を考えよう．$n = m + 3$ だったので

$$f_{-1} = 0,\ f_0 = 1,\ f_1,\ f_2,\ \ldots f_{n-3},\ f_{n-2} = 1,\ f_{n-1} = 0,\ f_n = -1$$

$$g_{-1} = -1,\ g_0 = 0,\ g_1 = 1,\ g_2,\ \ldots g_{n-2},\ g_{n-1} = 1,\ g_n = 0,$$

これから分数 $v_k = g_k/f_k$ を作ると

$$\begin{aligned} v_0 = \frac{0}{1} = 0,\ v_1 = \frac{1}{f_1},\ \ldots,\ v_k = \frac{g_k}{f_k}, \\ v_{k+1} = \frac{g_{k+1}}{f_{k+1}},\ldots,\ v_{n-2} = \frac{g_{n-2}}{1},\ v_{n-1} = \frac{1}{0} = \infty \end{aligned} \tag{9.10}$$

となって，各点はユニモジュラ規則によって辺で結ばれている．実際

$$\begin{vmatrix} g_{k+1} & g_k \\ f_{k+1} & f_k \end{vmatrix} = 1$$

だから $d(v_{k+1}, v_k) = 1$ であって，しかも $v_{k+1} > v_k$ となっていることがわかる．つまり各点はファレイ辺で結ばれ，正規化されたファレイ多角形 $\mathfrak{F}(v)$ を構成する.

このとき，Coxeter の補題 9.3 より

$$c_{k,k} = \begin{vmatrix} f_{k-2} & f_k \\ g_{k-2} & g_k \end{vmatrix} = d(v_{k-2}, v_k)$$

である．

補題 9.5　正規化されたファレイ多角形 $\mathfrak{F}(v)$ の頂点を $v_0 = 0 < v_1 < \cdots < v_{k-1} < v_k < v_{k+1} < \cdots < v_{n-1} = \infty$ と書くと，$d(v_{k-1}, v_{k+1})$ は頂点 v_k に集まるファレイ三角形の個数に等しい．

［証明］　v_k より小，つまりファレイグラフにおいて左側にあって v_k とファレイ辺で結ばれているものを

$$v_{i_1} < v_{i_2} < \cdots < v_{i_p} = v_{k-1}$$

v_k より大，つまり右側にあって v_k とファレイ辺で結ばれているものを

$$v_{k+1} = v_{j_1} < v_{j_2} < \cdots < v_{j_q}$$

と書いておく．これらの点の取り方から $\{v_{i_\ell}, v_{i_{\ell+1}}, v_k\}$ はファレイ三角形をなす．実際，ファレイ多角形は三角形分割されており，辺 (v_k, v_{i_ℓ}) と $(v_k, v_{i_{\ell+1}})$ の間には頂点 v_k を端点とする辺は存在しないので（そのように $v_{i_1} < v_{i_2} < \cdots < v_{i_p}$ を選んだ），必然的に $(v_{i_\ell}, v_{i_{\ell+1}})$ は辺でなければならない．

したがって命題 8.6 より

$$\frac{g_{i_{\ell+1}}}{f_{i_{\ell+1}}} = \frac{g_{i_\ell} + g_k}{f_{i_\ell} + f_k}$$

が成り立つが，両辺ともに既約分数で，すべての成分は正だから結局

$$\begin{cases} g_{i_{\ell+1}} = g_{i_\ell} + g_k \\ f_{i_{\ell+1}} = f_{i_\ell} + f_k \end{cases}$$

である．したがって

$$f_{i_p} = f_{i_{p-1}} + f_k = f_{i_{p-2}} + 2f_k = \cdots = f_{i_1} + (p-1)f_k$$

であり，同様にして $g_{i_p} = g_{i_1} + (p-1)g_k$ なので

$$v_{k-1} = v_{i_p} = \frac{g_{i_1} + (p-1)g_k}{f_{i_1} + (p-1)f_k}$$

がわかる．右側も同じように考えると

$$v_{k+1} = v_{j_1} = \frac{g_{j_q} + (q-1)g_k}{f_{j_q} + (q-1)f_k}$$

である．例によって $\boldsymbol{v}_i = \begin{pmatrix} g_i \\ f_i \end{pmatrix}$ をベクトル表記とすると

$$\begin{aligned} d(v_{k+1}, v_{k-1}) &= \det\bigl(\boldsymbol{v}_{j_q} + (q-1)\boldsymbol{v}_k, \boldsymbol{v}_{i_1} + (p-1)\boldsymbol{v}_k\bigr) \\ &= \det(\boldsymbol{v}_{j_q}, \boldsymbol{v}_{i_1}) + (q-1)\det(\boldsymbol{v}_k, \boldsymbol{v}_{i_1}) + (p-1)\det(\boldsymbol{v}_{j_q}, \boldsymbol{v}_k) \\ &= d(v_{j_q}, v_{i_1}) + (q-1)d(v_k, v_{i_1}) + (p-1)d(v_{j_q}, v_k) \end{aligned}$$

ところが，(v_{j_q}, v_k, v_{i_1}) もファレイ三角形をなしているので，最後の式に出てきた距離はすべて 1 である．したがって

$$d(v_{k+1}, v_{k-1}) = 1 + (q-1) + (p-1) = p + q - 1$$

で，これはちょうど v_k に集まる三角形の個数に等しい．　□

定理 9.6　正値帯状フリーズ $\mathscr{F} = \mathscr{F}(C)$ に対して，式 (9.10) にあるようにファレイ多角形 $\mathfrak{F}(v)$ を定めると，種数列 $c_{1,1}, c_{2,2}, \ldots, c_{n,n}$ はファレイ多角形 $\mathfrak{F}(v)$ の奇蹄列に等しい．より正確に，種数列の k 番目の数 $c_{k,k}$ は頂点 v_{k-1} に集まるファレイ三角形の数に等しい．

［証明］　補題 9.5 より，$c_{k,k} = d(v_{k-2}, v_k)$ は頂点 v_{k-1} に集まるファレイ三角形の個数に等しい．つまり $c_{1,1}, c_{2,2}, \ldots, c_{n,n}$ はファレイ多角形 $\mathfrak{F}(v)$ の奇蹄列である．　□

もちろん第 1 対角線と第 2 対角線は第 k 対角線と第 $(k+1)$ 対角線に置き換えてもよいので，どの対角線をとっても 2 つの対角線の比はファレイ多角形をな

し，その奇蹄列は $c_{k,k}, c_{k+1,k+1}, \ldots$ になる．もっとも，これはファレイ多角形 $\mathfrak{F}(v)$ の頂点を一次分数変換で回転したものになっているわけである．これを定理の形に書いておこう．

定理 9.7　式 (9.10) で与えられた正規化されたファレイ多角形 $\mathfrak{F}(v)$ を定める 2 つの数列 $\{f_j\}, \{g_j\}$ を考える．このとき次の関係式が成り立つ．

$$\begin{pmatrix} c_{k+1,j} \\ c_{k,j} \end{pmatrix} = \begin{pmatrix} f_{k-1} & -g_{k-1} \\ f_{k-2} & -g_{k-2} \end{pmatrix} \begin{pmatrix} g_j \\ f_j \end{pmatrix}, \quad A_k = \begin{pmatrix} f_{k-1} & -g_{k-1} \\ f_{k-2} & -g_{k-2} \end{pmatrix} \in \mathrm{SL}_2(\mathbb{Z}) \tag{9.11}$$

これを一次分数変換に置き換えると，

$$\begin{pmatrix} f_{k-1} & -g_{k-1} \\ f_{k-2} & -g_{k-2} \end{pmatrix} \cdot \frac{g_j}{f_j} = A_k \cdot v_j = \frac{c_{k+1,j}}{c_{k,j}}$$

となり，第 1 対角線および第 2 対角線から決まるファレイ多角形の頂点 $v_j = g_j/f_j$ を A_k による一次分数変換で写したものが，第 k および 第 $(k+1)$ 対角線から決まるファレイ多角形に一致する．このとき A_k による一次分数変換は，図形的に言えば最初のファレイ多角形の頂点を $(k-1)$ 個分だけ回転する効果をもたらす．

［証明］　Coxeter の定理 9.4 より

$$c_{k,j} = \begin{vmatrix} f_{k-2} & f_j \\ g_{k-2} & g_j \end{vmatrix} = (f_{k-2}, -g_{k-2}) \begin{pmatrix} g_j \\ f_j \end{pmatrix}$$

なので，$c_{k+1,j}$ と合わせて考えれば最初の行列とベクトルの式 (9.11) が得られる．これを一次分数変換の形に書き替えるのは単なる定義にすぎない．

ここで第 k 対角線の j 番目の成分は $c_{k,k+j-1}$ なので，$c_{k+1,j}/c_{k,j}$ は第 k 対角線に対応するファレイ多角形の第 $(j-(k-1))$ 番目の頂点に対応している．これは頂点を反時計回りに $(k-1)$ 個だけ回転したことになる（$k=1$ のときには何もしない，つまり回転しないことになっていることに注意しよう）．もちろん，これは奇蹄列の変化を見てもわかるわけだが，この証明では直接成分で確認してみた．　□

§9.5　三位一体

少し複雑になってきたので状況をまとめておこう．まず，正規化されたファレイ n 角形 $\mathfrak{F}(v)$ の頂点を $v = (v_0 = 0, v_1, v_2, \ldots, v_{n-2}, v_{n-1} = \infty)$ として，その奇蹄列 $q = (q_0, q_1, \ldots, q_{n-1})$ が得られる．ファレイ多角形 $\mathfrak{F}(v)$ は自然に三角形分割されていて，奇蹄列も巡回的な置換を除いてただ一つに決まることを思い出そう．すると，この奇蹄列 q を種数列とする周期が n で幅が $m = n-3$ の正値帯状フリーズ $\mathscr{F}(q)$ が構成できる．そして，フリーズ $\mathscr{F}(q)$ の第 1 対角線と第 2 対角線

$$f_{-1} = 0,\ f_0 = 1,\ f_1,\ f_2,\ \ldots f_{n-3},\ f_{n-2} = 1,\ f_{n-1} = 0,\ f_n = -1$$

$$g_{-1} = -1,\ g_0 = 0,\ g_1 = 1,\ g_2,\ \ldots g_{n-2},\ g_{n-1} = 1,\ g_n = 0,$$

が決まり，これから分数 $v_k = g_k/f_k$ $(0 \leq k < n)$ を作ると，もとのファレイ n 角形になる．したがって次の三位一体の図式が得られる．

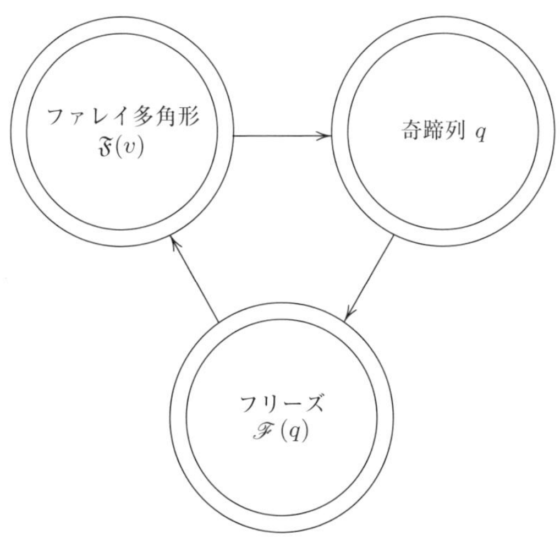

図 9.3　三位一体

この対応はどこから始めてもよいし，どこから始めても 1 周すると同じものに戻る．もちろん奇蹄列は巡回的な置換を除いて考え，またフリーズは水平方向にずらせても同じだとみなし，ファレイ多角形は一次分数変換によって写り合うものはすべて同じだと思う．一次分数変換はファレイグラフの世界では等長変換に

なっていたので，最後のファレイ多角形に関する主張は，要するに“合同なもの”は区別しないと言っているわけである．

すると任意の奇蹄列から出発して，それを奇蹄列とするファレイ多角形が存在することはもう明らかだろう．

定理 9.8 平面凸多角形の任意の三角形分割から決まる奇蹄列は，あるファレイ多角形の奇蹄列になる．

これが前章の定義 8.24 の直後に提起された素朴な疑問への回答である．

§ 9.6 Conway-Coxeter のアルゴリズム再訪

§3.1 で紹介した Conway-Coxeter のアルゴリズムをファレイ多角形の三角形分割の観点から見直してみよう．このアルゴリズムをファレイ多角形の場合に少し修正して書き直すと次のようになる．$v_{n-1} = \infty = \frac{1}{0}$ であったことに注意する．

(I) 頂点 v_{n-1} に 0 を対応させ，v_{n-1} とファレイ辺で結ばれているすべての頂点に 1 を対応させる．
(II) 三角形分割に現れるファレイ三角形のうち，すでに 2 つの頂点に数字 a, b が対応しているものを選び，残りの頂点には $a+b$ を対応させる．
(III) これを繰り返す．

このアルゴリズムによって各頂点に対応する数字を時計回りに並べると，ちょうどファレイ多角形の奇蹄列から生成されたフリーズの第 1 対角線 ($f_{-1} = 0$, $f_0 = 1$, $f_1 = q_1$, $f_2, \ldots, f_{n-2}$) に一致するというのが定理 3.1 の主張であった．

定理 3.1 の証明は帰納法で行ったが，ファレイ多角形の観点から別証を与えよう．

頂点は別にどこにあってもよいのだが，アルゴリズム (I) で v_{n-1} を選んだ理由はフリーズの第 1 対角線と対応させたかったからである．少し面倒ではあるが，第 k 対角線を考えるときには頂点 $v_{n+k-2} = v_{k-2}$ を最初に考えるのがよい (頂点の番号は n に関して巡回的に考える)．ファレイ多角形と関係づけるためには，この頂点 v_{k-2} を一次分数変換で $\infty = \frac{1}{0}$ に写しておく必要がある（定理

9.7 参照).

アルゴリズム (I) を実行すると，頂点 $v_{n-1} = \infty$ には 0 が対応するが，∞ とファレイ辺で結ばれている頂点は整数だけであるから，$v_0, v_1 \ldots, v_{n-2}$ のうち，整数のものには 1 が対応することになる．整数は分数表示で $m/1$ のように分母が 1 であるから，この対応した数は $v_i = g_i/f_i$ の分母 f_i に一致する．無限遠点は $\infty = 1/0$ であるから，これも $v_{n-1} = g_{n-1}/f_{n-1}$ の分母 $f_{n-1} = f_{-1}$ と一致している．

さて，三角形分割されたファレイ多角形内の三角形において，そのうち 2 頂点 v_p, v_q にアルゴリズムによって対応する自然数が b_1, b_2 であったとしよう．また，その 2 頂点は既約分数で表して $v_p = a_1/b_1$ および $v_q = a_2/b_2$ であったと仮定する．そうすると，命題 8.6 より残りの頂点は $v_r = \dfrac{a_1 + a_2}{b_1 + b_2}$ であって，これは既約分数である．アルゴリズム (II) では，ちょうどこの頂点 v_r に $b_1 + b_2$ を対応させよというわけだから，それはこの頂点の分母に一致している．

このようにして，Conway-Coxeter のアルゴリズムはつねにファレイ多角形の頂点の分母を与え続け，ちょうど $(f_{-1} = 0,\ f_0 = 1,\ f_1 = q_1,\ f_2, \ldots, f_{n-2} = 1)$ に一致する．

§ 9.7　Coxeter-Rigby の公式

Coxeter の定理 9.4 は，フリーズの第 1 対角線と第 2 対角線の成分，あるいはファレイ多角形の頂点の情報を用いてフリーズの成分を表す公式であった．ところが，もちろんフリーズは第 1 対角線のみで決まっているので，第 2 対角線は不要なはずである．そこで，第 1 対角線 $f_0 = 1, f_1, f_2, \ldots, f_m, f_{m+1} = 1$ を用いてフリーズの各成分を表してみよう．この公式を **Coxeter-Rigby の公式**[*3]と呼ぶ．

定理 9.9 (Coxeter-Rigby [16])　奇蹄列を種数列 $q = (q_1, q_2, \ldots, q_n)$ とするフリーズ $\mathscr{F}$ の成分を $c_{i,j}$ で表しておく．また第 1 対角線を $f_0 = 1, f_1, f_2, \ldots, f_m, f_{m+1} = 1$ とすると，$1 < k \leq j < n-1$ に対して，フリーズの第 (k, j) 成分は

*3 Rigby, John F. (1933–2014).

$$c_{k,j} = f_{k-2}f_j\left(\frac{1}{f_{k-2}f_{k-1}} + \frac{1}{f_{k-1}f_k} + \cdots + \frac{1}{f_{j-1}f_j}\right)$$
$$= f_{k-2}f_j \sum_{i=k-1}^{j} \frac{1}{f_{i-1}f_i}$$

で与えられる.

[証明]　フリーズの第1対角線と第2対角線をいつものように f_i, g_i と書いておく. この2つの数列はユニモジュラ規則 (9.6) を満たしているのであった. すると

$$\frac{g_j}{f_j} - \frac{g_{k-2}}{f_{k-2}} = \frac{g_j}{f_j} - \frac{g_{j-1}}{f_{j-1}} + \frac{g_{j-1}}{f_{j-1}} - \frac{g_{j-2}}{f_{j-2}} + \cdots$$
$$+ \frac{g_k}{f_k} - \frac{g_{k-1}}{f_{k-1}} + \frac{g_{k-1}}{f_{k-1}} - \frac{g_{k-2}}{f_{k-2}} = \sum_{i=k-1}^{j}\left(\frac{g_i}{f_i} - \frac{g_{i-1}}{f_{i-1}}\right) \tag{9.12}$$

だが, ここでいつものように計算すると

$$\frac{g_i}{f_i} - \frac{g_{i-1}}{f_{i-1}} = \frac{g_i f_{i-1} - g_{i-1} f_i}{f_{i-1}f_i} = \frac{1}{f_{i-1}f_i}\begin{vmatrix} f_{i-1} & f_i \\ g_{i-1} & g_i \end{vmatrix} = \frac{1}{f_{i-1}f_i}$$

である. 最後の等式ではユニモジュラ規則を用いた. 一方, 同様にして式 (9.12) の左辺を計算すると

$$\frac{1}{f_{k-2}f_j}\begin{vmatrix} f_{k-2} & f_j \\ g_{k-2} & g_j \end{vmatrix} = \frac{c_{k,j}}{f_{k-2}f_j}$$

である. 最後の等式では, Coxeter の定理 9.4 を用いた. 分母を払って $c_{k,j} = \cdots$ の式に変形すれば公式を得る. □

定理の条件になっている (k, j) の範囲は, ちょうどフリーズの基本三角形領域の部分に当たっている. この部分が決まればあとは並進鏡映で繰り返してゆくだけなので, すべてのフリーズ成分が効率よく定まる (定理 3.8 参照). (k, j) が基本三角形領域をはみ出してしまうと公式の分母に 0 が現れたりして, 公式自体が意味をなさなくなってしまうことに注意しておく.

フリーズの成分を精確に指定するには少し考えなければならないが，この公式を見て何かピンときた人もいるだろう．実は Coxeter-Rigby の公式は，系 6.2 (3) で証明した連分数の基本的な公式をフリーズの場合に言い替えたものにすぎない．実際，証明もほぼ同じである．

演習 9.10　奇蹄列の第 k 成分は，$q_k = (f_k + f_{k-2})/f_{k-1}$ を満たしていることを示せ．また，実際のフリーズでこの等式を確認せよ．

以下，例として 7 角形の奇蹄列で生成されたフリーズをあげておこう．奇蹄列は順番に $[1,2,2,2,2,1,5], [1,2,2,3,1,2,4], [1,2,3,2,1,3,3]$ である．また，上下の 0 ばかりが並ぶ列は常に同じなので省いてある．

```
1 1 1 1 1 1 1 1 1 1 1 1 1 1 1 1 1 1 1 1 1
 1 2 2 2 2 1 5 1 2 2 2 2 1 5 1 2 2 2 2 1 5
  1 3 3 3 1 4 4 1 3 3 3 1 4 4 1 3 3 3 1 4 4
   1 4 4 1 3 3 3 1 4 4 1 3 3 3 1 4 4 1 3 3 3
    1 5 1 2 2 2 2 1 5 1 2 2 2 2 1 5 1 2 2 2 2
     1 1 1 1 1 1 1 1 1 1 1 1 1 1 1 1 1 1 1 1 1
```

```
1 1 1 1 1 1 1 1 1 1 1 1 1 1 1 1 1 1 1 1 1
 1 2 2 3 1 2 4 1 2 2 3 1 2 4 1 2 2 3 1 2 4
  1 3 5 2 1 7 3 1 3 5 2 1 7 3 1 3 5 2 1 7 3
   1 7 3 1 3 5 2 1 7 3 1 3 5 2 1 7 3 1 3 5 2
    2 4 1 2 2 3 1 2 4 1 2 2 3 1 2 4 1 2 2 3 1
     1 1 1 1 1 1 1 1 1 1 1 1 1 1 1 1 1 1 1 1 1
```

```
1 1 1 1 1 1 1 1 1 1 1 1 1 1 1 1 1 1 1 1 1
 1 2 3 2 1 3 3 1 2 3 2 1 3 3 1 2 3 2 1 3 3
  1 5 5 1 2 8 2 1 5 5 1 2 8 2 1 5 5 1 2 8 2
   2 8 2 1 5 5 1 2 8 2 1 5 5 1 2 8 2 1 5 5 1
    3 3 1 2 3 2 1 3 3 1 2 3 2 1 3 3 1 2 3 2 1
     1 1 1 1 1 1 1 1 1 1 1 1 1 1 1 1 1 1 1 1 1
```

第10章　三角形分割と二部グラフの完全マッチング

この章では，グラフを用いてフリーズ成分を計算することを考えてみる．いままでは，代数的な性質である「ユニモジュラ規則」を用いてフリーズを構成してきたのだが，グラフを用いるとこのような隣接的な関係式を使わなくても直接各成分を計算できる．ユニモジュラ規則の代わりとなるのはプトレマイオスの等式と呼ばれるグラフ理論の等式である．さらにグラフの辺にウェイトを対応させることによって，フリーズ成分を単なる整数ではなく，変数として考えることもできるようになる．

まずはグラフ理論の言葉から準備を始めよう．

§10.1　グラフと二部グラフ

グラフ理論では，いくつかの頂点とその間を結ぶ辺が作り出す図形を扱う．「図形」とは書いたが，グラフ理論においては頂点のつながり具合だけが問題であり，その配置とか，空間内でどう実現するかということは問題としない．たとえば，次のような図形が典型的なグラフである．

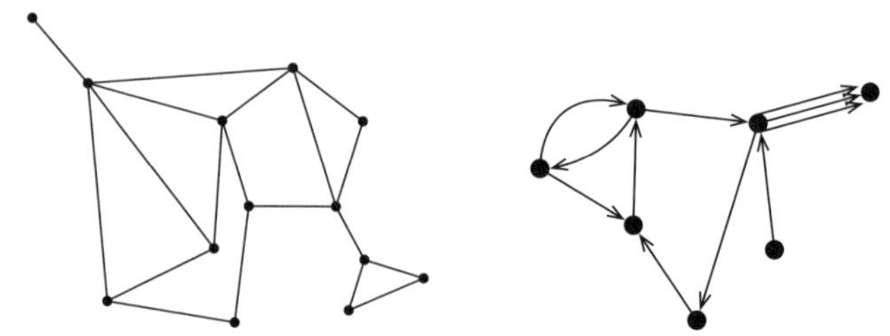

図 10.1　グラフの例，無向グラフ，有向グラフ

直感的に理解することもできるが，まずグラフ理論に関する用語を少し準備しよう．難しいことは何もないが，グラフを数学的に扱うにはある種の取り決めが必要である．

V をグラフの**頂点**の集合とする．理論上は無限個でもよいのだが，本書では有限の場合だけを扱う．すると，グラフの**辺**は V の 2 つの頂点を結ぶものだから，頂点の組 (v_1, v_2) で決まる．ここで $v_1, v_2 \in V$ は頂点を表している．

このとき，v_1 から v_2 に向かう辺と v_2 から v_1 に向かう辺を区別する流儀と区別しない流儀があり，向きを区別するとき**有向グラフ**，区別しないとき**無向グラフ**と言う．辺について述べるときには**有向辺・無向辺**というように言い表す．あとで箙（えびら）（クィバーとも言う）の話もするが，そのときは，**多重辺**も許して考える．つまり v_1 から v_2 への辺が何本もあるという場合も考えるわけである．このときは，多重辺の本数を辺の**重複度**と呼ぶ．重複度に負の数も許したり[*1]，あるいは整数ではなく，実数とか複素数，変数などの重複度をつけることもある．このようなとき，辺は**重み**（ウェイト）をもつとも言われる．

しばらくの間，無向グラフのみを考え，したがって (v_1, v_2) が辺のとき，(v_2, v_1) も同時に辺であるとする．辺の本数を数えるときは (v_1, v_2) と (v_2, v_1) を区別しないで 1 本と数えることにしよう．辺全体の集合を E で表す[*2]．このとき頂点集合と辺集合の組 $G = (V, E)$ を**グラフ**と呼ぶ．

たとえば多角形の三角形分割はグラフとみなすことができる．このとき，頂点 $v \in V$ はもとの多角形の頂点である．一方，辺 $e \in E$ はもとの多角形の“辺”と対角線を合わせて考えたもので，どちらもグラフの辺であり，E の中で区別はない．

三角形分割のグラフにさらにいくつかの対角線を書き加えると，平面上に描けば交わる辺も出てくるが，頂点を空間内に配置してそのつながり具合だけを考えれば，各頂点同士を結ぶ辺は交わらないように配置できる．実際に「配置できる」かどうかには関係なく，我々はどのような辺も“辺同士は交わっていない”と考えることにしよう．ただし，もちろん端点を共有することはある．

[*1] 図形的には負の数 $-m$ の重複度のときは反対向きの有向辺を m 本考えると約束することが多い．

[*2] ある頂点 v から出発して同じ頂点 v にもどってくるような辺を考えることもあり，これを**ループ**と呼ぶ．しかし，本書では，辺といえばループは排除して考えることにする．つまり $(v, v) \notin E$ とする．

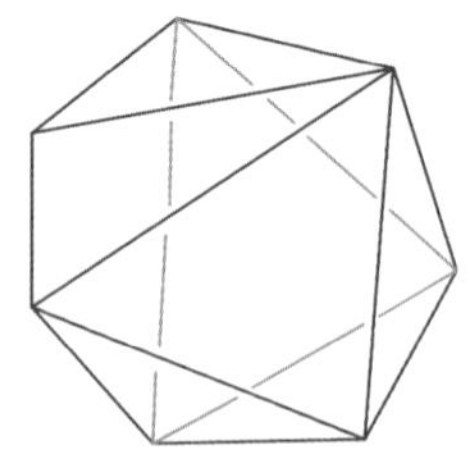

図 10.2　三角形分割とそれに辺を追加したグラフ

一般に，グラフの頂点 $v \in V$ が端点となっているような辺の本数をその頂点の**次数**と呼び，d_v で表す．

演習 10.1　凸 n 角形の三角形分割をグラフ $G=(V,E)$ と思ったとき，各頂点 $v_i \in V$（これはもとの多角形の頂点である）の次数と奇蹄列 $q=(q_1,\ldots,q_n)$ は $d_{v_i}=q_i+1$ のように関係づけられることを確認せよ．

§10.2　三角形分割とグラフ

多角形の三角形分割そのものがグラフを定めることはすでに述べた．三角形分割に関係した別のグラフを 2 つ紹介しよう．

凸 n 角形 $\mathscr{P}$ の頂点を時計回りに $v_0, v_1, \ldots, v_{n-1}$ とする．§3.2 で行ったように，$\mathscr{P}$ の三角形分割を一つとり，分割に現れる $(n-2)$ 個の三角形全体の集合を $\mathscr{T}_n$ と書く．また，各三角形を $t \in \mathscr{T}_n$ のように文字で表す．t の 3 つの頂点はすべて n 角形の頂点だが，その頂点が v_i, v_j, v_k のとき $t=\delta(v_i,v_j,v_k)$ と書く．また v_i が t の頂点であることを $v_i \in t$ のように集合の要素を表す記号を流用して表すこともある．

10.2.1　双対グラフ

まず最初のグラフは，§3.6 ですでに出てきた，三角形分割 $\mathscr{T}_n$ の**双対グラフ**である．

双対グラフ $G^*=(V^*,E^*)$ の頂点は $V^*=\mathscr{T}_n$，つまり各三角形が一つの頂点であり，辺は $E^*=\{\mathscr{T}_n \text{ の対角線}\}$ である．ただし，v_i と v_j を結ぶ対角線 d を“辺”E^* の元と思うときには，d はこの対角線を共有する 2 つの三角形（頂点）$t, t' \in \mathscr{T}_n = V^*$ を結ぶような G^* の辺であると考える．つまり

$$E^* = \{(t, t') \in \mathscr{T}_n \times \mathscr{T}_n \mid t \cap t' = d \text{ は } \mathscr{P} \text{ の対角線}\}$$

である．

三角形は点でもないのに“頂点”とみなしたり，対角線は v_i と v_j を結んでいる線分なのに G^* の辺としては 2 つの三角形 t, t' を“結んで”いたりするので非常にわかりにくいが，図を描いてみると，どうということはない．すでに双対グラフの例は図 3.19 にあげておいたが，それを再掲しておこう．

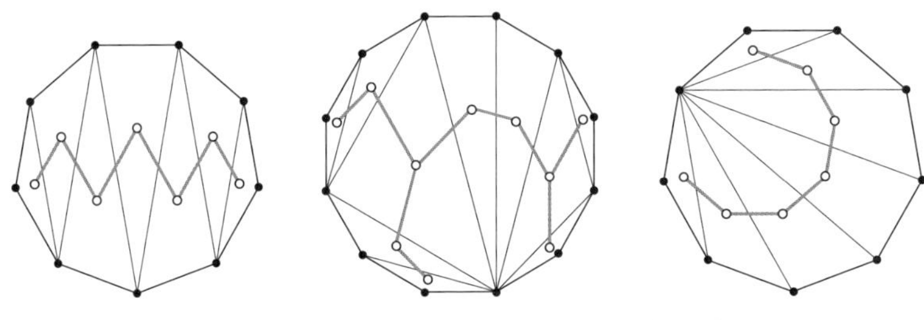

図 10.3　三角形分割と双対グラフ（再掲）

この双対グラフの図では三角形 $t \in \mathscr{T}_n$ の重心に白丸を書いて頂点を表し，(t, t') が対角線を共有しているときに灰色の辺で結んである．

演習 10.2　三角形分割 $\mathscr{T}_n$ の双対グラフ $G^* = (V^*, E^*)$ に対して，$\#V^* = n-2$，$\#E^* = n-3$ であることを示せ．また，グラフは連結であって，各頂点 $t \in V^*$ の次数は $1 \leq d_t \leq 3$ であることを示せ．$d_t = 3$ のとき，三角形 t はどのように特徴づけられるだろうか．

双対グラフの応用を一つ述べる．フリーズの対角線上に 1 が並んだり，対角線とは呼べないが，ジグザグの稲妻状に 1 が並んだりすることはよくある．それが双対グラフを考えるとすっきり解決するのだ．その前に少し準備をしよう．

まず，グラフが**道**であるとは，グラフが連結であって，どこにも分岐がない，つまり次数が 3 以上の頂点が存在しないときに言う．直感的には，端点となる頂点 t, t' があって，その間が直線状に辺でつながっている（つながり具合が問題なので途中で折れ曲がっているかどうかは問わない）ときに道と呼ぶのである．特別な場合として，環状のサーキットと呼ばれるグラフも道で，この場合，ある点から出発して同じ点に戻ってくるような道になっている．もっとも，三角形分割の双対グラフにはそのようなサーキットは現れない．

補題 10.3　凸 n 角形 $\mathscr{P}$ の三角形分割の双対グラフが道であると仮定する．また，簡単のために三角形分割の対角線 (v_i, v_j) を $[i, j]$ と書くことにしよう．

このとき，うまく頂点 $v_1, v_2, \ldots, v_n$ を時計回りに選び，三角形分割の $(n-3)$ 本の対角線を

$$d_1 = [i_1, j_1],\ d_2 = [i_2, j_2],\ \ldots,\ d_{n-3} = [i_{n-3}, j_{n-3}]$$

のように表したとき，

(1) $i_1 = 2,\ 0 \leq i_{k+1} - i_k \leq 1 \quad (1 \leq k \leq n-4)$

(2) $j_1 = n,\ 0 \leq j_k - j_{k+1} \leq 1 \quad (1 \leq k \leq n-4)$

(3) $j_k - i_k = n - 1 - k \quad (1 \leq k \leq n-3)$

を満たすようにできる．とくに $\{i_k\}$ は単調増加，$\{j_k\}$ は単調減少である．

[証明]　双対グラフの頂点は三角形分割に現れる三角形であった．その端点を t_1, t_{n-2} とし，道を

$$t_1 \xrightarrow{d_1} t_2 \xrightarrow{d_2} t_3 \to \cdots \to t_{n-3} \xrightarrow{d_{n-3}} t_{n-2}$$

としよう（図 10.4 参照．双対グラフは有向グラフではないが，わかりやすいよ

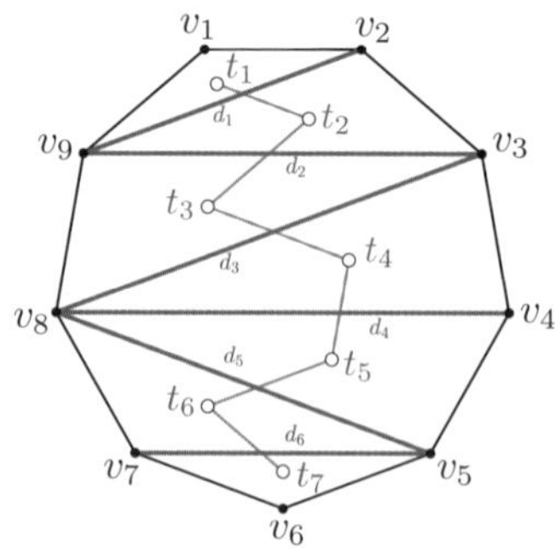

図 10.4　ジグザグ道と対角線

うに辺に矢印をつけた). ここで d_k は三角形分割に現れる対角線を表し，双対グラフの辺になっているものである．また，対角線 d_k はもとの多角形 $\mathscr{P}$ の 2 つの頂点を結んでいる．ああ，ややこしい．

三角形 t_1 の辺 d_1 を対辺とする頂点を v_1 とおいて，いつものように時計回りに頂点を $v_1, v_2, v_3, \ldots$ と番号づける．そうすると $d_1 = [2, n]$ である．t_2 は d_1 を辺とする三角形であるから，やはり d_1 を対辺とする頂点があるが，それは v_3 か v_{n-1} のいずれかである．v_3 ならば $d_2 = [3, n]$ つまり $(i_2, j_2) = (3, n)$ であり，v_{n-1} ならば $d_2 = [2, n-1]$ つまり $(i_2, j_2) = (2, n-1)$ である．したがって $(i_2, j_2) = (i_1 + 1, j_1)$ か，または $(i_2, j_2) = (i_1, j_1 - 1)$ が成り立つ．だから $j_2 - i_2 = j_1 - i_1 - 1 = n - 3$ である．

一般に $t_k \xrightarrow{d_k} t_{k+1}$ と双対グラフ内でつながっているので d_k は三角形 t_k の辺であって，d_k を対辺とする頂点がある．それは v_{i_k+1} または v_{j_k-1} であり，…と上と同じ議論を繰り返していけばよい．

最後の $d_{n-3} = [i_{n-3}, j_{n-3}]$ においては，$j_{n-3} - i_{n-3} = n - 1 - (n-3) = 2$ となっており，$i_{n-3} + 1 = j_{n-3} - 1$ が成り立つ．したがって

$$t_{n-2} = \delta(i_{n-3}, j_{n-3}, i_{n-3} + 1) = \delta(i_{n-3}, j_{n-3}, j_{n-3} - 1)$$

が道における t_1 の反対側の端点となる三角形である．□

系 10.4　三角形分割の双対グラフが道になることと，奇蹄列の成分のうちちょうど 2 つが 1 であることは同値である．

[証明]　双対グラフが道ならば，補題の三角形 t_1, t_{n-2}（双対グラフの端点）の頂点に対応する奇蹄列の成分がちょうど 1 であって，その他の頂点の奇蹄列は 2 以上であることがわかる．一方，奇蹄列の成分が 1 であれば，その頂点が属する三角形は双対グラフの端点となる．端点が 2 点しかないから，双対グラフは分岐しない．また双対グラフは常に連結なので，それは道である．□

定理 10.5　三角形分割の双対グラフが道になることと，フリーズ $\mathscr{F}$ に第 1 行目から第 $(n-2)$ 行目まで，連続してジグザグ状に 1 が現れることは同値である（図 10.5 参照）．

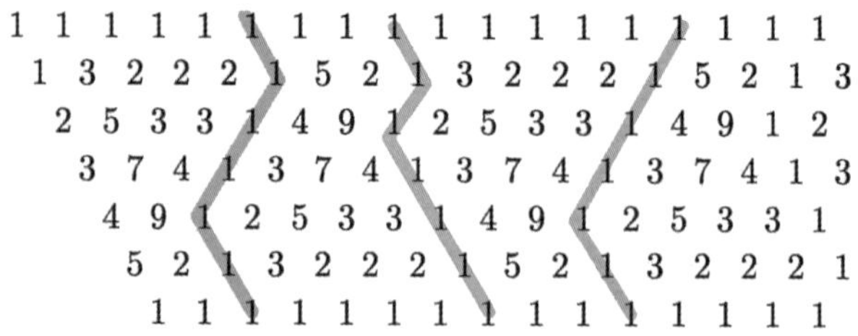

1 1 1 1 1 1 1 1 1 1 1 1 1 1 1 1 1 1

1 3 2 2 2 1 5 2 1 3 2 2 2 1 5 2 1 3

2 5 3 3 1 4 9 1 2 5 3 3 1 4 9 1 2

3 7 4 1 3 7 4 1 3 7 4 1 3 7 4 1 3

4 9 1 2 5 3 3 1 4 9 1 2 5 3 3 1

5 2 1 3 2 2 2 1 5 2 1 3 2 2 2 1

1 1 1 1 1 1 1 1 1 1 1 1 1 1 1

図 10.5 稲妻状のジグザグ道

［証明］ 補題 10.3 のように，頂点の番号付けと対角線の列 $d_k = (i_k, j_k)$ $(1 \leq k \leq n-3)$ をとっておく．

§3.7 で説明したように，$d = (i, j)$ が三角形分割の対角線なら，Broline-Crowe-Isaacs の三角形列はただ一つに定まり，$\#\mathscr{T}_n(i, j) = N(i, j) = 1$ となるのであった．一方，定理 3.5 より $N(i, j) = \zeta_{j-i-1, i+1}$ は，フリーズ $\mathscr{F}$ における第 $(i+1)$ 対角線の $(j-i-1)$ 行目の成分なのだった．

そこで，これを対角線 $d_k = (i_k, j_k)$ に適用すると

$$1 = N(i_k, j_k) = \zeta_{j_k - i_k - 1, i_k + 1} = \zeta_{n-2-k, i_k+1}$$

を得る．つまり第 $(i_k + 1)$ 対角線の $(n-2-k)$ 行目の成分は 1 である．$k = 1, 2, 3, \ldots$ と変化すると第 $(n-3)$ 行目，つまりフリーズの奇蹄列から始まる幅 $m = n-3$ 行のうちの最下段から始まって，1 の成分は行を 1 行ずつ上方に向かい，さらに対角線を $i_1 + 1, i_2 + 1, \ldots$ と移ってゆく．$\{i_k\}$ は単調増加だが，$i_k = i_{k+1}$ のときには対角線は変化しないので 1 はフリーズ成分のすぐ左上にのびてゆく．もし $i_{k+1} = i_k + 1$ なら対角線が一つ右にずれ，1 は右上方にのびる．つまり 1 はジグザグ状にのびてゆくことが見て取れるだろう．

$k = n-3$ のときは第 1 行目にやってきて，そのときの対角線は第 $(i_{n-3} + 1)$ 対角線である．これは補題 10.3 によると，ちょうど奇蹄列が 1 になる頂点の番号になっており，うまく対応していることがわかる． □

このように 1 がジグザグ状に現れるフリーズを**ジグザグ・フリーズ**，対応する三角形分割も**ジグザグ三角形分割**と呼ぶことにしよう．

演習 10.6 奇蹄列に 1 がちょうど 2 回だけ現れているとき，奇蹄列の先頭を 1 にして，$q = (1, q_2, q_3, \ldots, q_n)$ のように並べよう．このとき q を種数列とする

フリーズ $\mathscr{F}(q)$ の第 3 対角線の最後の行（第 $(n-3)$ 行目）は 1 になることを示せ．また，それをいくつかの例で確かめよ．

10.2.2　二部グラフ

グラフ $\mathscr{G}=(\mathscr{V},\mathscr{E})$ の頂点を 2 種類に分割し，$\mathscr{V}=\mathscr{V}^B\cup\mathscr{V}^W$ と書く．$\mathscr{V}^B$ の頂点を**黒頂点**，$\mathscr{V}^W$ の頂点を**白頂点**と呼ぶことにする．

このとき，グラフ $\mathscr{G}$ が**二部グラフ**であるとは，任意の辺 $(u,v)\in\mathscr{E}$ に対して $u\in\mathscr{V}^B$, $v\in\mathscr{V}^W$（またはその逆）が成り立っているときに言う．つまり同じ色の頂点を結ぶような辺が存在しないということである．

凸 n 角形の三角形分割 $\mathscr{T}_n$ から出発してこのような二部グラフを作ろう．

黒の頂点はもとの多角形 $\mathscr{P}$ の頂点たちである．これらは n 個ある．次に白の頂点を三角形分割に現れる三角形とする．これは $(n-2)$ 個ある．つまり

$$\mathscr{V}^B=V=\{v_1,\ldots,v_n\},\quad \mathscr{V}^W=\mathscr{T}_n$$

である．

このとき $v_i\in\mathscr{V}^B$ と $t\in\mathscr{V}^W$ の間に辺があるとは $v_i\in t$，つまり三角形 t の頂点の一つが v_i であるときと決める．頂点 v_i と三角形 t の重心を結ぶ線分が辺であると考えるとイメージしやすいかもしれない．そうすると各白頂点（三角形の重心）はちょうど 3 個の黒頂点（三角形の 3 頂点）と結ばれることになる．もちろん $\mathscr{V}^B$ 同士や $\mathscr{V}^W$ 同士は辺で結ばれていないとする（図 10.6 参照）．

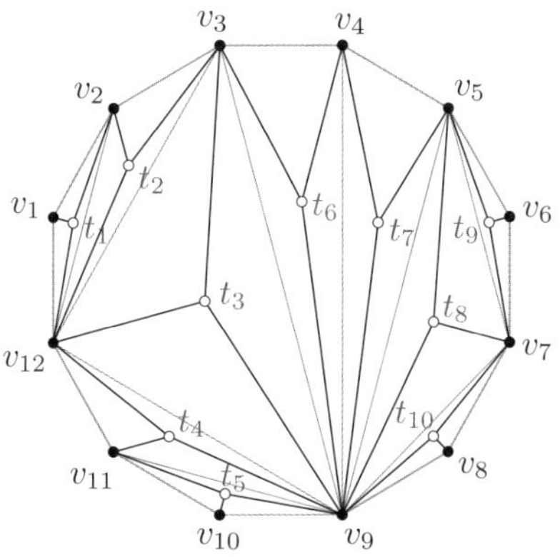

図 10.6　二部グラフ

この図では，もとの多角形の頂点を黒丸にし，三角形分割の各三角形の重心に白丸，そして，重心（白丸）から三角形の 3 つの頂点に向かって辺を描いてある．もとの多角形の辺とか，三角形分割に現れる対角線や辺は，この二部グラフには現れないことに注意しよう．

得られたグラフ $\mathscr{G} = (\mathscr{V}, \mathscr{E})$ は作り方から明らかに二部グラフになっている．

演習 10.7 上で定めた二部グラフ $\mathscr{G} = (\mathscr{V}, \mathscr{E})$ からもとの多角形の三角形分割 $\mathscr{T}_n$ がただ一つに決まる（復元できる）ことを示せ．

§ 10.3 完全マッチング

少しの間だけ三角形分割から離れて，一般の二部グラフ $\mathscr{G} = (\mathscr{V}, \mathscr{E})$, $\mathscr{V} = \mathscr{V}^{\mathrm{B}} \cup \mathscr{V}^{\mathrm{W}}$ について考える．二部グラフの辺の部分集合 $\mathscr{E}^{\mathrm{M}} \subset \mathscr{E}$ であって，$\mathscr{E}^{\mathrm{M}}$ のどの 2 つの辺も端点を共有しないとき，これを $\mathscr{G}$ の**マッチング**という．辺 $e \in \mathscr{E}^{\mathrm{M}}$ は白頂点と黒頂点を結んでいるので，要するに白頂点と黒頂点の組であって辺で結ばれたものをいくつか考えれば，それがマッチングを定める．

黒頂点の集合 $\mathscr{V}^{\mathrm{B}}$ と白頂点の集合 $\mathscr{V}^{\mathrm{W}}$ の頂点の個数が等しいとき，すべての頂点が $\mathscr{E}^{\mathrm{M}}$ のいずれかの辺の頂点になっているようなマッチングを**完全マッチング**という．つまり，マッチング $\mathscr{E}^{\mathrm{M}} \subset \mathscr{E}$ が完全マッチングであるとは，$\mathscr{E}^{\mathrm{M}}$ の辺の端点全体が $\mathscr{V}^{\mathrm{B}} \cup \mathscr{V}^{\mathrm{W}}$ に一致しているときである．このとき黒頂点と白頂点は完全マッチング $\mathscr{E}^{\mathrm{M}}$ によって一対一に対応している．したがって，黒頂点と白頂点の個数が異なるときには完全マッチングは存在しないし，考えることもできない．

演習 10.8 次の二部グラフでは完全マッチングは何組存在するだろうか．

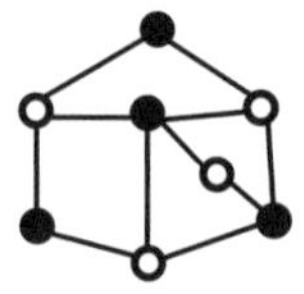

図 10.7 二部グラフ

では，あらためて三角形分割 $\mathscr{T}_n$ から決まる二部グラフ $\mathscr{G} = (\mathscr{V}, \mathscr{E})$ を考えよ

う．この二部グラフでは黒頂点の個数が白頂点の個数より 2 個多いので完全マッチングを考えることができない．そこで黒頂点，つまり，もとの多角形の頂点の個数を 2 個減らそう．

$$\mathscr{V}^{\mathrm{B}}_{i,j} = V \setminus \{v_i, v_j\} = \{v_1, \ldots, \widehat{v_i}, \ldots, \widehat{v_j}, \ldots, v_n\}$$

とおいて，頂点の集合を $\mathscr{V}_{i,j} = \mathscr{V}^{\mathrm{B}}_{i,j} \cup \mathscr{V}^{\mathrm{W}}$ とする．もし v_i, v_j のいずれかを端点とするような辺があればその辺を取り除き，それを $\mathscr{E}_{i,j}$ とする．すると二部グラフ $\mathscr{G}(i,j) = (\mathscr{V}_{i,j}, \mathscr{E}_{i,j})$ が得られるが，この二部グラフにはいくつかの完全マッチングが存在する．ただ一つのこともあるが，複数存在するのが普通である．

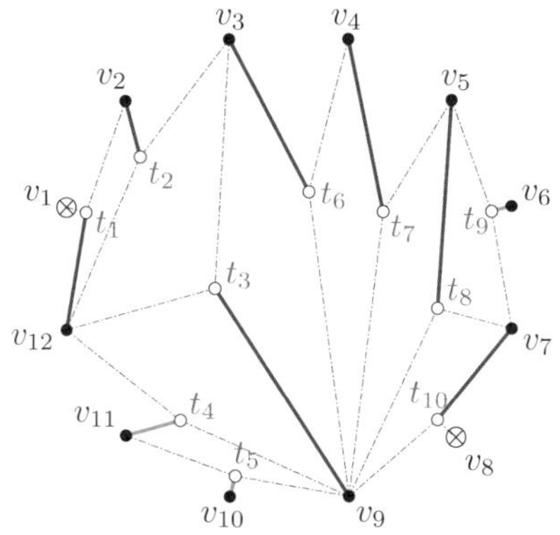

図 10.8　二部グラフ $\mathscr{G}(1,8)$ と完全マッチング（図 10.6 参照）

そこで $\mathscr{G}(i,j)$ の完全マッチングの個数を $m_{i,j}$ と書こう．その意味から明らかに $m_{i,j} = m_{j,i}$ が成り立っていることに注意する．

我々の二部グラフ $\mathscr{G}$ は三角形分割 $\mathscr{T}_n$ から決まっていたが，その奇蹄列をいつものように $q = (q_1, q_2, \ldots, q_n)$ と書き，この奇蹄列を種数列とするフリーズを $\mathscr{F}(q)$ で表す．驚くべきことに，この完全マッチングの個数 $(m_{i,j})$ はフリーズパターンと一致するのである ([39]).

定理 10.9 (Carroll-Price-Prop)　上の記号の下に，フリーズ $\mathscr{F}(q)$ の第 i 対角線は完全マッチングの個数を用いて

$$1 = m_{i-1,i},\ q_i = m_{i-1,i+1},\ m_{i-1,i+2},\ m_{i-1,i+3},\ \ldots,$$
$$\ldots,\ m_{i-1,i+n-3} = q_{i-2},\ m_{i-1,i+n-2} = 1$$

で与えられる．

定理の証明はさておき，感じを掴むためにいくつかの $m_{i,j}$ を求めてみよう．$i = 1$ のときに考えよう．そうすると第 1 対角線が $m_{0,1}, m_{0,2}, m_{0,3}, \ldots,$ $m_{0,n-2}, m_{0,n-1}$ となっているはずである．

$\mathscr{G}(0,1)$ は頂点 v_0, v_1 を黒頂点から除くことになる．そうすると多角形 $\mathscr{P}$ の辺 (v_0, v_1) を 1 辺とする三角形 $t = \delta(v_0, v_1, v_k)$ が存在するが，この三角形の重心が白頂点 t である．t と結ばれていた黒頂点 v_0, v_1 は除かれてしまうので，完全マッチングを作ろうとすると，残りの黒頂点 v_k と t を結ぶしかない．そこでこの v_k を選んで，取り除いてしまおう（もう使えないので）．すると t と隣り合った三角形 t' においても（その重心と）結ばれている黒頂点のうち 2 つはすでに取り除かれているので，あと残った一つの黒頂点と t' を結ぶしかない．このように帰納的にマッチングを作ってゆくと，ただ一つしかマッチングができないことがわかるだろう．したがって $m_{0,1} = 1$ である．

次に $m_{0,2}$ について考えてみる．このときは頂点 v_0, v_2 を取り除くので，生き残った v_1 について考えてみよう．奇蹄列の成分 q_1 は v_1 を頂点にもつ三角形 $t \in \mathscr{T}_n$ の個数だったが，v_1 が黒頂点，t が白頂点なのでこの 2 つを結ぶ q_1 本の辺が存在する．マッチングを作らなければならないので，この辺の一つを採用してから v_1 を取り除いてしまおう．そうすると v_0, v_1, v_2 と連続した 3 頂点が取り除かれるので，$m_{0,1}$ のときの考察とまったく同様にしてあとのマッチングは決まってしまうことがわかる．したがって $m_{0,2} = q_1$ である．

$m_{i,j} = m_{j,i}$ なので，すでに考えたことから $m_{0,n-1} = 1$, $m_{0,n-2} = q_{n-1}$ がわかる．我々は奇蹄列を n 巡回的に考えているので $q_{n-1} = q_{-1}$ であることに注意する．

たった 4 つを計算してみただけだが，なんだか第 1 対角線になりそうではないか．しかし，一般の $m_{i,j}$ をこのような組合せ論的な考察によって求めることは難しい．

［定理 10.9 の証明］　Broline-Crowe-Isaacs の定理 3.5 を思い出そう．Broline-Crowe-Isaacs の三角形列（以下，BCI 三角形列）の集合を

$$\mathscr{T}(v_i, v_j) = \{(t_{i+1}, t_{i+2}, \ldots, t_{j-1}) \mid \\ t_k \in \mathscr{T}_n,\ v_k \in t_k\ (i < k < j),\ t_k \neq t_\ell\ (k \neq \ell)\}$$

と書くのであった．三角形列 $(t_k)_{k=i+1}^{j-1}$ は t_k の頂点の一つが v_k になるようにとってきたのだったが，これは要するに二部グラフ $\mathscr{G}$ において (v_k, t_k) が辺になっていることを意味している！　BCI 列の取り方より，三角形は重複しないから，これらの辺は端点を共有しない．したがってマッチングを与えている．

これではまだ完全マッチングにはならないが，あと残りの“半分”には BCI の対合写像を適用すればよい．定理 3.7 によりちょうど“反対側”の $\mathscr{T}(v_j, v_i)$ における BCI 三角形列が存在する．それを補系列と呼んだのだった．補系列を $(s_{j+1}, s_{j+2}, \ldots, s_{i-1})$ と書けば，$v_k \in s_k\ (j < k < i)$ であって，これも二部グラフの辺になっている．もとの列と補系列を合わせれば全体になる：

$$\mathscr{T}_n = \{t_{i+1}, t_{i+2}, \ldots, t_{j-1}\} \cup \{s_{j+1}, s_{j+2}, \ldots, s_{i-1}\}$$

また，このとき v_i, v_j の 2 黒頂点はどちらの BCI 三角形列にも現れない．

このようにしてすべての三角形 $t \in \mathscr{T}_n$ と頂点 v（黒頂点）が v_i, v_j を除いて一対一に対応し，二部グラフでは辺で結ばれている．つまりこれは完全マッチングを与える．逆の対応はもっと簡単で，完全マッチングから BCI 三角形列を構成すればよい．これは読者に任せよう．

以上から完全マッチングと BCI 三角形列は一対一に対応することがわかった．その個数がフリーズの対角線を与えることは定理 3.5 で証明済みである．□

演習 10.10　奇蹄列 q をもつフリーズ $\mathscr{F}(q)$ の成分を §9.2 の図のように $(c_{i,j})$，あるいは，図 2.3 のように $(\zeta_{i,j})$ と書いておくと

$$c_{i,j} = m_{i-1,j+1}, \quad \zeta_{i,j} = m_{j-1,i+j}, \quad m_{i,j} = c_{i+1,j-1} = \zeta_{j-i-1,i+1}$$

が成り立つことを確認せよ．とくにユニモジュラ規則より，等式

$$m_{i,j}m_{i-1,j+1} + m_{i-1,i}m_{j,j+1} = m_{i-1,j}m_{i,j+1} \tag{10.1}$$

が成り立つ（$m_{i-1,i} = m_{j,j+1} = 1$ に注意せよ）．

演習 10.11　$m_{i,j} = m_{j,i}$ が成り立つことから，フリーズの並進鏡映による対称性（定理 3.8）を再度確認せよ．

二部グラフの完全マッチングを使ったフリーズの構成は興味深いものだが，完全マッチングを探索するのはそう簡単なことではないし，結局は Broline-Crowe-Isaacs の定理に帰着するのだから，完全マッチングなんて考えなくてもいいと思ってしまうかもしれない．

しかし，そんなことはない．数学は奥深いのである．

§10.4　ローラン多項式現象と正値性

二部グラフとその完全マッチングを用いたフリーズの構成はいろんな解釈と一般化をもたらしてくれる．まず，二部グラフでよいのなら，三角形分割から出発する必要はないだろう．

研究課題 10.12　（多角形の三角形分割とは独立に）二部グラフの完全マッチングを用いてフリーズのおもしろい一般化を考えよ．

あるいはグラフの構造やグラフ理論の手法を用いてフリーズを一般化することも考えられる．たとえば次のような設定を考えてみよう．

凸 n 角形 $\mathscr{P}$ の三角形分割をとる．このとき，三角形分割に現れる対角線に**ウェイト**と呼ばれる変数を対応させよう．対角線は全部で $(n-3)$ 本あるので，全部で $(n-3)$ 個の変数が必要である．また，もとの多角形の辺にはウェイト 1 を対応させる．すると三角形分割に現れる三角形の 3 辺にはすべてなんらかのウェイトが対応している．

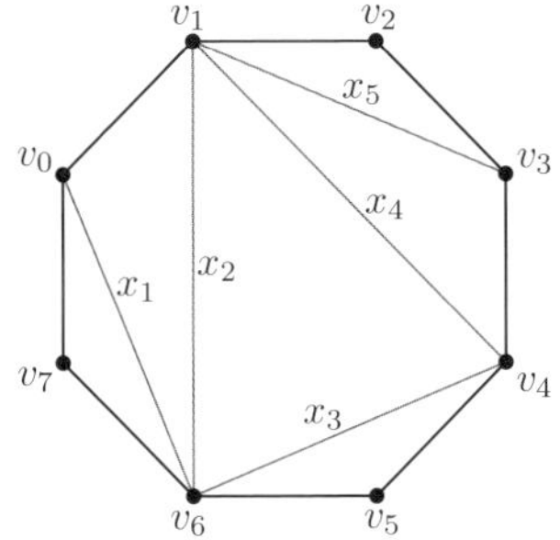

図 10.9　三角形分割とウェイト

さて，前節から引き続いて三角形分割に対応して決まる二部グラフ $\mathscr{G} = (\mathscr{V}, \mathscr{E})$ を考えよう．このとき，二部グラフの辺 $(v,t) \in \mathscr{E}$ にウェイトを次のように定めよう．ここで (v,t) と書くと，$v \in V$ はもとの多角形の頂点の一つで，$t \in \mathscr{T}_n$ は v を頂点にもつ三角形であった．辺 (v,t) は頂点 v と三角形 t の重心を結ぶ線分であると考えるとイメージしやすいだろう．

このとき，三角形 t における頂点 v の対辺を考え，その対辺のウェイトを二部グラフの辺 $e = (v,t)$ のウェイトと定義し，$w(e) = w(v,t)$ で表す．このウェイトの定め方は図 10.10 を見るとわかりやすい．ここで重心 g が三角形 t を代表しており，辺 $e = (v,t)$ は頂点 v と重心 g を結ぶ線分で表されている．図では，真中の三角形 t_3 と結ばれている 3 辺にのみウェイトを書き込んである．もちろん他の辺にも同様に，頂点に対する対辺のウェイトを書き込んでおくことになる．

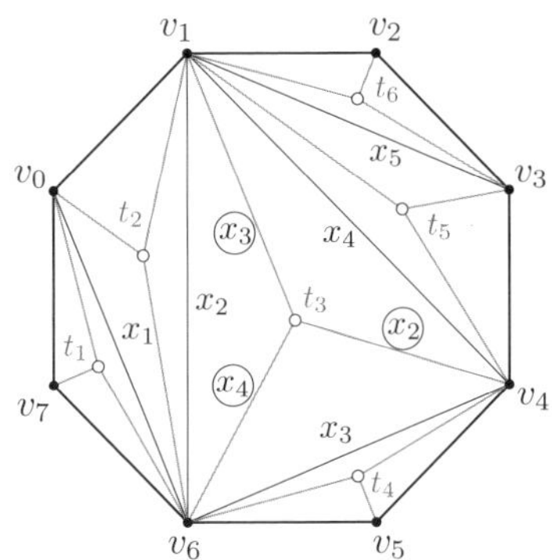

図 10.10　真中の三角形 t_3 と結ばれている辺のウェイト $w(v_1, t_3) = x_3$, $w(v_6, t_3) = x_4$, $w(v_4, t_3) = x_2$（図 10.9 参照）

さて，頂点 v_i, v_j を省いた二部グラフ $\mathscr{G}(i,j) = (\mathscr{V}_{i,j}, \mathscr{E}_{i,j})$ の完全マッチングを一つとって，それを $\mathscr{E}^{\mathrm{M}} \subset \mathscr{E}_{i,j}$ とする．$\mathscr{E}^{\mathrm{M}}$ は黒頂点と白頂点を結ぶ辺の集合で，辺同士は互いに端点を共有せず，その端点をすべて合わせると黒頂点 $\mathscr{V}_{i,j}^{\mathrm{B}} = V \setminus \{v_i, v_j\}$ と白頂点 $\mathscr{V}_{i,j}^{\mathrm{W}} = \mathscr{T}_n$ 全体になるようなものである．このとき

$$w(\mathscr{E}^{\mathrm{M}}) = \prod_{e \in \mathscr{E}^{\mathrm{M}}} w(e)$$

と定義して，これを完全マッチング $\mathscr{E}^{\mathrm{M}}$ の**ウェイト**という[*3]．要するに完全マッチングに含まれる辺のウェイトをすべて掛け合わせたものである．同様にして，すべての辺のウェイトを掛け合わせたものを $w(\mathscr{E})$ と書き，

$$W_{i,j} = \frac{1}{w(\mathscr{E})} \sum_{\mathscr{E}^{\mathrm{M}} \in \mathscr{M}(\mathscr{G}(i,j))} w(\mathscr{E}^{\mathrm{M}}) \tag{10.2}$$

と定義する．ただし $\mathscr{M}(\mathscr{G}(i,j))$ は二部グラフ $\mathscr{G}(i,j)$ の完全マッチング全体の集合であって，便宜的に $W_{i,i} = 0$ と定義しておく．この $W_{i,j}$ を二部グラフ $\mathscr{G}(i,j)$ の**ウェイト**と呼ぶ．すぐにわかるように

補題 10.13　三角形分割の各対角線に与えられた変数にすべて 1 を代入すると $W_{i,j}$ は完全マッチングの個数 $m_{i,j}$ に等しい．

だから，ウェイト $W_{i,j}$ は完全マッチングの個数を変数化して考えたものと思うことができる．このウェイトに関して次の定理が成り立つ．

---

*3 記号 $\prod_{a \in A} p(a)$ は**総乗記号**とか**総積記号**と呼ばれるもので，A の要素 a が動いたとき，$p(a)$ をすべて掛け合わせたものを意味する．総和記号 $\sum_{a \in A} \sigma(a)$ の和が積に替わったと思えばよい．

定理 10.14（Kuo の縮約公式）　ウェイト $W_{i,j}$ は次の等式を満たす．

$$W_{i,j}W_{i-1,j+1} + W_{i-1,i}W_{j,j+1} = W_{i-1,j}W_{i,j+1}$$

ここで $W_{i-1,i} = W_{j,j+1} = 1$ が成り立つ（$i-1$, i, j, $j+1$ はすべて相異なるとする）．

この定理は $m_{i,j}$ に関する等式 (10.1) を一般化したものであるが，実はもう少し一般的な設定で，平面上の二部グラフの完全マッチングについて成り立つことが Kuo によって証明されている ([30, Theorem 5.4])．等式自身は，**縮約公式**とか，**プトレマイオスの等式**と呼ばれる．というのもこの等式は，かの有名な，円周上の 4 点に関するプトレマイオスの等式に酷似しているからである[*4]．

定理 10.15（プトレマイオス）　平面上の円を考える．円周上の相異なる 4 点を時計回りに i, j, k, ℓ と書いて，$d_{i,j}$ で 2 点 i と j を結ぶ弦の長さ（平面上の距離）を表すと，

$$d_{i,j}d_{k,l} + d_{\ell,i}d_{j,k} = d_{i,k}d_{j,\ell}$$

が成り立つ．

プトレマイオスの定理は有名なので，何通りもの証明が知られている．たとえば [62, 定理 6.4.1] を参照してほしい（[72] には複素数の三角不等式を利用した証明がある）．自分で証明に挑戦するのも一興である．

演習 10.16　プトレマイオスの定理を余弦定理，正弦定理を利用して証明せよ．また，平面上の任意の 4 点に対して (左辺) $\geq$ (右辺) が成り立つことを示せ．4 点が同一直線上にないとき，等号成立の条件はこの 4 点が定理に指定された順序で円周上にあることと同値である（オイラー・プトレマイオスの定理）．

---

*4 Ptolemy, Claudius (85?–165?). プトレマイオスは英語では Ptolemy と綴り，トレミーと発音するので，トレミーの定理などと書いている本もある．

縮約公式の証明は §10.5 ですることにして，話を続けよう．等式を書き直すと

$$W_{i-1,j}W_{i,j+1} - W_{i,j}W_{i-1,j+1} = 1$$

だから，これはユニモジュラ規則に他ならない．以下，説明の都合上 $1 \leq i < j \leq n$ の場合を想定して話を進める（一般の場合にも適当な修整をすれば以下の話は成り立つ）．よくわかるようにダイアモンド形に並べてみると次のようになる．

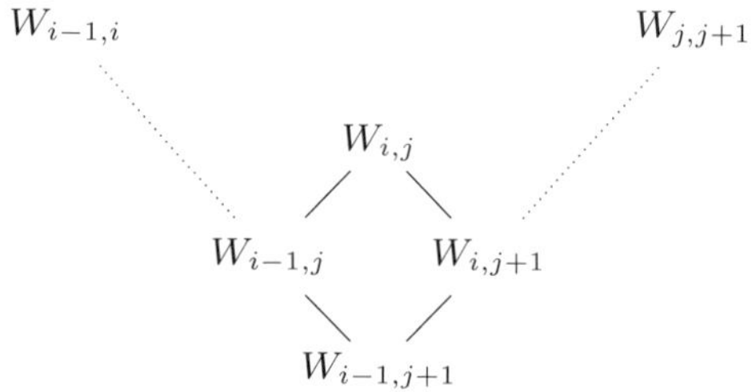

ここで $W_{i-1,i} = W_{j,j+1} = 1$ だったことに注意しよう．$W_{i,j}$ をこのような形に配置してゆくと，最後の行には $W_{j+1,j} = W_{i,i-1} = 1$ が並び，$W_{i,j}$ をプロットしたものはちょうど 1 が並ぶ 2 つの行に挟まれ，ユニモジュラ規則を満たす SL_2タイル張りになる．成分はもはや自然数でも，整数でさえないが，これを帯状のフリーズと呼んでもよいだろう．

$W_{i,j}$ はいくつかの完全マッチングのウェイトの和をとり，それを $\mathbf{X} = x_1x_2\cdots x_{n-3}$ で割ったものであった．完全マッチングのウェイトはすべて $\{x_k\}$ たちの単項式であるから，それぞれの項を $\mathbf{X}$ で割ると，$\{x_k^{\pm1}\}$ の単項式が得られる．たとえば，6 角形の例をあげてみよう．

例 10.17 図 10.11 のような 6 角形の三角形分割を考え，対角線のウェイトを図にあるように x, y, z と書いておく．二部グラフ $\mathscr{G}(1,4)$ を使って，ウェイト $W_{1,4}$ を計算してみよう．$\mathscr{G}(1,4)$ には完全マッチングが 5 通りあるが，それぞれのウェイトを表にして書いてみた．

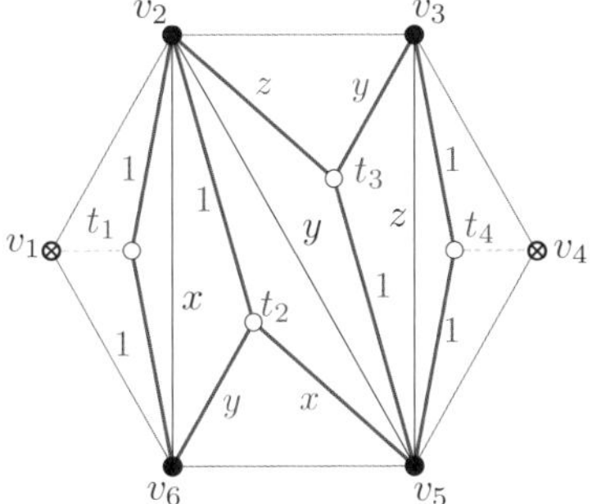

図 10.11　6 角形の三角分割と二部グラフ $\mathscr{G}(1,4)$

完全マッチング	ウェイト
$\{(v_2,t_1),\ (v_6,t_2),\ (v_5,t_3),\ (v_3,t_4)\}$	$1\cdot y\cdot 1\cdot 1 = y$
$\{(v_2,t_1),\ (v_6,t_2),\ (v_3,t_3),\ (v_5,t_4)\}$	$1\cdot y\cdot y\cdot 1 = y^2$
$\{(v_6,t_1),\ (v_2,t_2),\ (v_5,t_3),\ (v_3,t_4)\}$	$1\cdot 1\cdot 1\cdot 1 = 1$
$\{(v_6,t_1),\ (v_2,t_2),\ (v_3,t_3),\ (v_5,t_4)\}$	$1\cdot 1\cdot y\cdot 1 = y$
$\{(v_6,t_1),\ (v_5,t_2),\ (v_2,t_3),\ (v_3,t_4)\}$	$1\cdot x\cdot z\cdot 1 = xz$

したがってウェイト $W_{1,4}$ は次のように計算される．

$$W_{1,4} = \frac{y^2+xz+2y+1}{xyz} = x^{-1}yz^{-1} + y^{-1} + 2x^{-1}z^{-1} + x^{-1}y^{-1}z^{-1}$$

もちろん $x=y=z=1$ とおくと，この値は $m_{1,4}=5$ となる．

このウェイトのような，分数式ではあるが $\{x_k^{\pm 1}\}$ の単項式の和で表されるようなものを**ローラン多項式**と呼んでいる[*5]．構成からすぐにわかることだが，ウェイト $W_{i,j}$ はローラン多項式の中でも特殊な形をしており，各単項式の係数が 0 以上の整数である．このようなとき，ローラン多項式は**正値**であるという．したがって次のような定理 10.14 の系が得られる．

系 10.18　二部グラフ $\mathscr{G}(i,j)$ のウェイト $W_{i,j}$ を式 (10.2) のように定義してこれを並べると，成分が正値ローラン多項式であるような，周期が n で，幅が $m=n-3$ の帯状フリーズが得られる．

[*5] Laurent, Pierre (1813–1854)．なお，ローラン多項式については §12.1 に詳しい説明があるので参照してほしい．

［証明］ 証明のほとんどは済んでいて，周期と幅を確かめればよいだけである．

周期については，頂点数が n の多角形の頂点によってウェイト $W_{i,j}$ は番号づけられており，もちろん i,j を n に関して巡回的に考えても結果は同じである．したがって $W_{i,j}$ を並べると自然に周期は n となる．

幅について考えてみよう．それについては $W_{i,j}$ において j を動かしてみるとよいだろう．$j=i+1$ のときには $W_{i,i+1}=1$ である．j が 1 ずつ増えると，フリーズを対角線に沿って $W_{i,j}$ が下方へと移動してゆく．$j=n=0$ で番号付けはもとに戻るが，気にしないでさらに $j=1,2,\ldots$ と，どんどん j を増やして行を下に下がっていこう．すると（一回り循環しかけたところで）$j=i-1$ のとき $W_{i,i-1}=W_{i-1,i}=1$ となる．1 から 1 までいくら j が変化したかというと，最初が $j=i+1$ だから $j=n$ までの変化が $n-i$，そして，そこから $j=1$ にもどって $j=i-1$ までなので

$$(n-i)+(i-1)=n-1$$

である．すると，ちょうど 1 の並ぶ最初の行と 1 のならぶ最後の行の“間”に挟まれた部分は $(n-1)-2=n-3=m$ である． □

この系の主張はいままで構成してきた過程を見ると明らかで，簡単に見える．しかし，一般にこのようなユニモジュラ規則を満たすようなローラン多項式の体系をなんの足がかりもなく構成することは非常に難しい．力ずくでやろうと思ってもなかなかできないのだが，二部グラフのウェイトを用いる方法以外に，もう一つの簡単な方法がある．それはフリーズのユニモジュラ規則を逆に利用することである．

そこで，次のようにして幅が $m=n-3$ のフリーズを作ってみよう．もちろん，フリーズだから，最初には 0 が並んだ行があり，次に 1 がずっと並んだ行がある．そこで第 1 対角線が（0 は省いて）変数を用いて

$$1,\ x_1,\ x_2,\ \ldots,\ x_m,\ 1$$

と表されているとしてみよう．するとユニモジュラ規則によって第 2 対角線は

$$1,\ y_1=\frac{1+x_2}{x_1},\ y_2=\frac{1+x_3\cdot(1+x_2)/x_1}{x_2}=\frac{x_1+x_3+x_2x_3}{x_1x_2},\ \ldots,\ 1$$

のように計算でき，以下，次々と新しい対角線が計算できる．このとき，整数の場合と違って，計算した途中の成分がゼロになることがないのは，よい知らせである．しかし，計算の途中はどんどん複雑になってゆく．実際，第 2 対角線まではよいが，第 3 対角線になると分母はかなり複雑な分数式である．第 3 対角線の最初の成分を計算してみると

$$z_1 = \frac{1+y_2}{y_1} = \frac{1+(x_1+x_3+x_2x_3)/x_1x_2}{(1+x_2)/x_1}$$
$$= \frac{(x_1+x_3)(1+x_2)}{x_2(1+x_2)} = \frac{x_1+x_3}{x_2}$$

のように“奇跡的に”分子が因数分解され，分母とキャンセルする．もちろん我々はすでにこれが奇跡などではないことは知っているが，それでも「おおっ」と呟きたくなるのを抑えることはできない．このように計算してゆくと，すべての成分はローラン多項式で，しかも正値であることが確かめられる．もっと圧巻なのは第 n 対角線の場合で，ここまでは複雑なローラン多項式だったものが，次の対角線を計算してみると，もとの $1, x_1, x_2, \ldots$ に戻ってくる！

演習 10.19　第 2 対角線の次の成分 y_3 や第 3 対角線の続きの第 2，第 3 成分 z_2, z_3 を計算せよ．

ローラン多項式になるのは不思議だが，正値性は「もともと計算に正値なものしか出てこないんだから当たり前だ」と思う人もいるかもしれない．そのような人のために，次のような例もあることを注意しておこう．

$$\frac{x^3+1}{x+1} = x^2 - x + 1$$

つまり係数が正値なものの商は必ずしも正値ではない．そして上のフリーズの計算では因数分解と項の間の簡約化（分数式の“約分”）が起こっているのである．

このような変数の配置ができるのは三角形分割の双対グラフが道になっている場合で，第 1 対角線に素直に配置できるのは図 10.3 の一番右側の三角形分割，つまり，すべての対角線がある一つの同一頂点を端点としてもつ場合である．その他の場合は，ジグザグ状に変数を配列する必要がある（図 10.5 参照．図では 1 が並んでいるが，この場所に変数を配置する）．まとめておこう．

定理 10.20 幅が $m = n - 3$ のフリーズ配列において，まず第 1 行目から第 m 行目まで，変数 $x_1, x_2, \ldots, x_m$ をジグザグ状に（好きなように）配列してから，そのあとユニモジュラ規則によって他の成分を決定すると，それらはすべて $x_1, \ldots, x_m$ のローラン多項式になり，係数はすべて正値である．また水平方向の周期は n である．

［証明］ ジグザグ配列からユニモジュラ規則で残りの成分を決定できることは明らかそうではあるが，少し考える必要があるだろう．これについてはあとでちゃんと証明することにして，いまはそれを認めよう．

次に三角形分割に対角線 $d_k = [i_k, j_k]$ が現れるとして，それに変数 x_k が対応していれば，$W_{i_k, j_k} = x_k$ となることに注意しよう．これは直接示すことも可能だが，あとで示す補題 10.21 の系 10.22 で証明される．

以上に注意した上で，まず三角形分割の双対グラフが道になっているものをとり，その対角線に $x_1, x_2, \ldots, x_m$ をウェイトとして対応させる．定理 10.5 と同じように考えると，対角線 $d_1, d_2, \ldots$ に対応する二部グラフのウェイト $W_{i_k, j_k} = x_k$ はフリーズのジグザグの配置として現れることがわかる．このジグザグ配置からユニモジュラ規則でフリーズを生成すると，それはただ一つに定まる．一方 $W_{i,j}$ を並べたものも同じユニモジュラ規則を満たすフリーズとなるから両者は一致しなければならない．つまりユニモジュラ規則で計算したフリーズは，この三角形分割に付随する二部グラフから決まったフリーズになる．

二部グラフのウェイトは正値ローラン多項式だったから，このフリーズの成分は正値ローラン多項式である．さらにフリーズの周期は n だったから，ユニモジュラ規則から生成したフリーズの周期も n でなければならない． □

§ 10.5 縮約公式の証明と飾り付きフリーズ

この節では縮約公式（定理 10.14）を少し一般化した上で示そう．この公式自体がとても重要なものだが，若干複雑なので先を急ぐ読者は証明を飛ばして次の節に進んでもよいだろう．

まず縮約公式を次のように一般化する．

凸 n 角形 $\mathscr{P}$ の頂点を $v_1, v_2, \ldots, v_n$ と書く．もし紛れがないときには単に $1, 2, \ldots, n$ と書くこともある．

$\mathscr{P}$ の三角形分割 Δ をとり，その対角線を $d_1, d_2, \ldots, d_{n-3}$ とする．d_k の端点となる頂点を i_k, j_k として $d_k = [i_k, j_k]$ のように表そう．また $\mathscr{P}$ の辺を $e_1 = [1, 2]$, $e_2 = [2, 3]$, $\ldots$, $e_n = [n, 1]$ としよう．

対角線にはウェイトを $w(d_k) = x_k$ で定義し，さらに，もとの凸 n 角形の辺にも $w(e_j) = y_j$ というウェイトをおく．前節の縮約公式では辺のウェイトは 1 としていたが，この節では新たに変数 $y_1, \ldots, y_n$ を用意して，各辺にも変数のウェイトをつけるわけである．

このとき，完全マッチング $\mathscr{E}^{\mathrm{M}}$ に対するウェイトをやはり

$$\mathbf{w}(\mathscr{E}^{\mathrm{M}}) = \prod_{e \in \mathscr{E}^{\mathrm{M}}} w(e)$$

と決めよう．前節と異なるのは辺 e_j のウェイトが 1 ではなく y_j になっていることだけである．さらに二部グラフ $\mathscr{G}(i, j)$ のウェイトを正規化せずに

$$\mathbf{W}_{i,j} = \sum_{\mathscr{E}^{\mathrm{M}} \in \mathscr{M}(\mathscr{G}(i,j))} \mathbf{w}(\mathscr{E}^{\mathrm{M}})$$

と定義する．要するに完全マッチングのウェイトをすべて足し上げただけのものである．また，

$$\mathbf{X} = x_1 x_2 \ldots x_{n-3}$$

を対角線のウェイトすべての積とする．このとき次が成り立つ．

補題 10.21　(1) 任意の $1 \leq i \leq n$ に対して $\mathbf{W}_{i,i+1} = y_i \mathbf{X}$ が成り立つ．

(2) $d_k = [i_k, j_k]$ が三角形分割に現れる対角線ならば $\mathbf{W}_{i_k, j_k} = x_k \mathbf{X}$ が成り立つ．

［証明］　(1) 定理 3.5 の直前で説明したように[*6]，二部グラフ $\mathscr{G}(i, i+1)$ の完全マッチングはただ一つしかない．したがって $\mathbf{W}_{i,i+1}$ を計算するには，その一

*6 これは BCI 三角形列の話だったが，完全マッチングと同じことである．定理 10.9 の証明参照．また定理 10.9 の直前の説明も参考にしてほしい．

つのマッチングのウェイトをとればいいだけであるが，これがどのようなマッチングであったか思い出しておこう．

まず奇蹄列の成分が 1 の頂点 $j_1 \neq i, i+1$ をとる．このような頂点は 2 つ以上あり，しかも連続することはないので，$i, i+1$ 以外にもあるはずである．その（黒）頂点 j_1 を頂点にもつ三角形はただ一つしかないので，それを t_1（白頂点）とする．そうすると (j_1, t_1) は完全マッチングに必ず現れる．

次に，三角形 t_1 を $\mathscr{P}$ から取り除き，同じことを繰り返す．このようにしてマッチングの列 $\{(j_k, t_k)\}_{k=1}^{n-3}$ を得るが，最後に残った三角形は $t_{n-2} = \delta(i, i+1, j_{n-2})$ の形をしている．もちろん，これもマッチングに (j_{n-2}, t_{n-2}) として参加する．

さて，ウェイトの方は，三角形 t_k の頂点 j_k の対辺がちょうど三角形分割に現れる対角線なので，それを d_k $(1 \le k \le n-3)$ としよう．$k = n-3$ まででこのような対角線は取り尽くしてしまう．$k = n-2$ のときは，j_{n-2} の対辺がちょうど $\mathscr{P}$ の最初に取り除いた辺 $e_i = [i, i+1]$ となるから，$w((j_{n-2}, t_{n-2})) = w(e_i) = y_i$ である．したがって，この（唯一の）完全マッチングのウェイトは

$$w(d_1) \cdots w(d_{n-3}) \cdot w(e_i) = \mathbf{X} \cdot y_i$$

で，これが $\mathbf{W}_{i,i+1}$ に一致する．

(2) $d_k = [i_k, j_k]$ が三角形分割の対角線のときには，二部グラフ $\mathscr{G}(i_k, j_k)$ の完全マッチングはやはりただ一つである．まずそれを説明しよう．

対角線 $d_k = [i_k, j_k]$ で多角形 $\mathscr{P}$ を 2 つに分け，一方を $\mathscr{P}_1$，他方を $\mathscr{P}_2$ と書く．d_k はこの 2 つの多角形の辺となる．

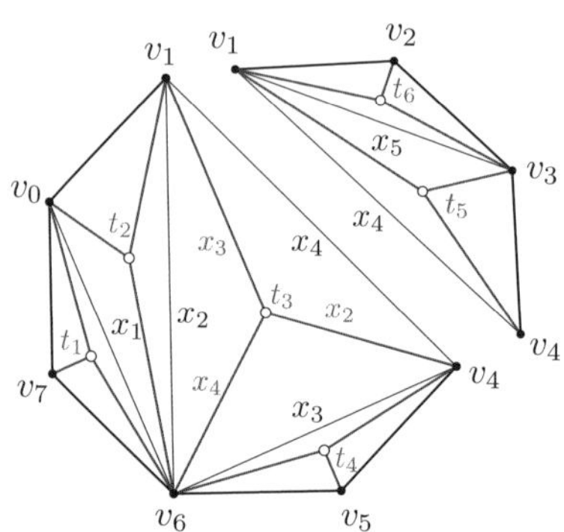

図 10.12 $\mathscr{P}_1$，$\mathscr{P}_2$ への分割

二部グラフ $\mathscr{G}(i_k, j_k)$ では d_k とその端点, それにつながる辺は省かれているので, $\mathscr{P}_1$ および $\mathscr{P}_2$ でそれぞれ頂点 v_{i_k}, v_{j_k} を除いた二部グラフ $\mathscr{G}_1(i_k, j_k), \mathscr{G}_2(i_k, j_k)$ の完全マッチング $\mathscr{E}_1^{\mathrm{M}}, \mathscr{E}_2^{\mathrm{M}}$ を合わせて考えたものが $\mathscr{G}(i_k, j_k)$ の完全マッチングである.

一方, $d_k = [i_k, j_k]$ は $\mathscr{P}_1, \mathscr{P}_2$ の多角形としての辺になっているので, すでに証明した (1) によって, $\mathscr{G}_1(i_k, j_k), \mathscr{G}_2(i_k, j_k)$ の完全マッチングはただ一つであり, それを $\mathscr{E}_1^{\mathrm{M}}, \mathscr{E}_2^{\mathrm{M}}$ と書けば $\mathscr{E}^{\mathrm{M}} = \mathscr{E}_1^{\mathrm{M}} \cup \mathscr{E}_2^{\mathrm{M}}$ が $\mathscr{G}(i_k, j_k)$ のただ一つの完全マッチングである. そのウェイトは

$$\mathbf{w}(\mathscr{E}_1^{\mathrm{M}}) = x_k \mathbf{X}_1, \quad \mathbf{w}(\mathscr{E}_2^{\mathrm{M}}) = x_k \mathbf{X}_2$$

である. ただし (1) と同様に $\mathbf{X}_1$ は $\mathscr{P}_1$ 内に存在する三角形分割の対角線のウェイトすべての積を表し, $\mathbf{X}_2$ も同様である. また d_k はいまは対角線ではなく, 辺になっていて, そのウェイトは $w(d_k) = x_k$ であったことに注意しよう. したがって

$$\mathbf{W}_{i_k, j_k} = \mathbf{w}(\mathscr{E}_1^{\mathrm{M}} \cup \mathscr{E}_2^{\mathrm{M}}) = \mathbf{w}(\mathscr{E}_1^{\mathrm{M}}) \cdot \mathbf{w}(\mathscr{E}_2^{\mathrm{M}}) = (x_k \mathbf{X}_1) \cdot (x_k \mathbf{X}_2) = x_k \mathbf{X}$$

となることがわかる. □

系 10.22　補題 10.21 と同じ設定と記号の下に, $W_{i,i+1} = 1$ かつ, $d_k = [i_k, j_k]$ が三角形分割の対角線ならば $W_{i_k, j_k} = x_k$ である. ただし $w(d_k) = x_k$ は d_k のウェイトである.

[証明]　$W_{i,j}$ は $\mathbf{W}_{i,j}/\mathbf{X}$ において $y_1 = y_2 = \cdots = y_n = 1$ と代入したものであるから, 補題より明らかである. □

定理 10.23（縮約公式）　ウェイト $\mathbf{W}_{i,j}$ は次の**プトレマイオスの等式**（**縮約公式**）を満たす.

$$\mathbf{W}_{i,j} \mathbf{W}_{i-1,j+1} + \mathbf{W}_{i-1,i} \mathbf{W}_{j,j+1} = \mathbf{W}_{i-1,j} \mathbf{W}_{i,j+1}$$

（ただし $i-1$, i, j, $j+1$ はすべて相異なるとする.）

［証明］ n に関する帰納法で示す．三角形分割には奇蹄列の値が 1 になる頂点が必ず 2 つ以上は存在し，それらは隣り合っていないのであった．そこで頂点 1 の奇蹄列の値が 1 と仮定してよい．すると三角形 $t_1 = \delta(0,1,2)$ は三角形分割に現れる．このとき，二部グラフ $\mathscr{G}(i,j)$ を考えよう．

まず $i,j \neq 1$ としてよいことに注意しよう．実際，i,j のどちらかが 1 であれば，$j+1$, $i-1$ を i,j と考えて証明すればよい．このとき，証明される式は $\mathbf{W}_{j+1,i-1}\mathbf{W}_{j,i} + \mathbf{W}_{j,j+1}\mathbf{W}_{i-1,i} = \mathbf{W}_{j,i-1}\mathbf{W}_{j+1,i}$ であるが，$\mathbf{W}_{j,i} = \mathbf{W}_{i,j}$ などに注意すれば証明したい式が得られていることがわかる．

そこで以下 $i,j \neq 1$ のときを考える．頂点 1 は黒頂点として $\mathscr{G}(i,j)$ の頂点に現れるが，1 と略記していた黒頂点 v_1 と結ばれる白頂点（つまり三角形分割に現れる三角形）は $t_1 = \delta(0,1,2)$ しかない．だから辺 $e = (v_1, t_1)$ は $\mathscr{G}(i,j)$ のすべての完全マッチングに現れなければならない．

そこで，頂点 v_1 と，それにつながる辺 $[0,1],[1,2]$ を除いた $(n-1)$ 角形の三角形分割を考えよう．$(n-1)$ 角形を $\mathscr{P}'$，その二部グラフを $\mathscr{G}'(i,j)$ のように，対応するものに $'$（プライム）をつけて表そう．もちろん t_1 を別にすれば三角形分割に含まれる他の三角形は同じで変化しない．

すると完全マッチング $\mathscr{E}^{\mathrm{M}} \in \mathscr{M}(\mathscr{G}(i,j))$ は

$$\mathscr{E}^{\mathrm{M}} = \{(v_1, t_1)\} \cup \mathscr{E}^{\mathrm{M}\prime}, \quad \mathscr{E}^{\mathrm{M}\prime} \in \mathscr{M}(\mathscr{G}'(i,j))$$

のように $\mathscr{G}'(i,j)$ の完全マッチング $\mathscr{E}^{\mathrm{M}\prime}$ と (v_1, t_1) を合わせたものになっている．したがって，対角線 $d_1 = [0,2]$ のウェイトを x_1 と書けば $\mathscr{G}(i,j)$ のウェイトは

$$\mathbf{W}_{i,j} = \mathbf{w}((v_1,t_1)) \cdot \mathbf{W}'_{i,j} = x_1 \mathbf{W}'_{i,j}$$

となる．縮約公式に出てくる i, $i-1$, j, $j+1$ がすべて 1 と異なっていれば凸 n 角形 $\mathscr{P}$ の公式は $\mathscr{P}'$ の公式の両辺にすべて x_1^2 を掛けたものになっており，帰納法の仮定より $\mathscr{P}'$ では成り立っているわけだから $\mathscr{P}$ でも成り立つ．

問題は i, $i-1$, j, $j+1$ のいずれかが 1 のときである．どれが 1 になったとしても事情はそう変わらないので，$i-1=1$，つまり $i=2$ のときを考えよう．

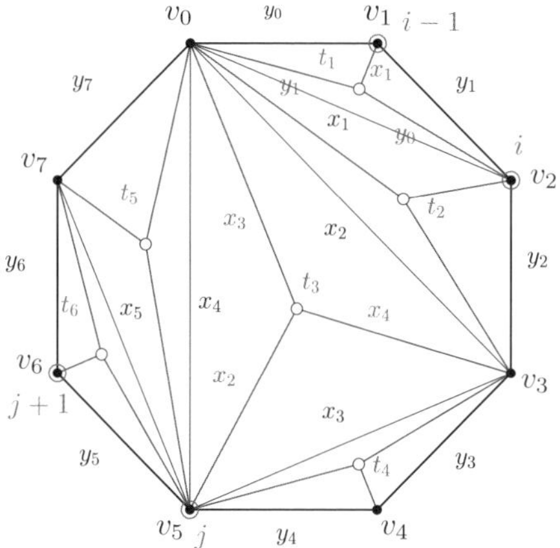

図 10.13　$i = 2$ のとき $(i - 1 = 1)$

証明すべき式は，移項すると

$$\mathbf{W}_{1,j}\mathbf{W}_{2,j+1} - \mathbf{W}_{1,j+1}\mathbf{W}_{2,j} = \mathbf{W}_{1,2}\mathbf{W}_{j,j+1} \tag{10.3}$$

である．$e_1 = [1, 2]$ と $e_j = [j, j+1]$ のウェイトがそれぞれ y_1, y_j だから，補題 10.21 より右辺は $y_1 y_j \mathbf{X}^2$ であることに注意しておこう．

式 (10.3) の左辺を計算するのだが，下付きの添え字に 1 が出てこない項はすでにやったように

$$\mathbf{W}_{2,j+1} = x_1 \mathbf{W}'_{2,j+1}, \quad \mathbf{W}_{2,j} = x_1 \mathbf{W}'_{2,j} \tag{10.4}$$

となっている．そこで $\mathbf{W}_{1,j}$ について考えてみる．それには二部グラフ $\mathscr{G}(1, j)$ を考えることになるが，頂点 v_1, v_j は省かれているので，白頂点 $t_1 = \delta(0, 1, 2)$ とマッチングする黒頂点は v_0 か v_2 しかない．2 つのマッチング (v_0, t_1) と (v_2, t_1) は一つの完全マッチングに同時には現れないことにも注意する．それぞれ場合分けすると，

(1) $(v_0, t_1) \in \mathscr{E}^{\mathrm{M}}$ ならば，$\mathscr{E}^{\mathrm{M}\prime} = \mathscr{E}^{\mathrm{M}} \setminus \{(v_0, t_1)\} \in \mathscr{M}(\mathscr{G}'(0, j))$ である．

(2) $(v_2, t_1) \in \mathscr{E}^{\mathrm{M}}$ ならば，$\mathscr{E}^{\mathrm{M}\prime} = \mathscr{E}^{\mathrm{M}} \setminus \{(v_2, t_1)\} \in \mathscr{M}(\mathscr{G}'(2, j))$ である．

したがって

$$\mathbf{W}_{1,j} = y_1 \mathbf{W}'_{0,j} + y_0 \mathbf{W}'_{2,j}$$

がわかる．同様にして

$$\mathbf{W}_{1,j+1} = y_1 \mathbf{W}'_{0,j+1} + y_0 \mathbf{W}'_{2,j+1}$$

である．これらの式を証明すべき式 (10.3) の左辺に代入すると

$$\begin{aligned}(\text{式 (10.3) の左辺}) &= (y_1 \mathbf{W}'_{0,j} + y_0 \mathbf{W}'_{2,j})(x_1 \mathbf{W}'_{2,j+1}) \\ &\quad - (y_1 \mathbf{W}'_{0,j+1} + y_0 \mathbf{W}'_{2,j+1})(x_1 \mathbf{W}'_{2,j}) \\ &= x_1 y_1 (\mathbf{W}'_{0,j} \mathbf{W}'_{2,j+1} - \mathbf{W}'_{0,j+1} \mathbf{W}'_{2,j}) \\ &= x_1 y_1 \mathbf{W}'_{0,2} \mathbf{W}'_{j,j+1}\end{aligned}$$

となる．最後の等式では帰納法の仮定を用いた．ここで $\mathscr{P}'$ では頂点 $0, 2$ は隣り合っている（1 を省いたとき，順番は付け替えずにもとのラベルを維持している）ので，補題 10.21 が使える．そうすると上の式は

$$x_1 y_1 \mathbf{W}'_{0,2} \mathbf{W}'_{j,j+1} = x_1 y_1 (x_1 \mathbf{X}')(y_j \mathbf{X}')$$

である．ただし $\mathbf{X}' = x_2 x_3 \cdots x_{n-3}$ は $\mathscr{P}'$ の三角形分割の対角線のウェイトの積，つまり x_1 以外の $\mathscr{P}$ の三角形分割の対角線のウェイトを掛け合わせたものである．したがって上式はさらに簡単になり，$y_1 y_j \mathbf{X}^2$ だが，これは補題 10.21(1) によって式 (10.3) の右辺に一致する．これが証明したかったことであった．

帰納法を使うので最初の出発点である $n = 4$ のとき（4 頂点がないと等式が作れないので $n = 3$ はあまりよろしくない）は具体的に計算してみると確かに成り立つことが簡単にわかる．これは読者の演習問題としよう． □

演習 10.24　$n = 4$ のときは三角形分割が本質的に一つしかない．たとえば，2 つの三角形を $\delta(0,1,3) \cup \delta(1,2,3)$ ととって 4 角形を分割すると，縮約公式は $i = 1, j = 2$ のときに

$$(y_1 x_1)(y_3 x_1) + (y_0 x_1)(y_2 x_1) = (y_0 y_2 + y_1 y_3) \cdot (x_1^2)$$

となることを示せ．この等式は恒等式で，確かに成り立っている．

最後に，定理 10.14 の証明をしておこう．

[定理 10.14 の証明]　定理 10.23 の等式の両辺を $\mathbf{X}^2$ で割り，さらに $y_i = 1\ (1 \le i \le n)$ とおけば定理 10.14 の等式を得る． □

さて，記号が似かよっているのでわかりにくいかもしれないが，正規化されたローラン多項式を

$$\mathbb{W}_{i,j} = \frac{1}{\mathbf{X}} \mathbf{W}_{i,j} \tag{10.5}$$

と定義する．この多項式には変数 $x_1, \ldots, x_{n-3}$ と $y_1, \ldots, y_n$ が現れるが，分母には x_j たちしか現れることはない．このとき，次の系が成り立つ．

系 10.25　ローラン多項式 $\mathbb{W}_{i,j}$ はプトレマイオスの等式（縮約公式）を満たす．ただし $i, i+1, j, j+1$ はすべて相異なるとする．

$$\mathbb{W}_{i+1,j}\mathbb{W}_{i,j+1} + \mathbb{W}_{i,i+1}\mathbb{W}_{j,j+1} = \mathbb{W}_{i,j}\mathbb{W}_{i+1,j+1}$$

さらに，次の**飾り付きユニモジュラ規則**が成り立つ．

$$\mathbb{W}_{i,j}\mathbb{W}_{i+1,j+1} - \mathbb{W}_{i+1,j}\mathbb{W}_{i,j+1} = y_i y_j \tag{10.6}$$

[証明]　添え字が少しずれているが，定理 10.23 の等式の両辺を $\mathbf{X}^2$ で割れば，プトレマイオスの等式を得る．飾り付きユニモジュラ規則は，補題 10.21 より $\mathbb{W}_{i,i+1} = y_i$ であることに注意すればわかる． □

式 (10.6) は $y_i = y_j = 1$ とおくと通常のユニモジュラ規則になる．そこで y_i, y_j を“飾り”であるとみなせば，飾り付きのユニモジュラ規則と言ってよいだろうということで，このように命名したのであるが，これにはもう少し深い意味がある．上の系によって $\mathbb{W}_{i,j}$ をフリーズのように配列すると次のようになる．

$$\begin{array}{ccccccccccccccc}
y_1 & & y_2 & & y_3 & & y_4 & & y_5 & & y_6 & & y_7 & & \\
& \mathbb{W}_{1,3} & & \mathbb{W}_{2,4} & & \mathbb{W}_{3,5} & & \mathbb{W}_{4,6} & & \mathbb{W}_{5,7} & & \mathbb{W}_{6,8} & & \mathbb{W}_{7,9} & \\
& & \mathbb{W}_{1,4} & & \mathbb{W}_{2,5} & & \mathbb{W}_{3,6} & & \mathbb{W}_{4,7} & & \mathbb{W}_{5,8} & & \mathbb{W}_{6,9} & & \mathbb{W}_{7,10} \\
& & & \mathbb{W}_{1,5} & & \mathbb{W}_{2,6} & & \mathbb{W}_{3,7} & & \mathbb{W}_{4,8} & & \mathbb{W}_{5,9} & & \mathbb{W}_{6,10} & & \mathbb{W}_{7,11} \\
& & & & \mathbb{W}_{1,6} & & \mathbb{W}_{2,7} & & \mathbb{W}_{3,8} & & \mathbb{W}_{4,9} & & \mathbb{W}_{5,10} & & \mathbb{W}_{6,11} & & \mathbb{W}_{7,12} \\
& & & & & y_7 & & y_1 & & y_2 & & y_3 & & y_4 & & y_5 & & y_6
\end{array}$$

この配列において，$y_j = 1$ $(1 \leq j \leq 7 = n)$ と特殊化すれば，ローラン多項式 $W_{i,j}$ たちのなすフリーズとなり，さらに $x_k = 1$ $(1 \leq k \leq 4 = m)$ と特殊化すれば，最初に解説した多角形の奇蹄列を種数列とするフリーズが得られる．

最初の行には $y_1, y_2, \ldots$ が並んでいるが，これがちょうど自然数からなる普通のフリーズにおける 1 が並んでいる行に当たる（これを第 0 行目と呼んでいた）．0 が並んでいる行は現れていないが，それを付け足して超周期的に繰り返すことも可能である．

そのような意味で，上下の 1 が並ぶはずの行にフリーズを挟みこむ模様のように $y_1, y_2, \ldots, y_n$ が周期的に並ぶから，これを“飾り”と呼んだ．上のようなフリーズもどきを**飾り付きフリーズ**と呼ぶことにしよう．このようなローラン多項式たちがどれくらい複雑になるかを参考までに記しておく．

- $\mathbb{W}_{1,2}, \ldots, \mathbb{W}_{1,7}$

$$y_1, \frac{x_3x_4y_0y_2 + x_2x_4y_1y_2 + x_1x_3y_1y_3 + x_1y_1y_2y_4}{x_1x_3x_4},$$
$$\frac{x_3x_4y_0 + x_2x_4y_1 + x_1y_1y_4}{x_1x_3}, \frac{x_3y_0 + x_2y_1}{x_1}, \frac{x_1y_0y_5 + x_3y_0y_6 + x_2y_1y_6}{x_1x_2}, y_0$$

- $\mathbb{W}_{2,3}, \ldots, \mathbb{W}_{2,8}$

$$y_2, x_4, x_3, \frac{x_1y_5 + x_3y_6}{x_2}, x_1, y_1$$

- $\mathbb{W}_{3,4}, \ldots, \mathbb{W}_{3,9}$

$$y_3, \frac{x_3y_3 + y_2y_4}{x_4}, \frac{x_2x_4y_2y_5 + x_1x_3y_3y_5 + x_1y_2y_4y_5 + x_3^2y_3y_6 + x_3y_2y_4y_6}{x_2x_3x_4},$$
$$\frac{x_2x_4y_2 + x_1x_3y_3 + x_1y_2y_4}{x_3x_4}, \frac{x_3x_4y_0y_2 + x_2x_4y_1y_2 + x_1x_3y_1y_3 + x_1y_1y_2y_4}{x_1x_3x_4}, y_2$$

これらの飾り付きフリーズ成分は，次の 7 角形の三角形分割とラベル付けから得られたものである．もちろん，このような計算を完全マッチングを利用して行うのは現実的ではない．どのようにして計算するのか，それは次章で説明しよう．

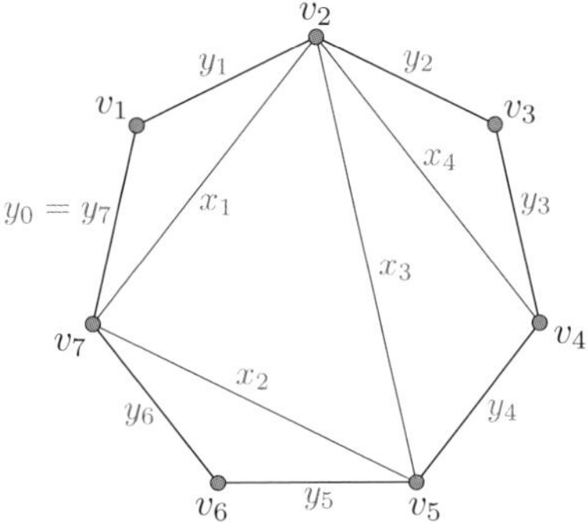

図 10.14　7 角形の三角形分割とラベル付け

第 11 章　飾り付きフリーズ

前章の最後に行ったプトレマイオスの等式の証明では，多角形の辺にも変数を割り当てることによって帰納的な証明が可能になった．この章では，この考え方を押し進めて，フリーズの上下の両端に並んだ 1 の行も変数で置き換えてしまうことを考えよう．このようなフリーズを飾り付きのフリーズと呼ぶ．この飾り付きフリーズに対しても，いままで考えてきた数々の公式が成立する．

§ 11.1　飾り付きフリーズとは

凸多角形の奇蹄列を種数列とするようなフリーズとして，我々はずっと 1 の並ぶ 2 行（さらにその外側には 0 の並ぶ 2 行）で挟まれた間の部分を考えてきた．この 1 の並ぶ行は大切で，それがユニモジュラ規則の大本となっている．

一方，すでに特別な場合は登場したが，**飾り付きフリーズ**というのは，この 1 が連続して並ぶ 2 行を変数（あるいはゼロでない数値）で置き換えたものを指している．$n = 7$ のとき，そのフリーズを再掲しよう．

$$
\begin{array}{ccccccccccc}
y_1 & y_2 & y_3 & y_4 & y_5 & y_6 & y_7 & & & & \\
& \mathbb{W}_{1,3} & \mathbb{W}_{2,4} & \mathbb{W}_{3,5} & \mathbb{W}_{4,6} & \mathbb{W}_{5,7} & \mathbb{W}_{6,8} & \mathbb{W}_{7,9} & & & \\
& & \mathbb{W}_{1,4} & \mathbb{W}_{2,5} & \mathbb{W}_{3,6} & \mathbb{W}_{4,7} & \mathbb{W}_{5,8} & \mathbb{W}_{6,9} & \mathbb{W}_{7,10} & & \\
& & & \mathbb{W}_{1,5} & \mathbb{W}_{2,6} & \mathbb{W}_{3,7} & \mathbb{W}_{4,8} & \mathbb{W}_{5,9} & \mathbb{W}_{6,10} & \mathbb{W}_{7,11} & \\
& & & & \mathbb{W}_{1,6} & \mathbb{W}_{2,7} & \mathbb{W}_{3,8} & \mathbb{W}_{4,9} & \mathbb{W}_{5,10} & \mathbb{W}_{6,11} & \mathbb{W}_{7,12} \\
& & & & & y_7 & y_1 & y_2 & y_3 & y_4 & y_5 \quad y_6
\end{array}
$$

通常のフリーズの番号付けとずれていることに注意してほしい[*1]．

*1　これは前章の $\mathbb{W}_{i,j}$ との対応でずれているだけで本質的でない．著者もこのズレに苦しんでしばしば計算間違いを繰り返したが，やはりこの番号付けを使うことにする．お許しいただきたい．

飾りの部分が付け加わったことでユニモジュラ規則も**飾り付きユニモジュラ規則**に変更して考える.

$$\mathbb{W}_{i,j}\mathbb{W}_{i+1,j+1} - \mathbb{W}_{i+1,j}\mathbb{W}_{i,j+1} = y_i y_j \tag{11.1}$$

$y_i = y_j = 1$ のときは, もちろん通常のユニモジュラ規則である. また $y_i = \mathbb{W}_{i,i+1}$ なので, 上の規則は縮約公式 (定理 10.14) を書き直したものに他ならない.

$$\mathbb{W}_{i,j}\mathbb{W}_{i+1,j+1} - \mathbb{W}_{i+1,j}\mathbb{W}_{i,j+1} = \mathbb{W}_{i,i+1}\mathbb{W}_{j,j+1} \tag{11.2}$$

$n = 7$ でなく, 水平方向に周期が n, 垂直方向には飾りの 2 行の間に m 行の $\mathbb{W}_{i,j}$ が並ぶとしたとき, 第 1 対角線は y_1 から始まって, y_n で終わる必要がある. しかし, このように飾りの部分を変更することで, かなり自由度は高くなり, さまざまなフリーズを考えることができる.

演習 11.1　円に内接する (正多角形とは限らないような) n 角形 $\mathscr{P}$ を考え, その頂点を時計回りに $v_1, v_2, \ldots, v_n$ として, 辺の長さを $y_1, y_2, \ldots, y_n$ とおく. y_k は v_k と v_{k+1} を端点とする辺の長さである. 多角形 $\mathscr{P}$ の対角線の長さを $d_{i,j} = d(v_i, v_j)$ とすれば, 飾り付きフリーズを構成することを示せ. **[ヒント]** プトレマイオスの定理を考えよ.

このような飾り付きフリーズは, 次の章で述べるクラスター代数や, あるいは複素数を成分とするフリーズおよびフリーズ多様体を考えるときにも役に立つ. しかし, 一般論はまだ整備されたものはなく, 研究が待たれるところである. ここでは凸 n 角形に付随するような場合について, 主にわかっていることを述べてみたい.

そこで, 以下, $\mathbb{W}_{i,j}$ は前章で扱った凸 n 角形の三角形分割から決まるような飾り付きフリーズの成分としよう. 一般の飾り付きフリーズで成り立つ性質もあるが, それは適宜判断しながら読んでみるとおもしろいと思う.

以下に紹介する飾り付きフリーズに関する公式群は世界初公開でまだ誰も知らない. あなたが最初にこの公式たちを目にすることになる. さて, 公式たちの紹介を始めよう.

§11.2　Coxeter の飾り付き行列式公式

Coxeter の行列式公式 (定理 9.4) は飾り付きフリーズの場合にも成り立つ. そ

れを示してみよう.

定理 11.2（飾り付き Coxeter 行列式公式） 第 1 対角線を $f_k = \mathbb{W}_{1,k+2}$, 第 2 対角線を $g_k = \mathbb{W}_{2,k+2}$ と書くと, 次の行列式の公式が成り立つ.

$$\mathbb{W}_{k,j+2} = \frac{1}{y_1}\begin{vmatrix} f_{k-2} & f_j \\ g_{k-2} & g_j \end{vmatrix} = \frac{1}{y_1}\begin{vmatrix} \mathbb{W}_{1,k} & \mathbb{W}_{1,j+2} \\ \mathbb{W}_{2,k} & \mathbb{W}_{2,j+2} \end{vmatrix} \tag{11.3}$$

分母の y_1 は常に約分されて結果的に分母には残らない. また, f_k, g_k は最後に 0 を付け加えた上で, 周期 n で**超周期的に**繰り返すように拡張しておく.

［証明］ 基本はファレイ多角形のところで考えた定理 9.4 の証明, 具体的には補題 9.3 と同じである. 飾り付きとはいえ, 行列式は普通の行列式なので, 補題 9.3 の変形がそのまま使える（そうなるように f_k, g_k を設定しておいた). 右辺の行列式で定義されたものを $D_{k,j+2}$ と書いておく. これが飾り付きユニモジュラ規則を満たすことを示せば $\mathbb{W}_{k,j+2}$ と一致するしかないことは明らかである. 都合によって少し番号付けをずらして考えると

$$\begin{aligned}
D_{i-1,j+2}D_{i,j+3} &= \frac{1}{y_1}\begin{vmatrix} f_{i-3} & f_j \\ g_{i-3} & g_j \end{vmatrix} \cdot \frac{1}{y_1}\begin{vmatrix} f_{i-2} & f_{j+1} \\ g_{i-2} & g_{j+1} \end{vmatrix} \\
&= \frac{1}{y_1^2}\begin{vmatrix} \begin{vmatrix} f_{i-3} & f_{i-2} \\ g_{i-3} & g_{i-2} \end{vmatrix} & \begin{vmatrix} f_{i-3} & f_{j+1} \\ g_{i-3} & g_{j+1} \end{vmatrix} \\ \begin{vmatrix} f_j & f_{i-2} \\ g_j & g_{i-2} \end{vmatrix} & \begin{vmatrix} f_j & f_{j+1} \\ g_j & g_{j+1} \end{vmatrix} \end{vmatrix} = \frac{1}{y_1^2}\begin{vmatrix} y_1 y_{i-1} & y_1 D_{i-1,j+3} \\ -y_1 D_{i,j+2} & y_1 y_{j+2} \end{vmatrix} \\
&= y_{i-1}y_{j+2} + D_{i-1,j+3}D_{i,j+2}
\end{aligned}$$

これはまさしく $D_{i,j}$ に関する飾り付きユニモジュラ規則である（2 番目の等号では補題 9.3 の等式変形をそのまま用いた). 結果的に式 (11.3) の右辺の行列式の部分は y_1 で割り切れ, 必ず約分されることがわかる. □

このようにして, 飾り付きフリーズの各成分は, やはり第 1 対角線と第 2 対角線から行列式で計算できてしまう. つまりは, この 2 つの対角線さえ計算できればよい.

§ 11.3　飾り付き Coxeter-Rigby の公式

実は第 2 対角線は不要で，第 1 対角線だけからフリーズが計算できるのは通常のフリーズと同様である（定理 9.9）.

定理 11.3（飾り付き Coxeter-Rigby の公式）　飾り付きフリーズの第 1 対角線を $f_0 = y_1, f_1, f_2, \ldots, f_m, f_{m+1} = y_n$，つまり $f_k = \mathbb{W}_{1,k+2}$ とおけば，$1 < k \leq j-1 < n$ に対して，フリーズの第 (k,j) 成分は

$$\mathbb{W}_{k,j} = f_{k-2}f_{j-2}\sum_{i=k-1}^{j-2}\frac{y_i}{f_{i-1}f_i} = \mathbb{W}_{1,k}\mathbb{W}_{1,j}\sum_{i=k}^{j-1}\frac{\mathbb{W}_{i,i+1}}{\mathbb{W}_{1,i}\mathbb{W}_{1,i+1}}$$

で与えられる.

［証明］　番号は少しずらさないといけないが，定理 9.9 の証明の式がほぼそのまま使える．ただし $g_i = \mathbb{W}_{2,i+2}$ である．すると

$$\frac{g_j}{f_j} - \frac{g_{k-2}}{f_{k-2}} = \sum_{i=k-1}^{j}\frac{1}{f_{i-1}f_i}\begin{vmatrix} f_{i-1} & f_i \\ g_{i-1} & g_i \end{vmatrix} = \sum_{i=k-1}^{j}\frac{y_1 y_{i+1}}{f_{i-1}f_i}$$

であって，左辺は

$$\frac{1}{f_{k-2}f_j}\begin{vmatrix} f_{k-2} & f_j \\ g_{k-2} & g_j \end{vmatrix} = \frac{y_1\mathbb{W}_{k,j+2}}{f_{k-2}f_j}$$

である．この 2 式を比較すれば（そして番号を適切に変更すれば）定理の式が得られる. □

演習 11.4　$n = 7$ のとき，§10.5 で与えられている f_k や g_k をもとに Coxeter-Rigby の公式を用いて $\mathbb{W}_{k,j}$ を計算してみよ（複雑な和を計算して，最後に本当に左辺のフリーズ成分に一致することを確認する作業は，やってみると感動を味わえる．人生の貴重な時間を使うにふさわしい）.

ここまでは凸多角形から派生した飾り付きフリーズでなくとも一般に成り立つ公式である．最後に大物の紹介をしたい.

§11.4　飾り付き Conway-Coxeter のアルゴリズム

第 1 対角線だけわかればよいと気楽に言うが，第 1 対角線を計算するのも飾り付きユニモジュラ規則 (11.1)（つまりプトレマイオスの等式）だけ使っていては大変である．ところが奇蹄列を種数列とするフリーズのときは Conway-Coxeter による，非常にスピードの速い簡潔なアルゴリズムが存在した．つまり，どこかの頂点に 0 を与え，それと結ばれている頂点には 1 をおき，残りは 2 頂点の値の足し算だけで計算するという，あれである．それを飾り付きフリーズでやってみよう．実はウェイト付きの場合にはこのアルゴリズムの一般化を考えなかったが，$y_k = 1$ とおくことで，このアルゴリズムが使えるようになる．数値のときよりは計算は面倒になるが，まだまだ手で計算が可能なところまでフリーズ成分をもってきてくれる．

前置きはこのくらいにして，実際，そのアルゴリズムがどのようなものになるのかを紹介しよう．

次の 7 角形の例を考える．この例は §10.5 の終わりで紹介した例と同じものである．

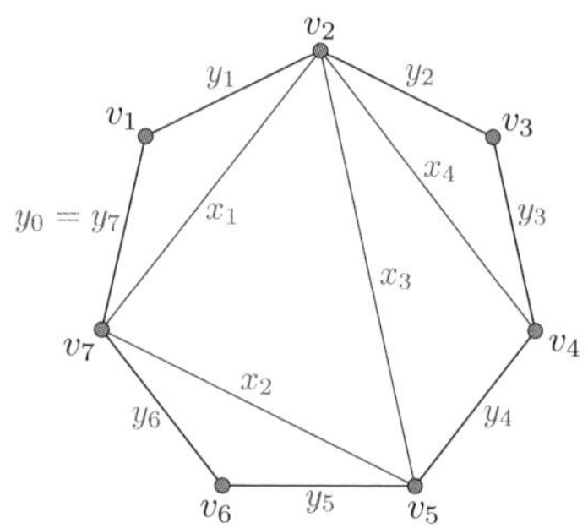

図 11.1　7 角形の三角形分割とラベル付け（再掲）

アルゴリズム：

(I)　任意の頂点を選び，その頂点には 0 を対応させる．この頂点を v_1 としておく（頂点の番号付けは以下のプロセスには影響しない）．次に，頂点 v_1 と辺または対角線で結ばれている頂点に，その辺のウェイト y_j または対角線のウェイト x_k を対応させる．

(II)　三角形のうちすでに 2 つの頂点にローラン多項式が対応しているとき，残りの頂点に次のようにしてローラン多項式を対応させる．図 11.2 のように頂点が v, w, z で，そのうち w, z にはローラン多項式 f_w, f_z がすでに対応しているとする．また辺のウェイトを (z, v), (v, w), (w, z) に対して p, q, r としておく．

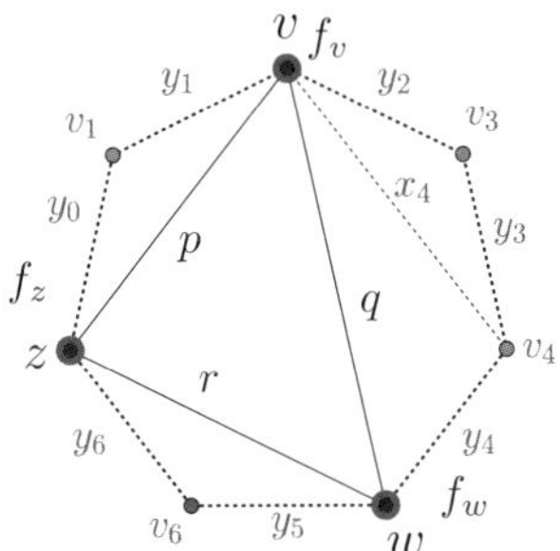

図 11.2　三角形の 2 つの頂点にすでにローラン多項式が対応している

このとき，v に対応するローラン多項式を

$$f_v = \frac{qf_z + pf_w}{r} \tag{11.4}$$

で決める．これは自然数を係数とする y_j, x_k たちのローラン多項式となり，分母には x_k たちの積しか現れない．

(III)　この手続を繰り返す．

このようにして，各頂点にはローラン多項式が対応するが，頂点 v_k に対応するローラン多項式 f_{v_k} がちょうど $\mathbb{W}_{1,k}$ に一致する．ただし $\mathbb{W}_{1,1} = 0$ と解釈する．

7 角形の例では，まず $f_{v_1} = 0$ で，次に $f_{v_2} = y_1$，$f_{v_7} = y_7$ が v_1 と結ばれている頂点である．その次は $\triangle v_2v_5v_7$ を考えることにより，

$$f_{v_5} = \frac{x_2 f_{v_2} + x_3 f_{v_7}}{x_1} = \frac{y_1x_2 + y_7x_3}{x_1}$$

と求まる．その次は $\triangle v_2v_4v_5$ を考えればよいだろう．

$$f_{v_4} = \frac{y_4 f_{v_2} + x_4 f_{v_5}}{x_3} = \frac{y_1 y_4 + x_4(y_1 x_2 + y_7 x_3)/x_1}{x_3}$$
$$= \frac{y_1 x_1 y_4 + y_1 x_2 x_4 + y_7 x_3 x_4}{x_1 x_3}$$

もちろん $y_j = 1$, $x_k = 1$ とすれば通常の Conway-Coxeter アルゴリズムにすぎないので，これは 7 角形のフリーズになっているはずである．

演習 11.5 上の計算を続けて f_{v_3}, f_{v_6} を求め，$y_j = 1$, $x_k = 1$ のとき，フリーズの対角線に一致することを確認せよ（答えは §14.3 にある）．

演習 11.6 5 角形の三角形分割で飾り付きフリーズを計算せよ．

［証明］ **Conway-Coxeter アルゴリズムで飾り付きフリーズの成分が得られること**：帰納法による（厳密には帰納法を使う必要もないが，$(n-1)$ までアルゴリズムが機能していると仮定しておこう）．

注意しておきたいのは，アルゴリズムとは別にすでに $\mathbb{W}_{k,j}$ は決まっており，われわれの目的はこのアルゴリズムが正しく $\mathbb{W}_{k,j}$ を決めるか，という問題であるということである．したがって，“答え”はもう（別の方法で）わかっているわけである．

最初のアルゴリズム (I) で 0 を対応させるのは便宜的なものであるが，その両隣の頂点には y_1, y_n が対応し，これはちょうど飾り付きフリーズの第 1 対角線の最初と最後の成分に一致している．対角線で結ばれている他の頂点にはウェイト x_k が対応するが，当面これは無視してもよい．つまり最初の 3 頂点 v_n, v_1, v_2 のうちのいずれかの 2 つの組でアルゴリズム (II) を使えばよい（演習 11.7）．

このアルゴリズム (II) を繰り返すと最後に最外縁にある三角形でアルゴリズムが終了する．この最後の過程でアルゴリズム (II) に現れる三角形を $\triangle vwz$ とする．つまり w, z にはすでにローラン多項式 f_w, f_z が対応しており，v にローラン多項式 f_v を対応させるわけである．これは飾り付きフリーズのある対角線上に並んだローラン多項式を与えているはずであるが，飾り付きフリーズにおいてこの対角線の一つ右隣の対角線も考え，そのローラン多項式を g_v, g_w, g_z と書き，

$$\boldsymbol{v} = \begin{pmatrix} g_v \\ f_v \end{pmatrix}, \quad \boldsymbol{w} = \begin{pmatrix} g_w \\ f_w \end{pmatrix}, \quad \boldsymbol{z} = \begin{pmatrix} g_z \\ f_z \end{pmatrix}$$

とおく．すると，頂点 v を取り去った $(n-1)$ 角形において (z, w) は多角形の辺になっているから，飾り付きユニモジュラ規則によって

$$\det(\boldsymbol{z}, \boldsymbol{w}) = r y_k$$

が成り立っている．ここで k は対角線成分 f_z, f_w が並んでいるフリーズの対角線の番号である．今度はもとの n 角形を考えると，上と同様にして

$$\det(\boldsymbol{z}, \boldsymbol{v}) = p y_k, \quad \det(\boldsymbol{v}, \boldsymbol{w}) = q y_k$$

となっている（頂点の順序に注意）．すると

$$0 = \frac{1}{p}\det(\boldsymbol{v}, \boldsymbol{z}) - \frac{1}{q}\det(\boldsymbol{w}, \boldsymbol{v}) = \det\left(\boldsymbol{v}, \frac{1}{p}\boldsymbol{z} + \frac{1}{q}\boldsymbol{w}\right)$$

である．行列式が 0 であるから，最後の行列の 2 つのベクトルは一次従属であって，

$$\frac{1}{p}\boldsymbol{z} + \frac{1}{q}\boldsymbol{w} = \alpha\boldsymbol{v}$$

と書ける．同様にして，

$$\det\left(\boldsymbol{w}, \frac{1}{q}\boldsymbol{v} - \frac{1}{r}\boldsymbol{z}\right) = 0, \quad \therefore \quad \frac{1}{q}\boldsymbol{v} - \frac{1}{r}\boldsymbol{z} = \beta\boldsymbol{w}$$
$$\det\left(\boldsymbol{z}, \frac{1}{p}\boldsymbol{v} - \frac{1}{r}\boldsymbol{w}\right) = 0, \quad \therefore \quad \frac{1}{p}\boldsymbol{v} - \frac{1}{r}\boldsymbol{w} = \gamma\boldsymbol{z}$$

がわかる．$\boldsymbol{v}, \boldsymbol{w}, \boldsymbol{z}$ のうち，どの 2 つも一次独立だから，これらの方程式で係数比較をすれば，$\alpha = r/(pq)$ であることがわかり，そうすると

$$\boldsymbol{v} = \frac{1}{\alpha}\left(\frac{1}{p}\boldsymbol{z} + \frac{1}{q}\boldsymbol{w}\right) = \frac{q}{r}\boldsymbol{z} + \frac{p}{r}\boldsymbol{w}$$

を得る．ベクトルの第 2 成分を比較すれば，アルゴリズム (II) の式 (11.4) を得る．つまりこの式は成り立っていなくてはならない式であり，アルゴリズムはそれを使って各成分を計算する方法を与えている．これが証明したかったことだった．　□

演習 11.7　最初の頂点 v_1 が両隣の辺以外に対角線の端点となっているとき，最初のアルゴリズム (I) でまず両隣の頂点に y_1, y_n を対応させておくと，アルゴリズム (II) を用いて，対角線で結ばれている頂点にその対角線のウェイト x_k が対応することを確認せよ（具体的な例で最初に確認しておくと理解しやすいだろう）．

さて，飾り付きフリーズの話はこれくらいにしておいて，飾りのない，1 が連続する行に挟まれた帯状の SL_2 タイル張りに話を戻そう．

飾りの話は重かったので，もとに戻って読者はほっとしているかもしれない．実は著者も少しばかりほっとしている．

第12章 クラスター代数

クラスター代数の話をしよう．“代数”というと代数学のことかと思うかもしれないが，群・環・体という代数系などと同じように演算規則の決まった代数学の中の体系である．

おそらく読者は“環”も“体”も耳にしたことはあると思うが，簡単に紹介しておくと，環は和・差・積という演算をもつ代数系で，通常の数の計算と同じように分配法則や結合法則を満たすものを指す．したがって，我々のよく知っている整数 $\mathbb{Z}$ や実数 $\mathbb{R}$，有理数 $\mathbb{Q}$ などはすべて環である．このような“数”のなす環では積が順序によらずに決まるので，このようなとき可換環という．本書では可換環しか出てこないので，以下では環というと可換環を意味することにしよう．

一方，体は和・差・積だけでなく，商，つまり割り算ができるような代数系である．ただし，いかなる数もゼロで割ることはできない，とする．体も積が可換なものだけを考える．たとえば，実数 $\mathbb{R}$ とか複素数 $\mathbb{C}$ は体であって，それぞれ実数体，複素数体ともいう．

クラスター代数の“代数”はほぼ環と同義であるが，少しだけ異なっているところは，$\mathbb{R}$ 代数とか，$\mathbb{C}$ 代数というように，別の環を定数のように含んでいる場合にいう．本書ではこの「定数」としては実数体か複素数体しか考えない．

一般の環や代数については専門的な教科書（たとえば [78]）を見ていただくことにして，ここでは，これから紹介するような具体的なものだけ考える．

§12.1 ローラン多項式環

クラスター代数の話を始める前にまずはローラン多項式環の場合から説明しなければならない．

まず変数（文字）を m 個用意して，それを $x_1, x_2, \ldots, x_m$ としよう．このとき $\{x_k\}$ たちの単項式の和を m 変数の**多項式**と呼ぶのだった．単項式には係数をつけて考えるが，その係数は複素数にしておこう（戸惑いがある人は実数や有理数，あるいは整数を係数にしてもよいが，複素数が圧倒的に便利である．複素数をお薦めする）．単項式はよく出てくるが，変数の数が多いので，次のように簡便に表すことにしよう．$\alpha = (\alpha_1, \alpha_2, \ldots, \alpha_m) \in \mathbb{Z}_{\geq 0}^m$ を非負整数の m 個の組とするとき

$$x^\alpha = x_1^{\alpha_1} x_2^{\alpha_2} \ldots x_m^{\alpha_m}$$

と書く．このような表示 x^α を**多重指数表示**というが，一変数 x の冪と記号的には同じなので，時に混乱する．時には混乱することがあっても，心の目でじーっと眺めていれば多重指数は多重指数に見えてくるのが不思議である．

冗談はさておき，x^α に複素数 $c_\alpha \in \mathbb{C}$ を掛けたもの $c_\alpha x^\alpha$ を**単項式**という．また c_α を x^α の係数という．したがって**多項式** f は

$$f = f(x_1, \ldots, x_m) = \sum_{\alpha \in \mathbb{Z}_{\geq 0}^m} c_\alpha x^\alpha \tag{12.1}$$

のような形をしている．ただし和は有限和であるが，$\alpha \in \mathbb{Z}_{\geq 0}^m$ は整数の組であるから無限にある．そこでこのようなとき，有限個の α を除いて $c_\alpha = 0$ である，というふうに言い習わすのが普通である．また変数をすべて列挙するのが面倒なので，f のようにまったく変数を明示しないか，あるいは $f(x)$ のように x でまとめて書いてしまう．これも誤解を招きやすい略記法であるが，慣れてくると便利である．

多項式の全体を $A = \mathbb{C}[x_1, x_2, \ldots, x_m]$ と表そう（四角括弧の前に $\mathbb{C}$ と書いてあるのは多項式の係数を複素数で考えるという宣言である）．2 つの多項式の和や差はもちろん多項式だし，積も多項式である．さらに係数を複素数で考えるから，多項式を複素数倍してもやはり多項式である．ところが割り算は，一般にはできない．というより，もう少し譲歩して言い直せば，多項式の割り算は有理式になる（分数式ともいう）のだが，ちょうど分子が分母で“割り切れる”ときだけ多項式になる．だから一般には多項式の割り算は多項式にならない．このようなとき，A を $\mathbb{C}$ 上の**代数**という．

さて，有理式という言葉が出たが，多項式の商（分数）の形で表される式を有理式と呼ぶのであった．整数の商を有理数というのだったが，多項式を整式とも呼ぶので，その商が有理式．よくできた命名ではないか．

その有理式全体の集合を $K = \mathbb{C}(x_1, x_2, \ldots, x_m)$ で表すことにする．四角括弧が丸括弧に変わったが，それだけで多項式が有理式になってしまうのである．ちょっとした記号の違いだが，細心の注意を払いたい．K は（ゼロで割ることを除けば）四則演算が自由にできるので代数系としては体なのだが，有理式のなす体なので格好よく m 変数**有理関数体**と呼ばれる．

この K の中で，いくつかの有理式 $f_1, \ldots, f_\ell$ をとり，これらの有理式を含むような最小の代数を $\{f_1, \ldots, f_\ell\}$ によって**生成された**代数という．たとえば多項式代数 A は $x_1, \ldots, x_m$ で生成された代数である．

では，$x_1, \ldots, x_m$ の他に $x_1^{-1}, x_2^{-1}, \ldots, x_m^{-1}$ もとって，これらの元で生成された代数 L はどんなものだろう？　それはもちろん $x_1^{\pm 1}, x_2^{\pm 1}, \ldots, x_m^{\pm 1}$ を含んでいなければならない．つまり $x_k^{\pm 1} \in L$ である．L は代数だから，これらの元の積も含んでいるはずなので，たとえば

$$x_1 x_2^2 x_3^3 x_4^4 x_1^{-3} x_2^{-1} x_3^{-1} x_4^{-7} = x_1^{-2} x_2 x_3^2 x_4^{-3} = \frac{x_2 x_3^2}{x_1^2 x_4^3} \in L \tag{12.2}$$

である．このようなものを**ローラン単項式**と呼ぶ．その一般形は $\alpha \in \mathbb{Z}^m$ に対して

$$x^\alpha = x_1^{\alpha_1} x_2^{\alpha_2} \cdots x_m^{\alpha_m}$$

の形をしている．これでは多項式のときの単項式と同じではないかと思うかもしれないが，$\alpha_k \in \mathbb{Z}$ は正にも負にもなるので，もはや普通の単項式ではない．たとえば式 (12.2) だと $\alpha = (-2, 1, 2, -3)$ である．さて，L は複素数倍しても和をとっても，あるいはそれをさらに掛け算しても，すべてそのような式を含んでいなければならない．ローラン単項式の積はローラン多項式であることを考慮に入れると，結局 L の一般の式は

$$F = F(x_1, \ldots, x_m) = \sum_{\alpha \in \mathbb{Z}^m} c_\alpha x^\alpha \qquad (c_\alpha \in \mathbb{C})$$

の形をしていることがわかる．多項式の一般形である式 (12.1) とどこが違うのかよく見比べてほしい．まるで多項式のようであるが，x_k の冪に負冪を許すところだけが違っている．このような有理式 F を**ローラン多項式**と呼ぶ．また L

を**ローラン多項式環**という[*1]．記号で

$$L = \mathbb{C}[x_1^{\pm 1}, x_2^{\pm 1}, \ldots, x_m^{\pm 1}] = \mathbb{C}[x_k^{\pm 1} \mid 1 \le k \le m]$$

のように表す．

ローラン多項式はすでに §10.4 で二部グラフのウェイトとして登場したことを覚えていると思う．そのときは係数がすべて正の整数になっているような特殊なローラン多項式のみが現れたのであった．

演習 12.1　ローラン多項式 $F \in L$ に対して，ある単項式 x^α（ローラン単項式ではなく，冪がすべて非負の単項式）と多項式 $P = P(x_1, \ldots, x_m)$ が存在して

$$F = \frac{P(x_1, \ldots, x_m)}{x^\alpha}$$

のように表されることを示せ．

§ 12.2　クラスター代数

今世紀の始めに Fomin と Zelevinsky によって導入された比較的新しい代数系が**クラスター代数**である[*2]．クラスター代数は **箙**（えびら）と呼ばれる多重辺をもつ有向グラフを用いて定義される．そのすべてが必要なわけではないが，少し一般的な枠組で定義だけはしておこう．もっと詳しく知りたい人には，井上玲さんの入門書があり，公開されている ([44])．

箙 Q は有限個の頂点 $V = \{v_1, \ldots, v_m\}$ をもち，辺は方向をもっている．つまり**有向グラフ**である．頂点 $v_1, v_2, \ldots$ の代わりに，単に $1, 2, \ldots$ などと記すことも多いが，このとき，頂点 i から j へ向かう辺 $i \to j$ を $e = (i, j)$ のように書くことにしよう．この方向のついた辺を**矢**と呼ぶことにする．また i を e の**始点**といい $i = h(e)$，j を e の**終点**と言って $j = t(e)$ と書く[*3]．Q に現れる矢の全体（有向辺の全体）を E で表す．

[*1] ローラン多項式代数というべきところを習慣的に「環」を使う．多項式代数もどちらかというと多項式環ということの方が多い．

[*2] クラスター代数は**団代数**と訳されることもある．両者は同じものである．Fomin と Zelevinsky による始まりの 4 つの論文は [24, 25, 2, 26] である．
Fomin, Sergey (1958–).　Zelevinsky, Andrei (1953–2013).

[*3] h は head（頭），t は tail（尾）の頭文字．他に $s(e), t(e)$ (start/terminal) や $\mathrm{in}(e), \mathrm{out}(e)$ を使う流儀もある．

この章で現れる箙は始点と終点が一致する有向辺，つまり $e=(i,i)$ をもたないと仮定しよう．また，(i,j) と (j,i) のうち一方だけが有向辺として現れる（あるいはどちらも現れない）ものだけを考えよう．図示すると，要するに次のような有向辺のパターンは出てこないということである．

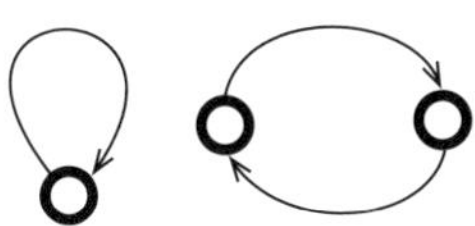

図 12.1　ループ（1-サイクル）と 2-サイクル

一般的な箙では，このループのような有向辺を含むものも考えると便利なのだが，以下，本書では箙というとすべてこのような特殊な有向辺をもたないものを考えることにする．

箙は多重辺をもつので i から j へと向かう辺，つまり矢が何本もある．昔，侍たちが戦のための矢を矢筒に入れ，背中に掛けたりして持ち歩いたが，それが箙である[*4]．しかし，記号的には矢を $i \to j$ などのように書くしかないので，同じものをいくつも書き分けるのが大変である．そこで矢が何本あるかを記すことにして，矢の本数を $\nu(e)=\nu(i,j)$ で表そう．$\nu(e)$ を**重複度**とか，矢の**ウェイト**（重み）と呼ぶ．つまり $i \xrightarrow{\ \nu\ } j$ と書いてあれば，矢 $i \to j$ が ν 本あると思うのである．

箙は図示するのが一番わかりやすい．箙の図をあげておこう．矢が 2 重になっているのは重複度が 2 であることを表している（上で説明したように，本文では矢に数字を書き込んで重複度を表すことにする）．

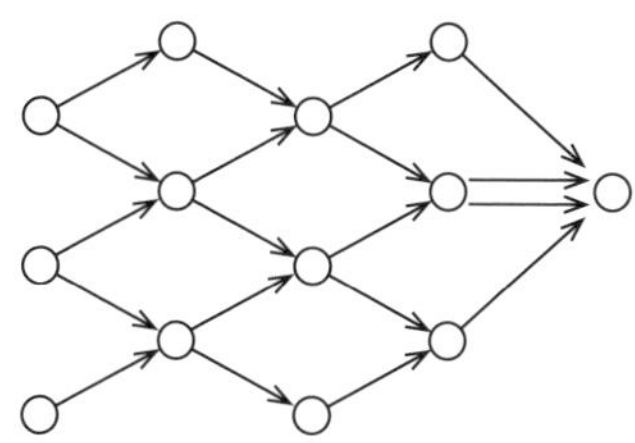

図 12.2　箙の例

[*4] 矢の方向が揃っているものだけ考えるので，この本に登場する箙を持ち歩く侍はかなり几帳面である．また，箙を英語では quiver というが，これも矢筒のことである．

さて，V を頂点集合とする箙 Q が与えられたとき，各頂点 v_k に変数 x_k を対応させて，これを**クラスター変数**と呼ぶ．変数の集まり $\boldsymbol{x} = (x_1, \ldots, x_m)$ をクラスターというが，要するに変数の“塊り”とか“集まり”を指している．

箙 Q の頂点 $v_k = k$ を一つ選んで箙の**変異** $Q' = \mu_k(Q)$ とクラスターの変異 $\boldsymbol{x}' = \mu_k(\boldsymbol{x})$ を次のように決める*5．まず新しいクラスター $\boldsymbol{x}' = (x'_1, \ldots, x'_m)$ は，

- $i \neq k$ に対しては $x'_i = x_i$ でもとのものと同じ．
- x'_k は

$$x_k x'_k = \prod_{(i \to k) \in E} x_i^{\nu(i,k)} + \prod_{(k \to j) \in E} x_j^{\nu(k,j)} \tag{12.3}$$

  によって定める（$\prod$ は総積記号）．右辺の第 1 項は頂点 v_k に向かう辺ごとにクラスター変数の積をとり，第 2 項は頂点から出てゆく辺ごとに積をとる．もし頂点 k を終点とする辺が存在しなければ第 1 項は 1 とする*6．第 2 項についても同様．

x'_k は $x_1, \ldots, x_m$ のローラン多項式になり，$\boldsymbol{x}$ の変数たちの関数である．しかし，$x'_1, x'_2, \ldots, x'_m$ の間には関係式はない（代数的に独立であるという）．そこで $\boldsymbol{x}'$ も“独立変数”と同様に扱うことにする．

さて，次に箙 Q の変異を定義する．

(1) Q' の頂点集合は Q のものと同じく V である．

(2) 頂点 v_k を始点または終点とする Q の矢はその向きをすべて逆向きにする．つまり

$$i \xrightarrow{p} k \quad \text{を} \quad i \xleftarrow{p} k \quad \text{に,} \quad k \xrightarrow{q} j \quad \text{を} \quad k \xleftarrow{q} j \quad \text{に,}$$

それぞれ変更する．その他の矢は重複度も込めて変更しない．

(3) このような変更を行ったあとに，矢の組 $i \to k \to j$ が出現したときは，

*5 変異をかっこよく“ミューテーション”ということもよくある．しかし，少々長いので本書では変異と書く．

*6 “空”の積は 1 と定める．これは“空”の和をゼロと定めるのと対照的である．

- 矢 $j \to i$ がすでに存在していれば重複度を $\nu(j,i) + \nu(j,k)\nu(k,i)$ に書き替える.
- 矢 $i \to j$ がすでに存在していれば重複度を $\nu(i,j) - \nu(j,k)\nu(k,i)$ に書き替える.
- どちらも存在しなければ，矢 $j \to i$ を書き加え，重複度を $\nu(j,k)\nu(k,i)$ とする.

ただし，重複度が負の数 $-r$ になったときは矢の向きが逆で重複度は r，重複度が 0 になったら，i と j は有向辺で結ばれていない（どちら向きの矢も存在しない）と解釈する.

このようにして最終的に得られた箙を Q' とする．最後のステップが少々面倒であるが，幸い本書で扱う箙の変異ではこのステップは現れない.

例 12.2　真ん中の箙に変異 μ_2 と μ_3 を適用した例．μ_2 では頂点 2 から出る矢が逆向きになるだけだが，μ_3 ではかなり複雑なステップが現れる.

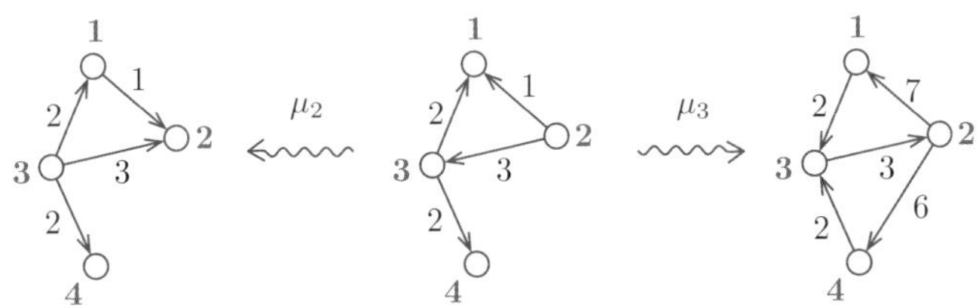

図 12.3　クラスター変異 μ_2 と μ_3

演習 12.3　変異 μ_k は同じ頂点で 2 度繰り返すともとに戻る．つまり

$$\mu_k(\mu_k(Q)) = Q, \qquad \mu_k(\mu_k(\boldsymbol{x})) = \boldsymbol{x}$$

が成り立つ．これを上の例で確認せよ.

変異 μ_k を 2 回繰り返すともとに戻ることは本書では証明しないが（これは難しくないので諸君が挑戦してみてほしい），このことから μ_k には逆の操作があり，その逆の操作は μ_k 自身であることがわかる．とくに**クラスター変異はすべて逆にさかのぼることができる**可逆な操作であることに注意しておこう.

演習 12.4 図 12.3 の箙に対して，箙の変異を連続して（頂点を変えて）いくつか合成して計算せよ．また，クラスター変数の変異はどうなるだろうか．

頂点の選び方が m 個あるので，箙の変異も $\mu_1(Q),\dots,\mu_m(Q)$ の m 種類現れる．さらに変異させた箙 Q' の頂点を選び，また変異させて…のようにして，無数の箙とクラスターが得られる．クラスター変数も変異を繰り返して多数の変異が得られるが，その実態は非常に複雑な $x_1,\dots,x_m$ の有理式である．

定義 12.5 箙とクラスター変数の組 $(Q,\boldsymbol{x})$ から生成された**クラスター代数**とは，クラスターの変異を何回か行ったもの $\boldsymbol{x}',\boldsymbol{x}'',\dots$ をすべて集め，その変数 $x'_1,x'_2,\dots,x'_m,x''_1,\dots,x''_m,\dots$ をすべて含むような $\mathbb{C}(x_1,\dots,x_m)$ における最小の部分代数である．これを $A(Q)$ で表す．また最初の $(Q,\boldsymbol{x})$ をクラスター代数の**種**と呼ぶ．

クラスター変数（を変異したもの）はその定義からは有理式としかわからないが，実はご想像どおり，計算してみるとすべてローラン多項式になっていることがわかる．つまり次の定理が成り立つ．

定理 12.6 (Fomin-Zelevinsky) クラスター代数はローラン多項式環 $L=\mathbb{C}[x_1^{\pm 1},x_2^{\pm 1},\dots,x_m^{\pm 1}]$ の部分代数である．つまり，変異を繰り返したクラスター変数は，すべてクラスターの種 $\boldsymbol{x}=(x_1,\dots,x_m)$ のローラン多項式になる．

実験してみればこれもすぐに気がつくように，変異を繰り返して得られたクラスター変数は $x_1,\dots,x_m$ のローラン多項式であるだけでなく，その係数はすべて正の整数である．

クラスター変数の変異の定義式 (12.3) には係数と言っても 1 しか出てこないので，この主張は明らかなように思えるが，変異を重ねると，分母の変数もローラン多項式であって，それが劇的に約分されることによってふたたびローラン多項式になるということを繰り返す．すでに §10.4 で注意したように，因数分解と約分を繰り返すと負の数も出てくる可能性がある．具体的に計算してみると，係数は正でも非常に大きな数になるし，ある場合にはそれがキャンセルして単純な数に戻ってみたりと，とても予測不可能なように見える．すべて整数の範囲で計算できてしまうのもあまり当たり前のようには思えない．

このローラン現象と正値性がクラスター代数の理論の肝の部分であるが，すべての箙に対してこのローラン多項式の正値性が証明されたのは最近のことで ([32])，日本の数学者たちの貢献もある ([29])．

定理 12.7 (Lee-Schiffler)　クラスター変数の変異に現れるローラン多項式の係数はすべて自然数である．

この 2 つの定理は（もちろん!!）本書の手に余るが，その特別な場合がフリーズに関係していて，そちらは簡単に示すことができる．というよりもすでに我々はその証明を §10.4 で行っているのである．それを説明しよう．

§ 12.3　フリーズとクラスター

次の一番シンプルな箙から話を始めよう．それはたった 2 頂点からなるもので，重複度も思い切って 1 としよう．つまり

$$(Q, \boldsymbol{x}) = (1 \to 2, (x_1, x_2))$$

である．変異 μ_k は 2 回繰り返すともとに戻るので，必然的に異なる頂点間で互いに変異を繰り返すしかない．そこで，その変異を何回か計算してみよう．箙の変異は単に矢印の向きが変わるだけである．

	変異	Q	$\boldsymbol{x}$	
		$1 \to 2$	(x_1, x_2)	（種）
1	μ_1	$1 \leftarrow 2$	$\left(\dfrac{1+x_2}{x_1}, x_2\right)$	
2	μ_2	$1 \to 2$	$\left(\dfrac{1+x_2}{x_1}, \dfrac{1+x_1+x_2}{x_1 x_2}\right)$	
3	μ_1	$1 \leftarrow 2$	$\left(\dfrac{1+x_1}{x_2}, \dfrac{1+x_1+x_2}{x_1 x_2}\right)$	
4	μ_2	$1 \to 2$	$\left(\dfrac{1+x_1}{x_2}, x_1\right)$	
5	μ_1	$1 \leftarrow 2$	(x_2, x_1)	

おやおや，5 回目には (x_2, x_1) とクラスター変数が入れ替わってしまった．あと 5 回これを繰り返せば，(x_1, x_2) に戻るだろう．

この計算結果と §7.4 の最後にあげたガウスのフリーズの各項を見比べてほしい．まったく一致していることに気がつくだろう．クラスター変数の方は，変異すると一方の変数だけが変化して，もう一方は変化しない．そこで第 k 回目の変異で変化したものだけをピックアップして，それを ξ_k と書くと，フリーズの第 1 対角線は x_1, x_2 で第 2 対角線は ξ_1, ξ_2，第 3 対角線は ξ_3, ξ_4，第 4 対角線は ξ_5, ξ_1，第 5 対角線は ξ_2, ξ_3，... となっている．

自分の手で計算してみた人はこの結果に驚かないかもしれない．実際，変異 $\mu_1(\boldsymbol{x})$ では，頂点 v_1 を始点とする矢か，終点とする矢しかないので，変異の定義式 $(k=1)$

$$x_k x'_k = \prod_{(i \to k) \in E} x_i^{\nu(i,k)} + \prod_{(k \to j) \in E} x_j^{\nu(k,j)} \tag{12.4}$$

の第 1 項または第 2 項は 1 である．条件を満たす有向辺が存在しないときには，総積は 1 と規約されていたことを思い出そう．項が 1 でなければ，x_1 以外の変数，つまり x_2 が現れるしかないから，結局式 (12.4) は $x_1 x'_1 = x_2 + 1$ で，これを

$$x_1 x'_1 - x_2 \cdot 1 = 1$$

と書き直してみればユニモジュラ規則である．ただし，x_2 に掛かっている数 1 はフリーズの上下両端に並ぶ 1 の行からとる．したがってフリーズでは x_1 の真横に x'_1 がやってくる（各自確認してほしい）．

変異 μ_2 についてもまったく同様である．

小手調べはこれで終わった．この節の目標は，直線状の箙では，これとほぼ同じことが起こり，クラスター変数はフリーズの成分になることを示すことにある．ここで直線状の箙というのは，有向辺の向きを無視すれば m 個の頂点が直線状に辺で結ばれているものを指す．$m = 5$ の場合を描いてみよう．

$$1 \longrightarrow\!\!\!\!\!\!- \ 2 \ \text{———} \ 3 \ \text{———} \ 4 \ \text{———} \ 5$$

有向辺の向きは好きなようにつけてよい．たとえば

$$1 \longrightarrow 2 \longleftarrow 3 \longleftarrow 4 \longrightarrow 5$$

のようなものを考えるとよいだろう．箙の変異をいくつか描いてみよう．

小手調べとして，まず最初は素直にすべて右向きの矢だったものに，変異 $\mu_1, \mu_2, \ldots$ を順番に施してみる．図では，丸囲みの数字の頂点で変異を行いその結果が次の行になるように描いてある．

$$
\begin{array}{ccccccccc}
\textcircled{1} & \longrightarrow & 2 & \longrightarrow & 3 & \longrightarrow & 4 & \longrightarrow & 5 \\
1 & \longleftarrow & \textcircled{2} & \longrightarrow & 3 & \longrightarrow & 4 & \longrightarrow & 5 \\
1 & \longrightarrow & 2 & \longleftarrow & \textcircled{3} & \longrightarrow & 4 & \longrightarrow & 5 \\
1 & \longrightarrow & 2 & \longrightarrow & 3 & \longleftarrow & \textcircled{4} & \longrightarrow & 5 \\
1 & \longrightarrow & 2 & \longrightarrow & 3 & \longrightarrow & 4 & \longleftarrow & \textcircled{5} \\
1 & \longrightarrow & 2 & \longrightarrow & 3 & \longrightarrow & 4 & \longrightarrow & 5
\end{array}
$$

では，クラスター変数の変異はどうなるだろうか．こちらは少し厄介だが，変異するところだけを書いてみよう．

$$
\begin{aligned}
x_1' &= \frac{x_2 + 1}{x_1} \\
x_2'' &= \frac{x_2x_3 + x_1 + x_3}{x_1x_2} \\
x_3''' &= \frac{x_2x_3x_4 + x_1x_2 + x_1x_4 + x_3x_4}{x_1x_2x_3} \\
x_4'''' &= \frac{x_2x_3x_4x_5 + x_1x_2x_3 + x_1x_2x_5 + x_1x_4x_5 + x_3x_4x_5}{x_1x_2x_3x_4} \\
x_5''''' &= \frac{x_1x_2x_3x_4 + x_2x_3x_4x_5 + x_1x_2x_3 + x_1x_2x_5 + x_1x_4x_5 + x_3x_4x_5}{x_1x_2x_3x_4x_5}
\end{aligned}
$$

どれくらい大変な計算なのか？　試しに x_3''' の計算を見てみよう．これは 3 行目の箙に変異 μ_3 を行うから，

$$
x_3''x_3''' = x_2''x_4'' + 1, \qquad \therefore \quad x_3''' = \frac{x_2''x_4'' + 1}{x_3''}
$$

であるが，$x_3'' = x_3$, $x_4'' = x_4$ であるから

$$
x_3''' = \frac{x_2''x_4 + 1}{x_3} = \frac{\bigl((x_2x_3 + x_1 + x_3)/x_1x_2\bigr) \cdot x_4 + 1}{x_3}
$$

と計算される．なぁんだ，簡単そうだと思うかもしれないが，この変異を繰り返すととんでもない式になる．しかし，フリーズを使うとこの式は計算しなくてもよいのである！

そこで，次のようにフリーズ状に変数を並べて考えよう．するとクラスター変異の計算ルールは，単にフリーズのユニモジュラ規則を表しているにすぎないことがわかる．上の計算例で $x_3''=x_3$，$x_4''=x_4$ だったことを思い出そう．

$$\begin{array}{ccc}
0 & 0 & 0 \\
1 & 1 & 1 \\
x_1 & x_1' & * \\
x_2 & x_2'' & * \\
x_3 & x_3''' & * \\
x_4 & x_4'''' & * \\
x_5 & x_5''''' & * \\
1 & 1 & 1 \\
0 & 0 & 0
\end{array}$$

もちろん，もう一度 $\mu_1,\mu_2,\ldots$ という変異を施すと，この横に第 3 対角線がユニモジュラ規則によって並ぶことになる．ところが，対角線上に $x_1,x_2,\ldots,x_5$ を並べてユニモジュラ規則によってフリーズを作成するとどうなるかは我々はすでに知っている!!

定理 12.8（Coxeter-Rigby の公式（定理 11.3））　フリーズの第 1 対角線を $x_0=1,x_1,x_2,\ldots,x_m,x_{m+1}=1$ とすれば，$1<k<n, 0<\ell<n$ に対して，フリーズの第 k 対角線の ℓ 行目の成分は

$$x_{k-2}x_{\ell+k-1}\sum_{i=k-1}^{\ell+k-1}\frac{1}{x_{i-1}x_i} \tag{12.5}$$

で与えられる．とくにこれらは正値ローラン多項式である．

注意 12.9　いま，対角線の第 ℓ 行目を考えているが，定理 11.3 の j は第 j 番目の逆対角線を指していることに注意しよう．しかも番号付けが 1 だけずれている．したがって $j=\ell+k-1$ となっている．

このように素直に対角線の上に $x_1,x_2,\ldots$ が並んでくれていればよいが，箙の

形によっては対角線配置だけではうまく行かない．これは実際手を動かしてみた方がよくわかるので，演習問題風に解説しておこう．

演習 12.10　一直線状に頂点が並んだ箙で，矢の向きがすべて右向きでない場合を考えよう．フリーズの第 1 行目から始めて，まず最初の行に x_1 を配置し，矢印の向きが右 $1 \to 2$ のときはフリーズを右下に降り，そこに x_2 を置く．矢印の向きが左 $1 \leftarrow 2$ のときは左下に降り，そこに x_2 を置く．以下同様にして $x_3, \ldots, x_m$ を配置すると変数のジグザグ配置が得られる．

ジグザグの角は $(i-1) \leftarrow i \to (i+1)$ のようになっている頂点 i のところに現れるが，この角のところのクラスター変数の変異とユニモジュラ規則はちょうど対応することを示せ．この変異によってジグザグ配置の位置がどのように変わるのかを調べ，うまくクラスター変異をとればフリーズの成分とクラスター変数の変異がちょうどうまく対応することを示せ（下の例が参考になるだろう）．

例 12.11　箙の変異だけを書いてみる．

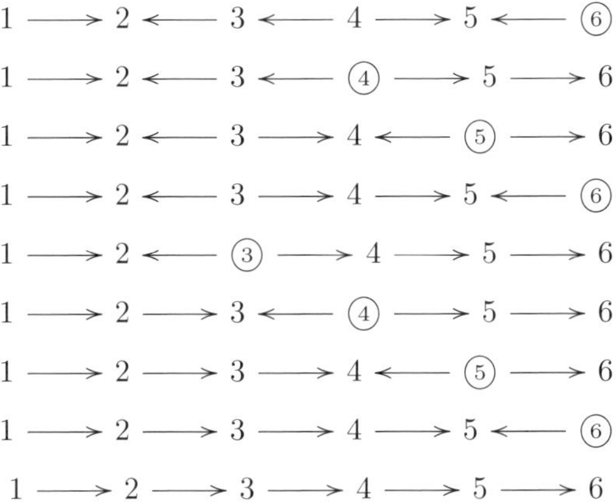

このように丸囲みの数字の頂点で変異を繰り返せば最後にはすべての矢が右向きになる．そうするとあとは $m = 5$ のときにすでに説明したように，変異を順番に $\mu_1, \mu_2, \mu_3, \ldots$ と繰り返してゆけばよい．

このようにジグザグ状に変数を配置したとき，生成されるフリーズはどうなるか？　それは定理 10.20 の内容であった．このようにして，箙から上の例のような変異を繰り返して得られるクラスター変数が正値ローラン多項式であることがわかる.

もっともクラスター変異はこの例のような場合だけではないので，フリーズと対応させてローラン正値性がわかるのは特別なクラスター変異を規則正しく，あるいは“うまく”選んできた場合だけである．すべての場合に正値性やローラン多項式性が証明できるわけではない．一般の場合はやはり難しい.

おもしろくなってきた．しかし，これ以上の話は著者の力量を大きく越えるし紙数も尽きてきた．最後のお話に進むことにしよう.

第13章 配置空間とフリーズ多様体

ガウスの五芒星に付随したフリーズは成分が実数だった．また，連分数から始まって，フリーズ多様体やロタンダス超曲面を考えたが，そのときもフリーズの成分は実数であった．しかし，フリーズ多様体の構造を調べようとすると複素数の方が何かと都合がよい．というよりも複素数で考える方がより本質的であるということに気づかされる．この章では，複素数を成分としたフリーズたちのなす多様体を考えて，それが射影直線上の点配置空間と密接に関係していることを示そう．

§ 13.1 複素数のフリーズ

いろいろなフリーズを考えてきたが，この章では，すべてのフリーズを複素数で考えることにしよう．もちろん，フリーズの成分をクラスター代数のときと同じように文字式と思ってもよいのだが，あらためてフリーズ多様体を考えてみたいので，成分を複素数とする．これを実数にしないのは，実数の方が話は難しくなるからである(！) 複素数の方が話は簡単なのだ．

さて，では話を始めよう．フリーズの成分表示を §9.2 のようにとる．もう一度 §9.2 の図を描いておこう．

$$
\begin{array}{cccccccccccccccccc}
0 & & 0 & & 0 & & 0 & & 0 & & 0 & & 0 \\
& 1 & & 1 & & 1 & & 1 & & 1 & & 1 & & 1 \\
& & c_{1,1} & & c_{2,2} & & c_{3,3} & & c_{4,4} & & c_{5,5} & & c_{6,6} & & c_{7,7} \\
& & & c_{1,2} & & c_{2,3} & & c_{3,4} & & c_{4,5} & & c_{5,6} & & c_{6,7} & & c_{7,8} \\
& & & & c_{1,3} & & c_{2,4} & & c_{3,5} & & c_{4,6} & & c_{5,7} & & c_{6,8} & & c_{7,9} \\
& & & & & c_{1,4} & & c_{2,5} & & c_{3,6} & & c_{4,7} & & c_{5,8} & & c_{6,9} & & c_{7,10} \\
& & & & & & c_{1,5} & & c_{2,6} & & c_{3,7} & & c_{4,8} & & c_{5,9} & & c_{6,10} & & c_{7,11} \\
& & & & & & & c_{1,6} & & c_{2,7} & & c_{3,8} & & c_{4,9} & & c_{5,10} & & c_{6,11} & & c_{7,12}
\end{array}
$$

これらの成分 $c_{i,j}$ はすべて複素数である．

第1対角線は $c_{1,j}$ $(j=-1,0,1,2,\ldots)$ で，第 k 対角線は $c_{k,j}$ $(j=k-2,k-1,k,k+1,\ldots)$ である．第1対角線と比較して j の順番がずれている．対角線では k が一定，逆方向の斜めの逆対角線上では j が一定であることに注意すると考えやすいと思う．

また，第1行目にある種数列は $c_{1,1}$，$c_{2,2}$，$c_{3,3}$，$\ldots$，$c_{n,n}$ であって，一般に $c_{k,j}$ は第 $j-k+1$ 行目にあることになる．したがって第 i 行目を並べて書くと

$$\text{第 } i \text{ 行目：}\quad c_{1,i}, c_{2,i+1}, c_{3,i+2}, \ldots, c_{k,i+k-1}, \ldots, c_{n,i+n-1}$$

となる．もちろん第 -1 行目はすべて 0，第 0 行目は 1 であって，これが帯状フリーズの境界を定める．つまり，$c_{1,-1}=c_{k,k-2}=0$，$c_{1,0}=c_{k,k-1}=1$ である．

これまでずっとそうだったように，水平方向には周期が n で幅が $m=n-3$ のフリーズ（$=\mathrm{SL}_2$タイル張り）を考えよう．つまり，ユニモジュラ規則も健在である．

n 角形の奇蹄列を種数列にとったときは，自然にフリーズの幅が m になったが，もちろん複素数のときにはその限りではない．しかし，今度はフリーズの幅が $m=n-3$ になることを要請する．そのように要請すると種数列はフリーズ方程式を満たさねばならない．

これまで，成分が整数（自然数）のものから始まって，ガウスのフリーズでは実数を，また，クラスター代数の章では文字式の変数さえ考えてきた．そのような，さまざまな設定の変化はあったが，証明自体は別に成分が複素数であってもユニモジュラ規則さえ満たしていれば構わないものがほとんどである．また飾り付きフリーズについても考えたが，それも“飾り”の部分をすべて 1 とすれば，ここで考える帯状フリーズになる．そこで，この機会に，成分を一般の複素数にしたフリーズで何が言えるのかをまとめておこう．おそらく，それはそれで，これまでの議論の理解にも役に立つし参照するにも便利だと思う．

証明は各章に散らばっているのだが，それをここで繰り返すことはしない．ヒントを書いておくので，読者の方はそれぞれ，すでに説明してきた証明が複素数のときにうまく行くかどうかを確認してみてほしい．

念のため，繰り返しておこう．

以下，フリーズとは成分が複素数で，水平方向の周期は n，0 が並ぶ行を -1

行目，1 が並ぶ行を 0 行目とし，幅が $m = n - 3$ のユニモジュラ規則を満たすような配列である．したがって，$n - 2$ 行目には 1 が並び，$n - 1$ 行目には 0 が並ぶ．

さらに，必要な場合には n 行目以降も考えることにして，n 行目以降は (-1) 倍して繰り返そう．つまり n 行目には -1 が並び，$n + 1$ 行目には最初のフリーズの第 1 行目を (-1) 倍したものが並ぶ．それ以降はすべて (-1) 倍して考えよう．そうすると自然に縦方向にも周期が n で，ただし交互に (-1) 倍された配列を得る．このような配列を**超周期** n の配列と呼ぶ．

だから，我々のフリーズは水平方向には周期が n で，垂直方向には超周期が n の SL_2タイル張りである．

§ 13.2　差分方程式

第 1 対角線をいつものように

$$f_{-1} = 0,\ f_0 = 1,\ f_1,\ f_2,\ f_3,\ \ldots f_m,\ f_{m+1} = 1,\ f_{m+2} = 0$$

と書いておこう．さらに $n = m + 3$ 以降も続けて

$$f_{m+3} = -1,\ f_{m+4} = -f_1,\ f_{m+5} = -f_2,\ \ldots,$$

$$f_{2m+3} = -f_m,\ f_{2m+4} = -1,\ f_{2m+5} = 0,\ \ldots,$$

のように (-1) 倍して繰り返すのであった．

さらに複素数の種数列を第 1 対角線から水平方向に並べ，これもいつものように $a = (a_1, a_2, \ldots, a_n)$ と書いておこう．こちらは周期 n で繰り返し，フリーズ方程式を満たすと仮定する．つまり

$$M_n(a) = \begin{pmatrix} K_n(a_1, \ldots, a_n) & K_{n-1}(a_1, \ldots, a_{n-1}) \\ -K_{n-1}(a_2, \ldots, a_n) & -K_{n-2}(a_2, \ldots, a_{n-1}) \end{pmatrix} = -\mathbf{1}_2$$

である．ここで

$$M_n(a) = \begin{pmatrix} a_1 & 1 \\ -1 & 0 \end{pmatrix}\begin{pmatrix} a_2 & 1 \\ -1 & 0 \end{pmatrix} \cdots \begin{pmatrix} a_n & 1 \\ -1 & 0 \end{pmatrix} \tag{13.1}$$

であった（第 4 章参照）．また K_n は連分数から決まるオイラーの連分多項式で，次のように行列式で表されていた．

$$K_n(x) = K_n(x_1, \ldots, x_n) = \begin{vmatrix} x_1 & 1 & 0 & & \\ 1 & x_2 & 1 & 0 & \\ 0 & 1 & \ddots & \ddots & 0 \\ & \ddots & \ddots & \ddots & 1 \\ & & 0 & 1 & x_n \end{vmatrix} \tag{13.2}$$

このとき次の差分方程式系が成り立つ（補題 2.13）．

補題 13.1　種数列 $a = (a_1, \ldots, a_n)$ はフリーズ方程式を満たすとする．このとき，配列の第 1 対角線を種数列 a と漸化式

$$f_i = a_i f_{i-1} - f_{i-2} \qquad (i \in \mathbb{Z}) \tag{13.3}$$

を用いて定めると，ユニモジュラ規則を満たす，幅が $m = n - 3$ の帯状フリーズになる．この差分方程式系を一般の第 k 対角線の場合に，成分の記号を用いて表せば

$$c_{k,j} = c_{j,j} c_{k,j-1} - c_{k,j-2}$$

である．あるいは行列式を用いて

$$c_{k,j-2} = \begin{vmatrix} c_{k,j-1} & c_{k,j} \\ c_{j,j-1} & c_{j,j} \end{vmatrix}$$

とも書ける（$c_{j,j-1} = 1$ に注意）．

もともと補題 2.13 の証明にはフリーズの成分がゼロでないことが使われていたが，この補題では逆に差分方程式系を用いてフリーズを定義している．成分がゼロでないという仮定の下では，複素数のフリーズ成分もただ一つに定まり上記の漸化式を満たす．

この第 1 対角線の満たす漸化式の解が連分因子で与えられるのであった（系 4.3 および系 4.4）．

補題 13.2　フリーズの第 1 対角線は種数列 a の連分因子を用いて次のように与えられる.

$$f_i = K_i(a_1, a_2, \ldots, a_i) \qquad (i \geq 1) \tag{13.4}$$

さらに任意のフリーズ成分は $k \leq j$ のとき次のように与えられる.

$$c_{k,j} = K_i(a_k, a_{k+1}, \ldots, a_j) \qquad (i = j - k + 1) \tag{13.5}$$

このことから, 2 次の行列の積について次の等式が成り立つ.

$$\begin{aligned} M_i(a_k, \ldots, a_j) &= \begin{pmatrix} a_k & 1 \\ -1 & 0 \end{pmatrix} \begin{pmatrix} a_{k+1} & 1 \\ -1 & 0 \end{pmatrix} \cdots \begin{pmatrix} a_j & 1 \\ -1 & 0 \end{pmatrix} \\ &= \begin{pmatrix} K_i(a_k, \ldots, a_j) & K_{i-1}(a_k, \ldots, a_{j-1}) \\ -K_{i-1}(a_{k+1}, \ldots, a_j) & -K_{i-2}(a_{k+1}, \ldots, a_{j-1}) \end{pmatrix} \\ &= \begin{pmatrix} c_{k,j} & c_{k,j-1} \\ -c_{k+1,j} & -c_{k+1,j-1} \end{pmatrix} \end{aligned}$$

連分因子はその定義から $i \geq 1$ でなければならないが, サイズはいくら大きくてもよい. 連分因子のサイズを負の方向へ延長しようとすると, 行列 $\begin{pmatrix} a & 1 \\ -1 & 0 \end{pmatrix}$ の逆行列を使って連分因子を定義すればよいと思われるが, これは読者への研究課題として残しておこう.

§ 13.3　Coxeter-Rigby の公式

第 1 対角線 $\ldots, f_{-1}, f_0, f_1, f_2, \ldots$ を前節のようにとっておこう. 次の関係式は Coxeter-Rigby の公式と呼ばれていた (§9.7).

補題 13.3　$1 \le i < j \le m$ に対して，

$$c_{i,j} = f_{i-1}f_{j+1}\Big(\frac{1}{f_{i-1}f_i} + \frac{1}{f_i f_{i+1}} + \cdots + \frac{1}{f_j f_{j+1}}\Big) \tag{13.6}$$

が成り立つ．ただし，分母に現れる $f_0, f_1, \ldots$ はすべてゼロではないと仮定する．

条件 $1 \le i < j \le m$ は $c_{i,j}$ が基本三角形領域内にある成分であることを意味する．したがって，基本三角形を並進鏡映でずらしてゆき，うまく (i,j) を調整すれば，上の公式によりフリーズのすべての成分が第 1 対角線の成分で与えられることになる（定理 3.8 参照[*1]）．とくに第 1 対角線の成分 $f_1, \ldots, f_m$ がすべて正であれば，フリーズの成分もすべて正である．

§ 13.4　第 1 対角線と第 2 対角線

第 1 対角線 $\ldots, f_{-1}$，f_0，f_1，f_2，$\ldots$ だけでなく，第 2 対角線 $\ldots, g_{-1}$，g_0，g_1，g_2，$\ldots$ も考えよう．ただし第 2 対角線は一つ順番をずらして考えている．具体的に書いてみると，$g_j = c_{2,j}$ は第 $j-1$ 行目にあって，

$$g_{-1} = -1,\ g_0 = 0,\ g_1 = 1,\ g_2 = a_2,\ g_3,\ \ldots$$

$$\ldots,\ g_m,\ g_{m+1},\ g_{m+2} = 1,\ g_{m+3} = 0,$$

である．さらに，その次の一群は (-1) 倍されて $g_{m+3+k} = -g_k\ \ (1 \le k \le m+3)$ となり，やはり超周期が n である．このように順番をずらしておくと漸化式は $g_i = a_i g_{i-1} - g_{i-2}$ で，f_i たちの漸化式と同じになって便利である．

第 1 対角線と第 2 対角線を並べたベクトル $v_i \in \mathbb{C}^2$ を

$$v_i = \begin{pmatrix} f_i \\ g_i \end{pmatrix}$$

で定めよう．すると f_i, g_i の漸化式より

[*1] 並進鏡映対称性はまったく一般の SL_2タイル張りにすると成り立たない．ここではたとえば，すべての成分がゼロでないという仮定をしておこう．あるいは標準的フリーズを考えてもよい．

$$v_i = a_i v_{i-1} - v_{i-2}, \qquad \text{または} \qquad v_i + v_{i-2} = a_i v_{i-1}$$

が成り立っている．行列で表しておく方が何かと便利なので，v_i を横に並べて書き，2 次の正方行列として

$$(v_i, v_{i-1}) = \begin{pmatrix} f_i & f_{i-1} \\ g_i & g_{i-1} \end{pmatrix} \in \mathrm{M}_2(\mathbb{C})$$

のように考えよう．ここで $\mathrm{M}_2(\mathbb{C})$ は成分が複素数であるような 2 次の正方行列全体を表す記号である．すると

$$(v_i, v_{i-1}) = (v_{i-1}, v_{i-2}) \begin{pmatrix} a_i & 1 \\ -1 & 0 \end{pmatrix} \tag{13.7}$$

が成り立つ．

次の補題は定理 9.4（Coxeter の行列式公式）である．

補題 13.4　上の記号の下に，

$$c_{k,j} = \det(v_{k-2}, v_j) = \begin{vmatrix} f_{k-2} & f_j \\ g_{k-2} & g_j \end{vmatrix} \tag{13.8}$$

が成り立つ．すべてを成分で表すと

$$c_{k,j} = \begin{vmatrix} c_{1,k-2} & c_{1,j} \\ c_{2,k-2} & c_{2,j} \end{vmatrix} = \begin{vmatrix} c_{i,k-2} & c_{i,j} \\ c_{i+1,k-2} & c_{i+1,j} \end{vmatrix} \tag{13.9}$$

となる．第 2 式では $i \in \mathbb{Z}$ は任意である．

この補題によると，第 1 対角線と第 2 対角線が決まればすべてのフリーズ成分が決まることになる．あるいは（何番目でもよいから）連続する 2 つの対角線が決まれば決まると言ってもよい．ただし，この 2 つの連続する対角成分がユニモジュラ規則を満たしていなければならないことは言うまでもない．また，このようにして決まるのは「**標準的フリーズ**」であって，途中の成分にゼロが現れる場合には第 1, 2 対角線からフリーズ（SL_2タイル張り）が一意的に決まるわけではない．

系 13.5 幅が m の帯状フリーズにおいて，第 1 行目から第 m 行目までのすべてのフリーズ成分がゼロでないための必要十分条件は $\det(v_i, v_j) \neq 0$ が $0 \leq i < j < n$ に対して成り立つことである．

［証明］ 対角線が超周期 n であることを考えれば，$0 \leq i < j < n$ に対して $\det(v_i, v_j) \neq 0$ であれば，任意の $k \neq \ell$ に対して，$\det(v_k, v_\ell) \neq 0$ であることがわかる． □

系 13.6 種数列 $a = (a_1, a_2, \ldots, a_n)$ は第 1 対角線および第 2 対角線を用いて

$$a_k = \det(v_{k-2}, v_k) = \begin{vmatrix} f_{k-2} & f_k \\ g_{k-2} & g_k \end{vmatrix} \tag{13.10}$$

で与えられる．

この系は $a_k = c_{k,k}$ であったことから明らかではあるが，たとえばファレイ数列のフリーズのときには，この a_k がファレイ多角形の奇蹄列の成分（つまり k 番目の頂点に集まるファレイ三角形の個数）になっていたことを思い起こすと含蓄は深い（補題 9.5 参照）．

また，種数列 a は標準的フリーズを生成し，もちろん対角線もそれによって決まる．逆に任意の連続する 2 本の対角線は，やはり標準的フリーズを生成し，このようにして種数列を決定する．ある意味で，**フリーズの 2 つの異なる生成系の間の関係式を与えている**のがこの系の意味である．

§ 13.5 Conway-Coxeter のアルゴリズム

複素数のフリーズには明示的に多角形の三角形分割が対応するわけではない．実際，すでに奇蹄列はなく，種数列は複素数である．しかし，飾り付きフリーズの章で考えたようにフリーズの背後にはいつも多角形の三角形分割が潜んでいるのである．以下のアルゴリズムの証明は §11.4 で与えられている．

フリーズの第 1 対角線を上で与えたように f_k として，次のような凸 n 角形の扇の要型の三角形分割を考え，その対角線のウェイトを図のように $f_1, f_2, \ldots, f_m$

としよう.

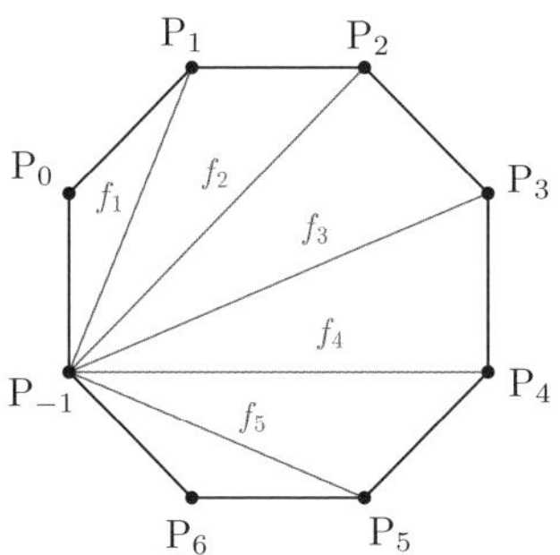

図 13.1　扇の要型三角形分割とウェイト

扇の要に当たる頂点は P_{-1} とし，そこから時計回りに $\mathrm{P}_{-1}, \mathrm{P}_0, \mathrm{P}_1, \ldots$ と番号づけておく[*2]．ウェイトが f_k の対角線は $[\mathrm{P}_{-1}, \mathrm{P}_k] = \mathrm{P}_{-1}\mathrm{P}_k$ である．このように設定すると，次のアルゴリズムで第 k 対角線上の成分 $c_{k,j}$ が計算できる.

ウェイト付き Conway-Coxeter アルゴリズム：

(I)　第 $(k-2)$ 番目の頂点 P_{k-2} に 0 を対応させる．次に，この頂点 P_{k-2} と辺で結ばれている両隣の頂点 P_{k-3}, P_{k-1} には 1 を対応させ，対角線で結ばれている頂点（要の点以外では高々一つしかない）には，対角線のウェイトを対応させる（要の点以外ではただ一つの対角線のウェイトは f_{k-2} である）.

(II)　三角形分割に現れる三角形 $\triangle\mathrm{PQR}$ のうち，すでに 2 つの頂点 P, Q に複素数 $a, b \in \mathbb{C}$ が対応しているとき，次のようにして頂点 R に $c \in \mathbb{C}$ を対応させる．頂点 $\mathrm{P}, \mathrm{Q}, \mathrm{R}$ の対辺のウェイトを p, q, r としよう（対辺が対角線ならいずれかの f_j で，辺ならば 1）．このとき,

$$c = (pa + qb)/r \tag{13.11}$$

と決める（図 13.2 参照）.

[*2] いつも頂点を v_k と書いていたが，この章では頂点の記号とベクトルの記号が紛らわしいので，いつもと違う記号 P_k を採用した.

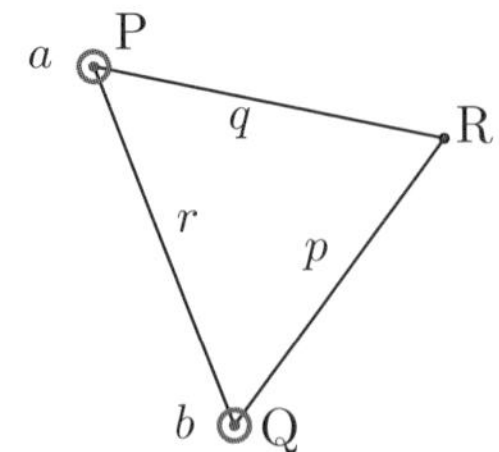

図 13.2 三角形 △PQR と対応するウェイト

(III) この手続を繰り返す.

このとき，頂点 P_j に対応している複素数がちょうど $c_{k,j}$ である.

ここでは扇の要型の三角形分割を使ったが，もちろん任意の三角形分割から出発してもウェイト付きの Conway-Coxeter アルゴリズムは機能する．では，この場合はどのような複素数のフリーズが生み出されるのだろうか？

補題 13.7 m 本の対角線を $[\mathrm{P}_{i_1}, \mathrm{P}_{j_1}]$, $[\mathrm{P}_{i_2}, \mathrm{P}_{j_2}]$, …, $[\mathrm{P}_{i_m}, \mathrm{P}_{j_m}]$ として，それらの対角線にそれぞれ複素数 $x_1, x_2, \ldots, x_m$ をウェイトとして対応させておく．この状態でウェイト付きの Conway-Coxeter アルゴリズムを行うと，ちょうどフリーズ成分が $c_{i_k+2,j_k} = x_k$ のフリーズを作ることができる.

この特別な場合が扇の要型の三角形分割を使った場合であって，そのときは対角線が $[\mathrm{P}_{-1}, \mathrm{P}_k]$ $(1 \leq k \leq m)$ となっているから，それに $f_1, f_2, \ldots, f_m$ のウェイトを与えたわけである．このような m 個の複素数（ウェイト）を三角形分割の対角線の位置に置くことになるから，フリーズ配列において任意の位置に任意の複素数を配置できるわけではない．しかし，この方法によって，かなりの自由度でフリーズをコントロールできる（というよりも，むしろ，フリーズを生成できるような最小限の情報 $x_1, x_2, \ldots, x_m$ を置く場所が自然に三角形分割によって決まる，というべきであろう）.

演習 13.8 次の 6 角形の三角形分割に対して，$c_{2,4} = 2$，$c_{3,4} = 2$，$c_{3,3} = 3$ となるようなフリーズをウェイト付きの Conway-Coxeter アルゴリズムを利用して作成せよ．このときはフリーズ成分は有理数になる.

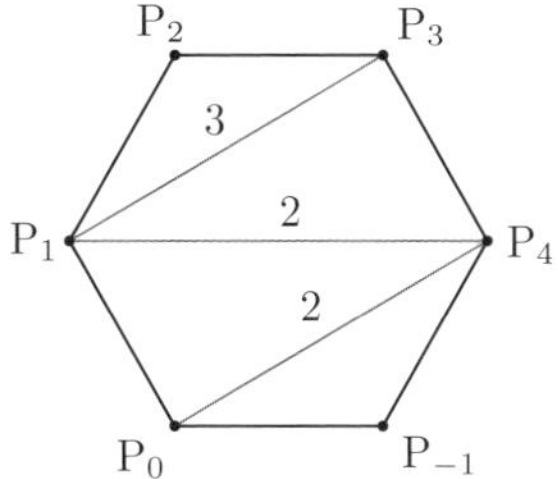

図 13.3　6 角形の三角形分割と対角線のウェイト

§ 13.6　フリーズ方程式とフリーズ多様体

種数列 $a = (a_1, \ldots, a_n) \in \mathbb{C}^n$ を決めればフリーズ，あるいは SL_2タイル張りは決まる．しかし，幅が $m = n - 3$ の帯状フリーズになるためには a はフリーズ方程式を満たさねばならない．その方程式は連分多項式によって

$$\begin{cases} K_{n-2}(a_2, \ldots, a_{n-1}) = 1 \\ K_{n-1}(a_1, \ldots, a_{n-1}) = K_{n-1}(a_2, \ldots, a_n) = 0 \end{cases} \tag{13.12}$$

で与えられる (命題 4.9)．このようにして定まる $\mathbb{C}^n$ の閉部分多様体 $\mathfrak{F}$ をフリーズ多様体と呼んでいた (定義 4.10)[*3]．

このとき，種数列 $a = (a_1, \ldots, a_n)$ から生成される“標準的”フリーズは，成分がゼロのものを含んでいるものの，ある意味で整った“おとなしい”フリーズである．しかし，SL_2タイル張りの中にはこのような標準的フリーズ以外のものも存在する．標準的フリーズは SL_2タイル張り全体の中でも主要な部分を占めているのだが，SL_2タイル張り全体を考えると標準的フリーズ以外の低次元の既約成分も存在する．

そこで，いま，$\mathscr{F} = (c_{k,j})_{1 \le k \le n, k \le j < k+m}$ を一般の SL_2タイル張りであって，幅が m，周期が n のものとしよう．添え字の範囲はちょうど幅 m，周期 n の平行四辺形上の領域を指している．標準的フリーズでは，基本三角形領域の部分が決まればフリーズは完全に決まってしまうので，平行四辺形全体を考える必要はない．しかし，そのような並進鏡映の対称性をもたないものも存在するので周期平行四辺形領域をすべてとって考える．

---

*3 この定義において成分は実数であったが，もちろんすべて複素数で考える．

このフリーズ $\mathscr{F}$ の成分はユニモジュラ規則を満たす帯状フリーズというのが唯一の条件であるから，そのような条件を方程式で書き表すと $\mathbb{C}^{nm}$ の中の閉集合（代数多様体）となっている．この多様体を**広義フリーズ多様体**と呼ぼう．

フリーズ多様体は広義フリーズ多様体の中で最大次元の既約成分になっているが，ある成分がゼロになるような点（フリーズ）は，フリーズ多様体の見かけ上の特異点[*4]になっている．このような点を含む多様体の構造を決定することは興味深い問題ではあるが一般には非常に難しい．

一方，どの成分もゼロでないような広義フリーズ多様体の点は，実は標準的フリーズになっており，フリーズ多様体に含まれる．これらの点はすべて滑らかで，そのような点をすべて集めたものは複素多様体の構造をもつ．そこで，以下，すべての成分がゼロでないようなフリーズからなる，フリーズ多様体の部分多様体のみを考えることにして，この多様体を $\mathscr{Z}$ と記すことにしよう．$\mathscr{Z}$ はフリーズ多様体の部分多様体であるが，紛れがないときには $\mathscr{Z}$ も単にフリーズ多様体と呼ぶ．

$\mathscr{Z}$ では，この章の冒頭から紹介してきたすべての公式が成り立つ．とくに，種数列 $a = (a_1, a_2, \ldots, a_n)$ からフリーズは生成されるが，それは差分方程式によって第 1 対角線 $(f_1, f_2, \ldots, f_m)$ を決める．第 1 対角線は Coxeter-Rigby の公式によって第 2 対角線 $(g_1, g_2, \ldots, g_m)$ を決め，この 2 つの対角線は Coxeter の行列式公式によってすべての成分を行列式の形で与える．したがって，フリーズのすべての成分がゼロでないという条件は，結局，$1 \leq k \leq n, 0 \leq j - k < m$ に対して

$$c_{k,j} = K_i(a_k, a_{k+1}, \ldots, a_j) \neq 0 \qquad (i = j - k + 1) \tag{13.13}$$

または

$$c_{k,j} = \begin{vmatrix} f_{k-2} & f_j \\ g_{k-2} & g_j \end{vmatrix} \neq 0 \tag{13.14}$$

となる．この 2 つの式はどちらも $\mathscr{Z}$ を特徴づけることになる．

以下，どの成分もゼロでないフリーズからなるフリーズ多様体 $\mathscr{Z}$ を考えることにする．

---

*4 見かけ上の特異点は特異点になっている可能性のある点という意味であり，もしかすると特異点でない可能性もある．

§13.7　複素射影直線

フリーズ多様体の構造を述べるために，射影直線を使う．すでに有理射影直線とその一次分数変換については §8.4 で紹介したが，この章では“多様体”を考えるので有理数 $\mathbb{Q}$ だけを考えていては不足である．そこで複素数 $\mathbb{C}$ に話を広げて，複素射影直線の話をしよう．有理数のときと同じ記号を使って，次のように射影直線を定義する．

定義 13.9　複素射影直線を

$$\mathbb{P}^1(\mathbb{C}) = \mathbb{P}(\mathbb{C}^2) = \{[a,b] \mid (a,b) \neq (0,0),\ a,b \in \mathbb{C}\} \tag{13.15}$$

によって定義する．ただし記号 $[a,b]$ は

$$[a,b] = [c,d] \overset{\text{def}}{\iff} (c,d) = k(a,b) \text{ となる } k \in \mathbb{C},\ k \neq 0 \text{ が存在する} \tag{13.16}$$

を意味している．つまり，$[a,b]$ は a と b の比を表しており，座標の組 (a,b) を表しているわけではない．複素数の比 $[a,b]$ を考えるときは，有理数の場合同様，$a = b = 0$ の場合が除外されていることに注意しよう．

射影直線における比 $[a,b]$ は，有理数や実数では座標面上の射影などを使って直感的に説明できるのだが，複素数ではそうもいかない．と言うよりも，そのような図形的直感から少し距離を置いて，数式で考えるのがよいだろう．

複素数の比は少し独特なのでいくつか例をあげておこう

$$[2,3i] = [4,6i] = [-2i,3], \quad [0,3] = [0,2i] = [0,1],$$

$$[1+i, 1-i] = [e^{\pi i/4}, e^{-\pi i/4}] = [1,-i] = [i,1]$$

有理数の場合には究極的に既約分数（a と b が互いに素）という標準的な比の取り方があったが，複素数の場合にはそのような標準的な比はない．そのおかげで複素数の比の同値の判定は見ただけでは難しい．

演習 13.10　$\omega = e^{2\pi i/3} = \dfrac{-1+i\sqrt{3}}{2}$ を 1 の原始 3 乗根とすると，

$$[\omega,\overline{\omega}]=[1,\omega]=[\omega+1,-1]=[\overline{\omega},1]$$

であることを示せ.

ところが，複素数の場合でも，やはり $b\neq 0$ なら $[a,b]=[a/b,1]$ であって，$b=0$ なら（$a\neq 0$ であるから）$[a,0]=[1,0]$ となる．したがって

$$\mathbb{P}^1(\mathbb{C})=\{[a,1]\mid a\in\mathbb{C}\}\cup\{[1,0]\}$$

である．そこで右辺の第 1 項の集合を $[a,1]\leftrightarrow a\in\mathbb{C}$ によって $\mathbb{C}$ と同一視し，$[1,0]$ を ∞ （無限遠点）と記すのが慣例である．つまり

$$\mathbb{P}^1(\mathbb{C})=\mathbb{C}\cup\{\infty\}$$

である.

さて，有理数の場合にならうことにすると $\mathbb{P}^1(\mathbb{C})$ を $\mathbb{P}(\mathbb{C}^2)$ とも記すのであった．これは“平面” $\mathbb{C}^2$ における原点を通る“直線”の全体という解釈だったが，複素数のときには「直線」というのが少しわかりにくいので，次のように考えるのがよい.

要するに $[a,b]$ と書くと，集合 $\{k(a,b)\mid k\neq 0,\ k\in\mathbb{C}\}$ の元はすべて同じだと思って，一まとまりに考えよというわけだから，この集合自身を $[a,b]$ だと思って差し支えはない．この集合全体をとってくるのであれば $k=0$ のとき，つまり原点 $(0,0)$ も集合の中に入れておいて差し支えはなかろう．そうすると

$$[a,b]\leftrightarrow\mathbb{C}\,(a,b)=\{k(a,b)\mid k\in\mathbb{C}\}$$

という対応ができるが，右辺は何を表しているかというと，これは $\mathbb{C}^2$ の中の一次元部分空間に他ならない．実数 $\mathbb{R}$ のときには一次元部分空間というのは原点を通る直線と同義だから，いままでは幾何学的な描像に頼って“直線”で通してきたわけである．したがって

$$\mathbb{P}(\mathbb{C}^2)=\{V\subset\mathbb{C}^2\mid\ V\ \text{は一次元部分空間}\ \}$$

と $\mathbb{P}^1(\mathbb{C})$ は同一視でき，射影直線は複素 2 次元のベクトル空間 $\mathbb{C}^2$ 内の一次元部分空間の全体だとみなすことができる.

一般に n 次元空間 $\mathbb{C}^n$ の中の r 次元部分ベクトル空間の全体には複素多様体の構造が入り，それを**グラスマン多様体**と呼んでいる*5．複素射影直線はそのグラスマン多様体の中でも，もっとも簡単なものである．一般のグラスマン多様体に複素構造を入れるには，複素多様体とは何か，複素構造とは何か，複素解析関数の理論といった基礎的な説明が必要で，本書の範疇を越える．たとえば [69] や [48] を参照してほしい．

我々の場合，射影直線は $\mathbb{P}^1(\mathbb{C}) = \mathbb{C} \cup \{\infty\}$ なので，無限遠点を除いてしまうと，複素平面そのものになるから，もちろん複素多様体である．無限遠点の周りでは座標 $1/z$ で変換して考えればよい．あるいは，複素解析でもよく出てくるように，リーマン球面を考えてみると，原点と無限遠点はほぼ同じに見えることがわかるだろう．リーマン球面については，たとえば [65] や [64, §1.4] を参照してほしい．

§ 13.8　一次分数変換

さて，射影直線を $\mathbb{C}^2$ の中の一次元部分空間全体の集合だと考えると，複素射影直線 $\mathbb{P}(\mathbb{C}^2)$ に一般線型群 $\mathrm{GL}_2(\mathbb{C})$ が作用しているのはもう一目瞭然であろう．$g \in \mathrm{GL}_2(\mathbb{C})$ に対して，$gV \subset \mathbb{C}^2$ はまた一次元部分空間だからである．行列とベクトルで表せば*6，

$$g = \begin{pmatrix} g_{11} & g_{12} \\ g_{21} & g_{22} \end{pmatrix} \in \mathrm{GL}_2(\mathbb{C}), \quad v = \begin{pmatrix} a \\ b \end{pmatrix} \in \mathbb{C}^2$$

に対して

$$gv = \begin{pmatrix} g_{11}a + g_{12}b \\ g_{21}a + g_{22}b \end{pmatrix}$$

なので，$g_{21}a + g_{22}b \neq 0$ のとき，これを比の形に書くと

$$[a, b] \mapsto [g_{11}a + g_{12}b, g_{21}a + g_{22}b] = \left[\frac{g_{11}a + g_{12}b}{g_{21}a + g_{22}b}, 1 \right]$$

---

*5 Grassmann, Hermann (1809–1877).

*6 スペースの都合上，いままでベクトルを (a, b) のようにヨコベクトルの形で書いていたが，ここからは都合上タテベクトルで書くことにする．ご容赦願いたい．

のようになるだろう．とくに比の第 2 成分が 1 のときには $[a,1] \leftrightarrow a \in \mathbb{C}$ とみなして

$$a \mapsto g \cdot a = \frac{g_{11}a + g_{12}}{g_{21}a + g_{22}}$$

となるが，このような g の作用を**一次分数変換**と呼ぶのであった．

これをもう少し見やすい記号で書いておこう．

$v = \begin{pmatrix} a \\ b \end{pmatrix} \in \mathbb{C}^2$ に対して，$[v] = [a,b] \in \mathbb{P}^1(\mathbb{C})$ を対応する比とする．ベクトルの方はタテに書いたが，$[a,b]$ の方は相変わらずヨコに書くことにする．少々バランスを欠くがこの方が何かと都合がよい．この記号を使うとすでに説明したことから，一次分数変換は単に

$$g \cdot [a,b] = g \cdot [v] = [gv] = [g_{11}a + g_{12}b, g_{21}a + g_{22}b]$$

であることがわかる．なんのことはない，単なる行列の積であって，比をとるから分数になるだけの話である．

一次分数変換によって任意の点 $p \in \mathbb{P}^1(\mathbb{C})$ は好きな点に写すことができる．これはほぼ明らかに思えるが，実はもっとスバラシイことが成り立って，射影直線上の任意の相異なる 3 点は，一次分数変換によって任意に選んだ 3 点に写すことができるのである．これを説明しよう．まずはこの補題から．

補題 13.11 $p_1 = [a_1, b_1]$，$p_2 = [a_2, b_2] \in \mathbb{P}^1(\mathbb{C})$ に対して，$p_1 \neq p_2$ であることと $\det \begin{pmatrix} a_1 & a_2 \\ b_1 & b_2 \end{pmatrix} \neq 0$ は同値である．

［証明］ $A = (v_1, v_2)$ をこの 2 つのベクトルを並べた行列とする．線形代数でよく知られているように

$$\det A = 0 \iff v_1 \text{ と } v_2 \text{ が一次従属}$$

$$\iff k_1v_1 + k_2v_2 = 0 \text{ となる } (k_1, k_2) \neq 0 \text{ が存在する}$$

だから，たとえば $k_1 \neq 0$ なら $v_1 = -(k_2/k_1)v_2$ であって，v_1 は v_2 を含む一次元部分空間に属しており，$\mathbb{C}v_1 = \mathbb{C}v_2$ である．$k_2 \neq 0$ としても同様に $\mathbb{C}v_1 = \mathbb{C}v_2$ がわかり，これは $p_1 = [v_1] = [v_2] = p_2$ を意味している． □

定理 13.12　射影直線上の相異なる 3 点 $p_1, p_2, p_3 \in \mathbb{P}(\mathbb{C}^2)$ はある $g \in \mathrm{SL}_2(\mathbb{C})$ によって

$$(g \cdot p_1, g \cdot p_2, g \cdot p_3) = (\infty, 0, 1)$$

のように一次分数変換によって $\infty, 0, 1$ に写すことができる．ただし $\infty = [1, 0]$, $0 = [0, 1]$, $1 = [1, 1]$ のように $\mathbb{P}(\mathbb{C}^2) = \mathbb{C} \cup \{\infty\}$ とみなして，3 点を複素数で表した．

［証明］　各点 p_i に対応するベクトルを v_i と書く．つまり $p_i = [v_i]$ である．このとき，$h = (v_1, v_2)$ とおくと，仮定より $p_1 \neq p_2$ なので，補題より $\det h \neq 0$ であることがわかる．すると h は逆行列をもつから

$$h^{-1}(v_1, v_2) = h^{-1}h = \mathbf{1}_2 = (\boldsymbol{e}_1, \boldsymbol{e}_2)$$

$$\text{ただし } \boldsymbol{e}_1 = \begin{pmatrix} 1 \\ 0 \end{pmatrix},\ \boldsymbol{e}_2 = \begin{pmatrix} 0 \\ 1 \end{pmatrix} \text{ は基本ベクトル}$$

であって，$h^{-1}v_3 = u_3 = \begin{pmatrix} \alpha \\ \beta \end{pmatrix}$ と表せば，

$$h^{-1}(v_1, v_2, v_3) = (\boldsymbol{e}_1, \boldsymbol{e}_2, u_3)$$

となる．基本ベクトルに対して $[\boldsymbol{e}_1] = \infty$, $[\boldsymbol{e}_2] = 0$ であることに注意しよう．$[u_3]$ はこの 2 点とは異なっているので，$\alpha, \beta \neq 0$ であることがわかる．すると

$$g = \begin{pmatrix} \alpha^{-1} & \\ & \beta^{-1} \end{pmatrix} h^{-1} \quad \text{とおいて，} \quad g(v_1, v_2, v_3) = \begin{pmatrix} \alpha^{-1} & 0 & 1 \\ 0 & \beta^{-1} & 1 \end{pmatrix}$$

なので，

$$g \cdot p_1 = [\alpha^{-1}, 0] = [1, 0], \quad g \cdot p_2 = [0, \beta^{-1}] = [0, 1], \quad g \cdot p_3 = [1, 1]$$

である．この g の行列式は 1 とは限らないが，$k^2 = 1/\det g$ となる $k \in \mathbb{C}$ をとって[*7]，kg（行列のスカラー倍）を考える．すると行列式は $\det(kg) = k^2 \det g$

*7 複素数の範囲ではいつでも平方根は 2 つ存在する．2 つのうちどちらをとってもよい．

$= 1$ となって $kg \in \mathrm{SL}_2(\mathbb{C})$ である．さらに

$$(kg)\cdot(p_1, p_2, p_3) = ([k,0],[0,k],[k,k]) = ([1,0],[0,1],[1,1])$$

であって，これが示したかったことだった． □

系 13.13 射影直線上の相異なる 3 点 $p_1, p_2, p_3 \in \mathbb{P}(\mathbb{C}^2)$ を相異なる 3 点 $q_1, q_2, q_3 \in \mathbb{P}(\mathbb{C}^2)$ に写す一次分数変換が存在する．

［証明］ 定理より $g\cdot p_1 = \infty$, $g\cdot p_2 = 0$, $g\cdot p_3 = 1$ となる $g \in \mathrm{GL}_2(\mathbb{C})$ と，$h\cdot q_1 = \infty$, $h\cdot q_2 = 0$, $h\cdot q_3 = 1$ となる $h \in \mathrm{GL}_2(\mathbb{C})$ が存在する．このとき，$(h^{-1}g)\cdot p_i = q_i$ $(i = 1,2,3)$ である（g で行って，h で戻ってくればよい）． □

系 13.14 射影直線上の相異なる 3 点を固定するような一次分数変換は恒等変換である．

［証明］ 相異なる点を p_1, p_2, p_3 としよう．いま，$g \in \mathrm{GL}_2(\mathbb{C})$ による一次分数変換が $g\cdot p_i = p_i$ $(i = 1,2,3)$ を満たしたとしよう．

上の系より，$h \in \mathrm{GL}_2(\mathbb{C})$ であって，h による一次分数変換で p_1, p_2, p_3 を $\infty, 0, 1$ に写すものがある．すると，hgh^{-1} によって $\infty, 0, 1$ は固定される．実際，たとえば無限遠点 ∞ を考えると，$h\cdot p_1 = \infty$ だから，

$$(hgh^{-1})\cdot\infty = h\cdot(g\cdot(h^{-1}\cdot\infty)) = h\cdot(g\cdot p_1) = h\cdot p_1 = \infty$$

となる．$0, 1$ についても同様である．そこで $hgh^{-1} = k\mathbf{1}_2$ $(k \in \mathbb{C}^\times)$ であることを証明すれば，$g = k\mathbf{1}_2$ となり，一次分数変換は恒等変換になる．つまり最初から，g による一次分数変換が $\infty, 0, 1$ を固定するとして一般性を失わない．これは行列として書けば，

$$g\begin{pmatrix} 1 & 0 & 1 \\ 0 & 1 & 1 \end{pmatrix} = \begin{pmatrix} \alpha & 0 & \gamma \\ 0 & \beta & \gamma \end{pmatrix} \qquad (\alpha, \beta, \gamma \neq 0)$$

となることを示している．最初の 2 列から，$g = \begin{pmatrix} \alpha & 0 \\ 0 & \beta \end{pmatrix}$ だが，第 3 列の情報から，$\alpha = \beta = \gamma$ でなければならない．これが示したいことだった． □

§13.9　射影直線上の点配置

さて，射影直線 $\mathbb{P}^1(\mathbb{C})$ の点を n 個とってこよう．射影直線といっても，一つの点が無限遠点 ∞ であるだけでほとんどの点は複素数だから，選んだ n 個の点が ∞ を含んでいなければ単に n 個の複素数をとるだけである．それを“結ぶ”と n 角形ができる．そこで，以下，すべて相異なる n 個の点を考えよう．とりあえずは順番をつけて並べると $(p_0, p_1, \ldots, p_{n-1})$ である．各点は $\mathbb{P}^1(\mathbb{C})$ に属しているわけだから

$$\{(p_0, p_1, \ldots, p_{n-1}) \mid p_i \in \mathbb{P}^1(\mathbb{C}), p_i \neq p_j\ (i \neq j)\} \subset \mathbb{P}^1(\mathbb{C})^n$$

となるだろう．この集合を $\mathbb{P}^1(\mathbb{C})^n_\circ$ で表すことにする．

また，$\mathbb{P}^1(\mathbb{C})$ 内の n 個の点配置を考えたいので，たとえば平面ユークリッド幾何学で合同な三角形は同一視するように，点の間の相互の位置関係だけに注目をしたい．そのようなときは，点配置のうち一次分数変換で写り合うものは同値と考えるのがよい[*8]．

$(p_0, p_1, p_2, \ldots, p_{n-1}) \in \mathbb{P}^1(\mathbb{C})^n_\circ$ をとって，$p_i = [v_i]$ となるようなベクトル $v_i = \begin{pmatrix} a_i \\ b_i \end{pmatrix} \in \mathbb{C}^2$ を選んでおこう．

補題 13.15　任意の点配置 $(p_0, p_1, p_2, \ldots, p_{n-1}) \in \mathbb{P}^1(\mathbb{C})^n_\circ$ と複素数 $\alpha \in \mathbb{C}$，$\alpha \neq 0$ を考える．n が奇数のとき，各点 p_i に対して，うまく $v_i \in \mathbb{C}^2$ $(0 \leq i < n)$ を選び，$p_i = [v_i]$ かつ，

$$\det(v_i, v_{i+1}) = 1 \quad (0 \leq i < n-1), \qquad \det(v_{n-1}, v_0) = \alpha$$

が成り立つようにすることができる．ただし番号は巡回的に考えて $v_n = v_0$ と解釈する．

補題に現れる α はあとで使う都合があって付け加えているのだが，実際に重要になるのは $\alpha = -1$ の場合である．

[証明]　まず $p_i = [u_i]$ となるような $u_i \in \mathbb{C}^2$ を任意に選んでおき，これを調

---

*8 少し難しく言うと，一次分数変換のなす群が $\mathbb{P}^1(\mathbb{C})$ の自己同型群であるからである．

整して v_i を作ろう．$t_i \in \mathbb{C}^\times = \mathbb{C} \setminus \{0\}$ に対して $p_i = [u_i] = [t_i u_i]$ であることに注意する．つまり射影直線上の点を表すベクトルは，スカラー倍しても同じ点を表す．そこで $v_i = t_i u_i$ と取り直せば，

$$\det(v_i, v_{i+1}) = \det(t_i u_i, t_{i+1} u_{i+1}) = t_i t_{i+1} \det(u_i, u_{i+1})$$

である．したがって $t_i t_{i+1} \det(u_i, u_{i+1}) = 1$ が成り立てばよい (最後の $i = n-1$ のときは $= \alpha$ と考える)．簡潔に $D_{i,i+1} = \det(u_i, u_{i+1})$ と書くことにしよう．仮定より $p_i \neq p_{i+1}$ だから，補題 13.11 によって $D_{i,i+1} \neq 0$ である．すると

$$t_i t_{i+1} D_{i,i+1} = 1 \iff t_i = \frac{D_{i,i+1}}{t_{i+1}} \quad (0 \leq i < n)$$

だから，$2k+1 \leq n-1$ なら

$$\begin{aligned} t_0 &= \frac{D_{0,1}}{t_1} = \frac{D_{0,1}}{D_{1,2}} t_2 = \cdots = \frac{D_{0,1} D_{2,3} \cdots D_{2k-2,2k-1}}{D_{1,2} D_{3,4} \cdots D_{2k-1,2k}} t_{2k} \\ &= \frac{D_{0,1} D_{2,3} \cdots D_{2k-2,2k-1} D_{2k,2k+1}}{D_{1,2} D_{3,4} \cdots D_{2k-1,2k}} \frac{1}{t_{2k+1}} \end{aligned}$$

が成り立つ．

n が奇数ならば，最後の部分に α が現れることを考慮して

$$t_0 = \frac{D_{0,1} D_{2,3} \cdots D_{n-1,n}}{D_{1,2} D_{3,4} \cdots D_{n-2,n-1}} \frac{\alpha}{t_n}$$

である．ここで $v_n = v_0$ と考えているから，$t_n = t_0$ でなければならない．したがって

$$t_0^2 = \alpha \frac{D_{0,1} D_{2,3} \cdots D_{n-1,n}}{D_{1,2} D_{3,4} \cdots D_{n-2,n-1}}$$

によって t_0 を決めよう（この決め方は平方根の取り方で 2 通りある)．あとは，漸化式 $t_{i+1} = D_{i,i+1}/t_i$ によって $t_1, t_2, \ldots, t_{n-1}$ を決めればよい．

証明はこれで終わりだが，n が偶数のときに何が起こるのかも見ておく．このときは，

$$t_0 = \frac{D_{0,1} D_{2,3} \cdots D_{n-2,n-1}}{D_{1,2} D_{3,4} \cdots D_{n-1,n}} \frac{t_n}{\alpha}$$

である．やはり $t_0 = t_n$ だから，

$$\frac{D_{0,1}D_{2,3}\cdots D_{n-2,n-1}}{D_{1,2}D_{3,4}\cdots D_{n-1,n}} = \alpha \tag{13.17}$$

でなければならない．つまり，最初の $u_i \in \mathbb{C}^2$ をこの式が成り立つように選ぶことができれば，うまく t_i を調整して $v_i = t_i u_i$ が構成できる（あるいは最初に選んだ u_i たちに合わせて $\alpha \in \mathbb{C}$ を選んでもよい）．この場合には $t_0 \neq 0$ の選び方は自由で，1 次元分の自由度がある． □

この補題のままでは，なんだかフリーズとは関係ありそうに見えるものの，まったく同じではなく，フリーズと射影直線上の点配置の関係はあいまいである．これについては節をあらためて考えることにしよう．

なお，この射影直線上の n 点配置は単純なように見えて非常に深く，たとえばリーマン面としての一意化は超幾何関数を用いて行うことができることが知られている．これについては，たとえば，吉田正章氏による名著 [82] を参照してほしい．

§ 13.10　フリーズと点配置

フリーズにとってはユニモジュラ規則が一番大切である．そこで，次のような空間を考えることにしよう．

$$\mathrm{M}^{\mathbf{1}}_{2,n} = \left\{ Z = \begin{pmatrix} a_0 & a_1 & \cdots & a_{n-1} \\ b_0 & b_1 & \cdots & b_{n-1} \end{pmatrix} \;\middle|\; \text{次の条件 (1), (2) を満たす} \right\}$$

(1) $\begin{vmatrix} a_i & a_{i+1} \\ b_i & b_{i+1} \end{vmatrix} = 1 \quad (0 \leq i < n-1), \qquad \begin{vmatrix} a_{n-1} & a_0 \\ b_{n-1} & b_0 \end{vmatrix} = -1.$

ただし成分はすべて複素数 $a_i, b_i \in \mathbb{C}$ $(0 \leq i < n)$ であって，$a_n = a_0$，$b_n = b_0$ と解釈する．つまり，隣接した 2 列は行列式が 1 で $\mathrm{SL}_2(\mathbb{C})$ に属するが，最後から最初に還ったときは行列式の符号が逆転している．

(2) $\begin{vmatrix} a_k & a_j \\ b_k & b_j \end{vmatrix} \neq 0 \quad (k \neq j).$

$\mathrm{M}_{2,n}^{\mathbf{1}}$ の各成分が複素数であることを強調したいときは，$\mathrm{M}_{2,n}^{\mathbf{1}}(\mathbb{C})$ と書くこともある．また，$v_i = \begin{pmatrix} a_i \\ b_i \end{pmatrix}$ のようにベクトルで書いて，上の行列を $Z = (v_0, v_1, \ldots, v_{n-1}) \in \mathrm{M}_{2,n}^{\mathbf{1}}$ と表すことにしよう．そうすると条件 (1), (2) はそれぞれ

(1) $\det(v_i, v_{i+1}) = 1 \ \ (0 \le i < n), \quad \det(v_{n-1}, v_0) = -1$

(2) $\det(v_k, v_j) \neq 0 \ \ (k \neq j)$

と表されて簡潔になる．

この空間には特殊線型群 $\mathrm{SL}_2(\mathbb{C})$ が左からの掛け算で自然に作用する．つまり $g \in \mathrm{SL}_2(\mathbb{C})$ に対して，

$$g \cdot Z = (gv_0, gv_1, \ldots, gv_{n-1}) \in \mathrm{M}_{2,n}^{\mathbf{1}}$$

であって，各ベクトル gv_k は行列 g とベクトル $v_k \in \mathbb{C}^2$ の通常の積である．ベクトルを任意に 2 つとって並べた行列の行列式を計算してみると

$$\det(gv_k, gv_j) = \det g \det(v_k, v_j) = \det(v_k, v_j)$$

であって，行列式の値は変わらず（-1 やゼロでない性質も含めて変わらない），確かに $gZ \in \mathrm{M}_{2,n}^{\mathbf{1}}$ である．

補題 13.16 $\Phi : \mathrm{M}_{2,n}^{\mathbf{1}} \to \mathbb{P}^1(\mathbb{C})^n_\circ$ を $Z = (v_0, v_1, \ldots, v_{n-1}) \in \mathrm{M}_{2,n}^{\mathbf{1}}$ に対して，

$$\Phi(Z) = (p_0, p_1, \ldots, p_{n-1}) \in \mathbb{P}^1(\mathbb{C})^n_\circ, \quad p_i = [v_i] \ \ (0 \le i < n)$$

で定める．n が奇数のとき，この写像 Φ は $2:1$ の被覆写像になる．また，Φ は $\mathrm{SL}_2(\mathbb{C})$ に関して同変である．つまり $g \cdot \Phi(Z) = \Phi(gZ) \quad (g \in \mathrm{SL}_2(\mathbb{C}))$ が成り立つ（もちろん $\mathbb{P}^1(\mathbb{C})$ への g の作用は一次分数変換である）．

［証明］ まず $\det(v_i, v_{i+1}) = \pm 1$ なので $v_i \neq 0$ である．したがって，その比として $p_i = [v_i] \in \mathbb{P}^1(\mathbb{C})$ は定義される．あとはこれらの点がすべて相異なるこ

とを言えばよいが，補題 13.11 より，$\det(v_k, v_j) \neq 0$ であることと $p_k \neq p_j$ は同値である．

一方，任意の $p = (p_0, p_1, \ldots, p_{n-1})$ をとる．n が奇数のときには，補題 13.15 によって $\Phi(Z) = p$ となるような $Z \in \mathrm{M}^{\mathbf{1}}_{2,n}$ が存在するが，もちろん $\Phi(\pm Z) = p$ で $\pm Z$ は同じ点に写る．ところが，補題の証明を眺めるとそのような点は他にはないことがわかるので，この写像は $2:1$ である．

最後に $\mathrm{SL}_2(\mathbb{C})$ 同変であることは，$g \in \mathrm{SL}_2(\mathbb{C})$ に対して $g[v_i] = [gv_i]$ であることから従う．行列としての掛け算のときには $gZ = (gv_0, gv_1, \ldots, gv_{n-1})$ のように各ベクトルに g が行列として掛かることにも注意しておこう．もちろん，この部分は n が偶数であってもまったく差し支えはない．　□

$\mathrm{M}^{\mathbf{1}}_{2,n}$ はフリーズと同じというわけではないが，幸い，うまく $\mathrm{SL}_2(\mathbb{C})$ の作用を用いてフリーズと関係づけることができる．それを説明しよう．

$\mathrm{M}^{\mathbf{1}}_{2,n}$ においては $\det(v_0, v_{n-1}) = -\det(v_{n-1}, v_0) = 1$ なので，$h = (v_0, v_{n-1}) \in \mathrm{SL}_2(\mathbb{C})$ である．すると $h^{-1}v_0 = \boldsymbol{e}_1$，$h^{-1}v_{n-1} = \boldsymbol{e}_2$ なので，

$$\begin{aligned} h^{-1}Z &= (h^{-1}v_0, h^{-1}v_1, \ldots, h^{-1}v_{n-1}) \\ &= \begin{pmatrix} 1 & f_1 & f_2 & \cdots & f_{n-2} & 0 \\ 0 & g_1 & g_2 & \cdots & g_{n-2} & 1 \end{pmatrix} \end{aligned} \tag{13.18}$$

となる．射影直線上の点配置の方から眺めると，これは $p_0 = \infty$，$p_{n-1} = 0$ とすることに当たる．どうだろう，このように書くとフリーズに見えてきたのではないだろうか．さらに隣接する列はすべて行列式が 1 なので，

$$\begin{vmatrix} 1 & f_1 \\ 0 & g_1 \end{vmatrix} = g_1 = 1, \qquad \begin{vmatrix} f_{n-2} & 0 \\ g_{n-2} & 1 \end{vmatrix} = f_{n-2} = 1$$

である．繰り返すが，この配列はちょうどユニモジュラ規則を満たしている．その上に，$\det(v_k, v_j) = \begin{vmatrix} f_k & f_j \\ g_k & g_j \end{vmatrix} \neq 0$ が成り立っていることにも注意しておこう．

この式 (13.18) の行列の第 1 行目を第 1 対角線，第 2 行目を第 2 対角線として複素数を成分とするフリーズを生成する．この行列はユニモジュラ規則を満たし

ているが，我々はこれをさらに超周期的に長さ $2n$ に延長して，それを繰り返すのだった．

$$\begin{pmatrix} 1 & f_1 & f_2 & \cdots & f_{n-2} & 0 & -1 & -f_1 & -f_2 & \cdots & -f_{n-2} & 0 \\ 0 & g_1 & g_2 & \cdots & g_{n-2} & 1 & 0 & -g_1 & -g_2 & \cdots & -g_{n-2} & -1 \end{pmatrix} \tag{13.19}$$

このとき，補題 13.4 より $c_{k,j} = \det(v_{k-2}, v_j)$ だから，このフリーズの第 1 行目から第 m 行目までの部分にある成分はすべてゼロではない ($m = n-3$).

このようにして，フリーズと射影直線上の n 点配置は対応する．

ただし，これには制約があって，n が奇数のときにはうまく調整することにより，任意の n 点配置 $p = (p_0, p_1, \ldots, p_{n-1}) \in \mathbb{P}^1(\mathbb{C})^n_\circ$ に対して $\Phi(Z) = p$ となるような $Z \in \mathrm{M}^{\mathbf{1}}_{2,n}$ がとれるが，n が偶数のときにはそうではない．これが補題 13.15 の内容であった．これを次の定理の形にまとめておこう．

定理 13.17 n が奇数のとき，すべての成分がゼロでないフリーズ多様体 $\mathscr{X}$ と射影直線上の相異なる n 点配置の一次分数変換による同値類 $\mathbb{P}^1(\mathbb{C})^n_\circ/\mathrm{SL}_2(\mathbb{C})$ は代数多様体として同型である．

[証明] 式 (13.19) で生成されるフリーズ $\mathscr{F}$ に対して式 (13.19) の前半の n 本のベクトルを $Z = (v_0, v_1, v_2, \ldots, v_{n-2}, v_{n-1})$ と書く ($v_0 = \boldsymbol{e}_1, v_{n-1} = \boldsymbol{e}_2$). すると $Z \in \mathrm{M}^{\mathbf{1}}_{2,n}$ であるから $\Phi(Z) \in \mathbb{P}^1(\mathbb{C})^n_\circ$ が定まり，このようにして $\mathscr{F} \in \mathscr{X}$ から $\Phi(\mathscr{F}) \in \mathbb{P}^1(\mathbb{C})^n_\circ$ を対応させる写像が得られる．ただし $\Phi(Z)$ を $\Phi(\mathscr{F})$ とも書くことにする．

逆に，補題 13.15 より $p = (p_0, p_1, \ldots, p_{n-1}) \in \mathbb{P}^1(\mathbb{C})^n_\circ$ に対して $\Phi(Z) = p$ となるような $Z \in \mathrm{M}^{\mathbf{1}}_{2,n}$ が存在する．上で説明したように，適当な $g \in \mathrm{SL}_2(\mathbb{C})$ をとって，$gZ = (\boldsymbol{e}_1, v_1, v_2, \ldots, v_{n-2}, \boldsymbol{e}_2)$ の形にできて，これはフリーズの第 1, 2 対角線を与えている．Coxeter の行列式公式によってフリーズ $\mathscr{F}$ を生成しよう．p の各点はすべて異なっていたので，$\det(v_k, v_j) \neq 0$ であるから，フリーズの各成分はゼロではなく，したがって $\mathscr{F} \in \mathscr{X}$ であることがわかる．つまり $\Phi(\mathscr{F}) = \Phi(gZ) = g \cdot p$ であって，うまく $g \in \mathrm{SL}_2(\mathbb{C})$ で調整すればどんな p にもフリーズが対応する．

これで対応が全射であることがわかった．

単射であることを示そう．それには，2 つのフリーズ $\mathscr{F}_1$，$\mathscr{F}_2$ に対して，$\Phi(\mathscr{F}_1) \equiv \Phi(\mathscr{F}_2) \pmod{\mathrm{SL}_2(\mathbb{C})}$ ならば $\mathscr{F}_1 = \mathscr{F}_2$ であることを示せばよい．

いま $p = \Phi(\mathscr{F}_1), q = \Phi(\mathscr{F}_2)$ と書くと，これが $\mathbb{P}^1(\mathbb{C})^n_\circ/\mathrm{SL}_2(\mathbb{C})$ の元として等しいということは，ある $g \in \mathrm{SL}_2(\mathbb{C})$ によって一次分数変換で写る，つまり $q = g \cdot p$ となっているということである．$\mathscr{F}_i$ の第 1, 2 対角線をとってきてそれを $Z_i \in \mathrm{M}^{\mathbf{1}}_{2,n}$ と書こう．

写像 Φ は $\mathrm{SL}_2(\mathbb{C})$ 同変であるから，

$$\Phi(gZ_1) = g \cdot \Phi(Z_1) = g \cdot p = q = \Phi(Z_2)$$

である．補題 13.16 によって Φ は 2 重被覆写像なので，$gZ_1 = \pm Z_2$ でなければならない．すると Z_i の第 $0, (n-1)$ 列目はそれぞれ $\boldsymbol{e}_1$，$\boldsymbol{e}_2$ なので，この列を両辺比較することによって $g = \pm \mathbf{1}_2$ であることがわかる．ところが，このとき g は一次分数変換として恒等写像になってしまい，結局 $p = q$ である．したがって $Z_1 = \pm Z_2$ でなければならないが，第 0 列目はどちらも $\boldsymbol{e}_1$ であって $Z_1 = Z_2$ であることがわかる．つまりフリーズ $\mathscr{F}_1$，$\mathscr{F}_2$ は等しく，単射性が示された．　□

証明を見るとわかるように，このフリーズ多様体は対角線の位置を決めて考えていることに注意しよう．したがって，対角線を特定しないときにはさらに n 個の位置を巡回的に入れ替える必要がある．

この定理を見て，$\mathrm{M}^{\mathbf{1}}_{2,n}$ のときには Φ は 2 重被覆写像だったのに，フリーズになった途端に全単射になってしまうのかと不思議に思った人の感性は鋭い．実は，フリーズが超周期的に繰り返す（あるいは繰り返さざるをえない）理由はここにあるので，フリーズ自身が超周期性によって 2 重被覆写像である部分を吸収しているのである．まったくうまくできている．

§ 13.11　点配置を越えて

n が奇数のときにはフリーズ多様体の姿が見えてきた．ガウスの五芒星に付随したフリーズ多様体も考えたが，それも $n = 5$ が奇数だったことに注意しよう．

では，n が偶数のときにはどうなるのだろうか？　この場合を正確に述べるのは紙数の関係もあって本書では不可能に近いが，あらましだけは述べておこう．

残念ながら n が偶数のときにはフリーズ多様体を写像 Φ で写した像は $\mathbb{P}^1(\mathbb{C})^n_\circ$ 全体にはならず，その中で余次元 1 の部分多様体（超曲面）になっている．その超曲面の方程式は実はすでに補題 13.15 の証明中に式 (13.17) で与えられており，

$$\frac{D_{0,1}D_{2,3}\cdots D_{n-2,n-1}}{D_{1,2}D_{3,4}\cdots D_{n-1,n}} = -1 \tag{13.20}$$

である．この式は行列 Z の成分の等式であるが，うまくまとめ直すと複比の多項式で表すことができて[*9]，実際に $\mathbb{P}^1(\mathbb{C})^n_\circ/\mathrm{SL}_2(\mathbb{C})$ 上の多項式とみなすことができる．つまりこれが $\Phi(\mathscr{L})$ の方程式であって，$(n-3)$ 次元多様体 $\mathbb{P}^1(\mathbb{C})^n_\circ/\mathrm{SL}_2(\mathbb{C})$ の中の超曲面なので，それは $(n-3)-1=(n-4)$ 次元の閉部分多様体である．

一方，$\dim\mathscr{L}=n-3$ なので，Φ は次元が 1 のファイバーをもつ．つまり $\mathscr{L}$ はファイバーの曲線で隙間なく覆われており，それらの曲線が 1 点ずつに潰れて集まり $\Phi(\mathscr{L})$ になる．

そのようなわけで，$\mathscr{L}$ の構造はこのような曲線群の構造を明らかにすればわかるわけである（射影直線の点配置空間における部分多様体としての超曲面の構造も，もちろん必要なのだが）．おもしろくなってきた．

しかし，残念ながらまだこの続きは誰も知らない．もし気が向いたら，このあたりで，ガイドのつかない，目的地もはっきりはしない旅に出てみるのもよいだろう．世界は広い．フリーズだけとってみてもこれほどの深みをもっている．よい旅を．

[*9] 附録 §15.3 参照.

第 14 章　フリーズの例

三角形分割に付随したフリーズの例をあげる．ただし，上下両端の 0 ばかりからなる行は省いてある．

これを手で計算すると大変なので，本文を読むときにはこのページをコピーでも取って手元において読むと理解しやすいだろうと思う．これらのフリーズは SageMath によって計算したものである．

§ 14.1　5 角形のフリーズ

$$[1, 2, 2, 1, 3]$$

1 1 1 1 1 1 1 1 1 1 1 1 1 1 1
1 2 2 1 3 1 2 2 1 3 1 2 2 1 3
1 3 1 2 2 1 3 1 2 2 1 3 1 2 2
1 1 1 1 1 1 1 1 1 1 1 1 1 1 1

§ 14.2　6 角形のフリーズ

$$[2, 2, 1, 4, 1, 2]$$

1 1 1 1 1 1 1 1 1 1 1 1 1 1 1 1
2 2 1 4 1 2 2 2 1 4 1 2 2 2 1 4
3 1 3 3 1 3 3 1 3 3 1 3 3 1 3 3
1 2 2 2 1 4 1 2 2 2 1 4 1 2 2 2
1 1 1 1 1 1 1 1 1 1 1 1 1 1 1 1

$$[1, 2, 3, 1, 2, 3]$$

1 1 1 1 1 1 1 1 1 1 1 1 1 1 1 1 1 1
1 2 3 1 2 3 1 2 3 1 2 3 1 2 3 1 2 3
1 5 2 1 5 2 1 5 2 1 5 2 1 5 2 1 5 2
2 3 1 2 3 1 2 3 1 2 3 1 2 3 1 2 3 1
1 1 1 1 1 1 1 1 1 1 1 1 1 1 1 1 1 1

[1, 3, 1, 3, 1, 3]

```
1 1 1 1 1 1 1 1 1 1 1 1 1 1 1 1 1 1
 1 3 1 3 1 3 1 3 1 3 1 3 1 3 1 3 1 3
  2 2 2 2 2 2 2 2 2 2 2 2 2 2 2 2 2 2
   1 3 1 3 1 3 1 3 1 3 1 3 1 3 1 3 1 3
    1 1 1 1 1 1 1 1 1 1 1 1 1 1 1 1 1 1
```

§14.3　7角形のフリーズ

[1, 4, 1, 2, 3, 1, 3]

```
1 1 1 1 1 1 1 1 1 1 1 1 1 1 1 1 1 1 1 1 1
 1 4 1 2 3 1 3 1 4 1 2 3 1 3 1 4 1 2 3 1 3
  3 3 1 5 2 2 2 3 3 1 5 2 2 2 3 3 1 5 2 2 2
   2 2 2 3 3 1 5 2 2 2 3 3 1 5 2 2 2 3 3 1 5
    1 3 1 4 1 2 3 1 3 1 4 1 2 3 1 3 1 4 1 2 3
     1 1 1 1 1 1 1 1 1 1 1 1 1 1 1 1 1 1 1 1 1
```

[1, 2, 2, 2, 2, 1, 5]

```
1 1 1 1 1 1 1 1 1 1 1 1 1 1 1 1 1 1 1 1 1
 1 2 2 2 2 1 5 1 2 2 2 2 1 5 1 2 2 2 2 1 5
  1 3 3 3 1 4 4 1 3 3 3 1 4 4 1 3 3 3 1 4 4
   1 4 4 1 3 3 3 1 4 4 1 3 3 3 1 4 4 1 3 3 3
    1 5 1 2 2 2 2 1 5 1 2 2 2 2 1 5 1 2 2 2 2
     1 1 1 1 1 1 1 1 1 1 1 1 1 1 1 1 1 1 1 1 1
```

[1, 2, 2, 3, 1, 2, 4]

```
1 1 1 1 1 1 1 1 1 1 1 1 1 1 1 1 1 1 1 1 1
 1 2 2 3 1 2 4 1 2 2 3 1 2 4 1 2 2 3 1 2 4
  1 3 5 2 1 7 3 1 3 5 2 1 7 3 1 3 5 2 1 7 3
   1 7 3 1 3 5 2 1 7 3 1 3 5 2 1 7 3 1 3 5 2
    2 4 1 2 2 3 1 2 4 1 2 2 3 1 2 4 1 2 2 3 1
     1 1 1 1 1 1 1 1 1 1 1 1 1 1 1 1 1 1 1 1 1
```

[1, 2, 3, 2, 1, 3, 3]

```
1 1 1 1 1 1 1 1 1 1 1 1 1 1 1 1 1 1 1 1 1
 1 2 3 2 1 3 3 1 2 3 2 1 3 3 1 2 3 2 1 3 3
  1 5 5 1 2 8 2 1 5 5 1 2 8 2 1 5 5 1 2 8 2
   2 8 2 1 5 5 1 2 8 2 1 5 5 1 2 8 2 1 5 5 1
    3 3 1 2 3 2 1 3 3 1 2 3 2 1 3 3 1 2 3 2 1
     1 1 1 1 1 1 1 1 1 1 1 1 1 1 1 1 1 1 1 1 1
```

§ 14.4　8 角形のフリーズ

$$[1, 3, 2, 2, 2, 1, 5, 2]$$

1 1 1 1 1 1 1 1 1 1 1 1 1 1 1 1 1 1 1 1 1 1 1 1

1 3 2 2 2 1 5 2 1 3 2 2 2 1 5 2 1 3 2 2 2 1 5 2

2 5 3 3 1 4 9 1 2 5 3 3 1 4 9 1 2 5 3 3 1 4 9 1

3 7 4 1 3 7 4 1 3 7 4 1 3 7 4 1 3 7 4 1 3 7 4 1

4 9 1 2 5 3 3 1 4 9 1 2 5 3 3 1 4 9 1 2 5 3 3 1

5 2 1 3 2 2 2 1 5 2 1 3 2 2 2 1 5 2 1 3 2 2 2 1

1 1 1 1 1 1 1 1 1 1 1 1 1 1 1 1 1 1 1 1 1 1 1 1

$$[1, 2, 2, 2, 2, 2, 1, 6]$$

1 1 1 1 1 1 1 1 1 1 1 1 1 1 1 1 1 1 1 1 1 1 1 1

1 2 2 2 2 2 1 6 1 2 2 2 2 2 1 6 1 2 2 2 2 2 1 6

1 3 3 3 3 1 5 5 1 3 3 3 3 1 5 5 1 3 3 3 3 1 5 5

1 4 4 4 1 4 4 4 1 4 4 4 1 4 4 4 1 4 4 4 1 4 4 4

1 5 5 1 3 3 3 3 1 5 5 1 3 3 3 3 1 5 5 1 3 3 3 3

1 6 1 2 2 2 2 2 1 6 1 2 2 2 2 2 1 6 1 2 2 2 2 2

1 1 1 1 1 1 1 1 1 1 1 1 1 1 1 1 1 1 1 1 1 1 1 1

$$[1, 2, 3, 2, 2, 1, 4, 3]$$

1 1 1 1 1 1 1 1 1 1 1 1 1 1 1 1 1 1 1 1 1 1 1 1

1 2 3 2 2 1 4 3 1 2 3 2 2 1 4 3 1 2 3 2 2 1 4 3

1 5 5 3 1 3 11 2 1 5 5 3 1 3 11 2 1 5 5 3 1 3 11 2

2 8 7 1 2 8 7 1 2 8 7 1 2 8 7 1 2 8 7 1 2 8 7 1

3 11 2 1 5 5 3 1 3 11 2 1 5 5 3 1 3 11 2 1 5 5 3 1

4 3 1 2 3 2 2 1 4 3 1 2 3 2 2 1 4 3 1 2 3 2 2 1

1 1 1 1 1 1 1 1 1 1 1 1 1 1 1 1 1 1 1 1 1 1 1 1

§14.5　9角形のフリーズ

$[4, 1, 2, 3, 1, 5, 1, 2, 2]$

```
1 1 1 1 1 1 1 1 1 1 1 1 1 1 1 1 1 1 1 1 1 1 1 1 1 1 1
 4 1 2 3 1 5 1 2 2 4 1 2 3 1 5 1 2 2 4 1 2 3 1 5 1 2 2
  3 1 5 2 4 4 1 3 7 3 1 5 2 4 4 1 3 7 3 1 5 2 4 4 1 3 7
   2 2 3 7 3 3 1 10 5 2 2 3 7 3 3 1 10 5 2 2 3 7 3 3 1 10 5
    3 1 10 5 2 2 3 7 3 3 1 10 5 2 2 3 7 3 3 1 10 5 2 2 3 7 3
     1 3 7 3 1 5 2 4 4 1 3 7 3 1 5 2 4 4 1 3 7 3 1 5 2 4 4
      2 2 4 1 2 3 1 5 1 2 2 4 1 2 3 1 5 1 2 2 4 1 2 3 1 5 1
       1 1 1 1 1 1 1 1 1 1 1 1 1 1 1 1 1 1 1 1 1 1 1 1 1 1 1
```

$[1, 4, 1, 3, 3, 1, 2, 4, 2]$

```
1 1 1 1 1 1 1 1 1 1 1 1 1 1 1 1 1 1 1 1 1 1 1 1 1 1 1
 1 4 1 3 3 1 2 4 2 1 4 1 3 3 1 2 4 2 1 4 1 3 3 1 2 4 2
  3 3 2 8 2 1 7 7 1 3 3 2 8 2 1 7 7 1 3 3 2 8 2 1 7 7 1
   2 5 5 5 1 3 12 3 2 2 5 5 5 1 3 12 3 2 2 5 5 5 1 3 12 3 2
    3 12 3 2 2 5 5 5 1 3 12 3 2 2 5 5 5 1 3 12 3 2 2 5 5 5 1
     7 7 1 3 3 2 8 2 1 7 7 1 3 3 2 8 2 1 7 7 1 3 3 2 8 2 1
      4 2 1 4 1 3 3 1 2 4 2 1 4 1 3 3 1 2 4 2 1 4 1 3 3 1 2
       1 1 1 1 1 1 1 1 1 1 1 1 1 1 1 1 1 1 1 1 1 1 1 1 1 1 1
```

§ 14.6　中心回転対称

中心対称 8 角形：$[1,2,2,4,1,2,2,4]$

```
1  1  1  1  1  1  1  1  1  1  1  1  1  1  1  1  1  1  1  1  1  1  1  1
 1  2  2  4  1  2  2  4  1  2  2  4  1  2  2  4  1  2  2  4  1  2  2  4
  1  3  7  3  1  3  7  3  1  3  7  3  1  3  7  3  1  3  7  3  1  3  7  3
   1 10  5  2  1 10  5  2  1 10  5  2  1 10  5  2  1 10  5  2  1 10  5  2
    3  7  3  1  3  7  3  1  3  7  3  1  3  7  3  1  3  7  3  1  3  7  3  1
     2  4  1  2  2  4  1  2  2  4  1  2  2  4  1  2  2  4  1  2  2  4  1  2
      1  1  1  1  1  1  1  1  1  1  1  1  1  1  1  1  1  1  1  1  1  1  1  1
```

中心対称 8 角形：$[1,3,1,4,1,3,1,4]$

```
1  1  1  1  1  1  1  1  1  1  1  1  1  1  1  1  1  1  1  1  1  1  1  1
 1  3  1  4  1  3  1  4  1  3  1  4  1  3  1  4  1  3  1  4  1  3  1  4
  2  2  3  3  2  2  3  3  2  2  3  3  2  2  3  3  2  2  3  3  2  2  3  3
   1  5  2  5  1  5  2  5  1  5  2  5  1  5  2  5  1  5  2  5  1  5  2  5
    2  3  3  2  2  3  3  2  2  3  3  2  2  3  3  2  2  3  3  2  2  3  3  2
     1  4  1  3  1  4  1  3  1  4  1  3  1  4  1  3  1  4  1  3  1  4  1  3
      1  1  1  1  1  1  1  1  1  1  1  1  1  1  1  1  1  1  1  1  1  1  1  1
```

中心対称 10 角形 : [1, 2, 2, 2, 5, 1, 2, 2, 2, 5]

1 1 1 1 1 1 1 1 1 1 1 1 1 1 1 1 1 1 1 1 1 1 1 1 1 1 1 1 1 1
1 2 2 2 5 1 2 2 2 5 1 2 2 2 5 1 2 2 2 5 1 2 2 2 5 1 2 2 2 5
1 3 3 9 4 1 3 3 9 4 1 3 3 9 4 1 3 3 9 4 1 3 3 9 4 1 3 3 9 4
1 4 13 7 3 1 4 13 7 3 1 4 13 7 3 1 4 13 7 3 1 4 13 7 3 1 4 13 7 3
1 17 10 5 2 1 17 10 5 2 1 17 10 5 2 1 17 10 5 2 1 17 10 5 2 1 17 10 5 2
4 13 7 3 1 4 13 7 3 1 4 13 7 3 1 4 13 7 3 1 4 13 7 3 1 4 13 7 3 1
3 9 4 1 3 3 9 4 1 3 3 9 4 1 3 3 9 4 1 3 3 9 4 1 3 3 9 4 1 3
2 5 1 2 2 2 5 1 2 2 2 5 1 2 2 2 5 1 2 2 2 5 1 2 2 2 5 1 2 2
1 1 1 1 1 1 1 1 1 1 1 1 1 1 1 1 1 1 1 1 1 1 1 1 1 1 1 1 1 1

中心対称 10 角形 : [1, 2, 3, 1, 5, 1, 2, 3, 1, 5]

1 1 1 1 1 1 1 1 1 1 1 1 1 1 1 1 1 1 1 1 1 1 1 1 1 1 1 1 1 1
1 2 3 1 5 1 2 3 1 5 1 2 3 1 5 1 2 3 1 5 1 2 3 1 5 1 2 3 1 5
1 5 2 4 4 1 5 2 4 4 1 5 2 4 4 1 5 2 4 4 1 5 2 4 4 1 5 2 4 4
2 3 7 3 3 2 3 7 3 3 2 3 7 3 3 2 3 7 3 3 2 3 7 3 3 2 3 7 3 3
1 10 5 2 5 1 10 5 2 5 1 10 5 2 5 1 10 5 2 5 1 10 5 2 5 1 10 5 2 5
3 7 3 3 2 3 7 3 3 2 3 7 3 3 2 3 7 3 3 2 3 7 3 3 2 3 7 3 3 2
2 4 4 1 5 2 4 4 1 5 2 4 4 1 5 2 4 4 1 5 2 4 4 1 5 2 4 4 1 5
1 5 1 2 3 1 5 1 2 3 1 5 1 2 3 1 5 1 2 3 1 5 1 2 3 1 5 1 2 3
1 1 1 1 1 1 1 1 1 1 1 1 1 1 1 1 1 1 1 1 1 1 1 1 1 1 1 1 1 1

中心対称 10 角形：$[1, 4, 1, 2, 4, 1, 4, 1, 2, 4]$

1 1 1 1 1 1 1 1 1 1 1 1 1 1 1 1 1 1 1 1 1 1 1 1 1 1 1 1 1 1

1 4 1 2 4 1 4 1 2 4 1 4 1 2 4 1 4 1 2 4 1 4 1 2 4 1 4 1 2 4

3 3 1 7 3 3 3 1 7 3 3 3 1 7 3 3 3 1 7 3 3 3 1 7 3 3 3 1 7 3

2 2 3 5 8 2 2 3 5 8 2 2 3 5 8 2 2 3 5 8 2 2 3 5 8 2 2 3 5 8

1 5 2 13 5 1 5 2 13 5 1 5 2 13 5 1 5 2 13 5 1 5 2 13 5 1 5 2 13 5

2 3 5 8 2 2 3 5 8 2 2 3 5 8 2 2 3 5 8 2 2 3 5 8 2 2 3 5 8 2

1 7 3 3 3 1 7 3 3 3 1 7 3 3 3 1 7 3 3 3 1 7 3 3 3 1 7 3 3 3

2 4 1 4 1 2 4 1 4 1 2 4 1 4 1 2 4 1 4 1 2 4 1 4 1 2 4 1 4 1

1 1 1 1 1 1 1 1 1 1 1 1 1 1 1 1 1 1 1 1 1 1 1 1 1 1 1 1 1 1

§ 14.7　3 回転対称

3 回転対称 9 角形：$[1,2,4,1,2,4,1,2,4]$

1 1 1 1 1 1 1 1 1 1 1 1 1 1 1 1 1 1 1 1 1 1 1 1 1 1 1

1 2 4 1 2 4 1 2 4 1 2 4 1 2 4 1 2 4 1 2 4 1 2 4 1 2 4

1 7 3 1 7 3 1 7 3 1 7 3 1 7 3 1 7 3 1 7 3 1 7 3 1 7 3

3 5 2 3 5 2 3 5 2 3 5 2 3 5 2 3 5 2 3 5 2 3 5 2 3 5 2

2 3 5 2 3 5 2 3 5 2 3 5 2 3 5 2 3 5 2 3 5 2 3 5 2 3 5

1 7 3 1 7 3 1 7 3 1 7 3 1 7 3 1 7 3 1 7 3 1 7 3 1 7 3

2 4 1 2 4 1 2 4 1 2 4 1 2 4 1 2 4 1 2 4 1 2 4 1 2 4 1

1 1 1 1 1 1 1 1 1 1 1 1 1 1 1 1 1 1 1 1 1 1 1 1 1 1 1

3 回転対称 12 角形：$[1,2,4,3,1,2,4,3,1,2,4,3]$

1 1 1 1 1 1 1 1 1 1 1 1 1 1 1 1 1 1 1 1 1 1 1 1 1 1 1 1 1 1 1 1 1 1 1 1

1 2 4 3 1 2 4 3 1 2 4 3 1 2 4 3 1 2 4 3 1 2 4 3 1 2 4 3 1 2 4 3 1 2 4 3

1 7 11 2 1 7 11 2 1 7 11 2 1 7 11 2 1 7 11 2 1 7 11 2 1 7 11 2 1 7 11 2 1 7 11 2

3 19 7 1 3 19 7 1 3 19 7 1 3 19 7 1 3 19 7 1 3 19 7 1 3 19 7 1 3 19 7 1 3 19 7 1

8 12 3 2 8 12 3 2 8 12 3 2 8 12 3 2 8 12 3 2 8 12 3 2 8 12 3 2 8 12 3 2 8 12 3 2

5 5 5 5 5 5 5 5 5 5 5 5 5 5 5 5 5 5 5 5 5 5 5 5 5 5 5 5 5 5 5 5 5 5 5 5

2 8 12 3 2 8 12 3 2 8 12 3 2 8 12 3 2 8 12 3 2 8 12 3 2 8 12 3 2 8 12 3 2 8 12 3

3 19 7 1 3 19 7 1 3 19 7 1 3 19 7 1 3 19 7 1 3 19 7 1 3 19 7 1 3 19 7 1 3 19 7 1

7 11 2 1 7 11 2 1 7 11 2 1 7 11 2 1 7 11 2 1 7 11 2 1 7 11 2 1 7 11 2 1 7 11 2 1

4 3 1 2 4 3 1 2 4 3 1 2 4 3 1 2 4 3 1 2 4 3 1 2 4 3 1 2 4 3 1 2 4 3 1 2

1 1 1 1 1 1 1 1 1 1 1 1 1 1 1 1 1 1 1 1 1 1 1 1 1 1 1 1 1 1 1 1 1 1 1 1

3 回転対称 12 角形：[1, 5, 1, 3, 1, 5, 1, 3, 1, 5, 1, 3]

1 1 1 1 1 1 1 1 1 1 1 1 1 1 1 1 1 1 1 1 1 1 1 1 1 1 1 1 1 1 1 1 1 1 1 1

1 5 1 3 1 5 1 3 1 5 1 3 1 5 1 3 1 5 1 3 1 5 1 3 1 5 1 3 1 5 1 3 1 5 1 3

4 4 2 2 4 4 2 2 4 4 2 2 4 4 2 2 4 4 2 2 4 4 2 2 4 4 2 2 4 4 2 2 4 4 2 2

3 7 1 7 3 7 1 7 3 7 1 7 3 7 1 7 3 7 1 7 3 7 1 7 3 7 1 7 3 7 1 7 3 7 1 7

5 3 3 5 5 3 3 5 5 3 3 5 5 3 3 5 5 3 3 5 5 3 3 5 5 3 3 5 5 3 3 5 5 3 3 5

2 8 2 8 2 8 2 8 2 8 2 8 2 8 2 8 2 8 2 8 2 8 2 8 2 8 2 8 2 8 2 8 2 8 2 8

5 5 3 3 5 5 3 3 5 5 3 3 5 5 3 3 5 5 3 3 5 5 3 3 5 5 3 3 5 5 3 3 5 5 3 3

3 7 1 7 3 7 1 7 3 7 1 7 3 7 1 7 3 7 1 7 3 7 1 7 3 7 1 7 3 7 1 7 3 7 1 7

4 2 2 4 4 2 2 4 4 2 2 4 4 2 2 4 4 2 2 4 4 2 2 4 4 2 2 4 4 2 2 4 4 2 2 4

1 3 1 5 1 3 1 5 1 3 1 5 1 3 1 5 1 3 1 5 1 3 1 5 1 3 1 5 1 3 1 5 1 3 1 5

1 1 1 1 1 1 1 1 1 1 1 1 1 1 1 1 1 1 1 1 1 1 1 1 1 1 1 1 1 1 1 1 1 1 1 1

3 回転対称 12 角形：[1, 2, 2, 5, 1, 2, 2, 5, 1, 2, 2, 5]

1 1 1 1 1 1 1 1 1 1 1 1 1 1 1 1 1 1 1 1 1 1 1 1 1 1 1 1 1 1 1 1 1 1 1 1

1 2 2 5 1 2 2 5 1 2 2 5 1 2 2 5 1 2 2 5 1 2 2 5 1 2 2 5 1 2 2 5 1 2 2 5

1 3 9 4 1 3 9 4 1 3 9 4 1 3 9 4 1 3 9 4 1 3 9 4 1 3 9 4 1 3 9 4 1 3 9 4

1 13 7 3 1 13 7 3 1 13 7 3 1 13 7 3 1 13 7 3 1 13 7 3 1 13 7 3 1 13 7 3 1 13 7 3

4 10 5 2 4 10 5 2 4 10 5 2 4 10 5 2 4 10 5 2 4 10 5 2 4 10 5 2 4 10 5 2 4 10 5 2

3 7 3 7 3 7 3 7 3 7 3 7 3 7 3 7 3 7 3 7 3 7 3 7 3 7 3 7 3 7 3 7 3 7 3 7

2 4 10 5 2 4 10 5 2 4 10 5 2 4 10 5 2 4 10 5 2 4 10 5 2 4 10 5 2 4 10 5 2 4 10 5

1 13 7 3 1 13 7 3 1 13 7 3 1 13 7 3 1 13 7 3 1 13 7 3 1 13 7 3 1 13 7 3 1 13 7 3

3 9 4 1 3 9 4 1 3 9 4 1 3 9 4 1 3 9 4 1 3 9 4 1 3 9 4 1 3 9 4 1 3 9 4 1

2 5 1 2 2 5 1 2 2 5 1 2 2 5 1 2 2 5 1 2 2 5 1 2 2 5 1 2 2 5 1 2 2 5 1 2

1 1 1 1 1 1 1 1 1 1 1 1 1 1 1 1 1 1 1 1 1 1 1 1 1 1 1 1 1 1 1 1 1 1 1 1

第15章 附録

本文には行列と行列式に関する話題が頻出するので，少なくとも 2 次および 3 次の行列と行列式に関する常識的な話をここにまとめておく．しかし，本文では，一般のサイズの行列や行列式も登場するし，ここに書いてあることだけでは理解が難しいこともあるだろう．できれば大学 1 年生で学ぶ線型代数学の知識を持っていることが望ましい．それには，たとえば [73, 57, 45] などを参照するとよいだろう．また，拙著 [71] の第 4 章も参考になるのではないかと思う．

§ 15.1　2 次の行列式

2 次の正方行列 $A = \begin{pmatrix} a & b \\ c & d \end{pmatrix}$ の行列式は

$$\begin{vmatrix} a & b \\ c & d \end{vmatrix} = ad - bc$$

で定義される．行列 A の第 1 列を $\boldsymbol{u} = \begin{pmatrix} a \\ c \end{pmatrix}$, 第 2 列を $\boldsymbol{v} = \begin{pmatrix} b \\ d \end{pmatrix}$ と書こう．このとき，行列は $A = (\boldsymbol{u}, \boldsymbol{v})$, 行列式は $\det A = \det(\boldsymbol{u}, \boldsymbol{v})$ などと書くこともできる．行列式の性質を列挙しておこう．

定理 15.1　行列式 $\det A = \det(\boldsymbol{u}, \boldsymbol{v})$ は次の性質を満たす．

(1) 単位行列 $\mathbf{1}_2 = \begin{pmatrix} 1 & 0 \\ 0 & 1 \end{pmatrix}$ に対して $\det \mathbf{1}_2 = 1$ である．

(2) 行列式は各列について線形である．つまり第 1 列については，α, β を定数として

$$\det(\alpha\boldsymbol{u}+\beta\boldsymbol{u}',\boldsymbol{v})=\alpha\det(\boldsymbol{u},\boldsymbol{v})+\beta\det(\boldsymbol{u}',\boldsymbol{v})$$

が成り立つ．ただし $\boldsymbol{u},\boldsymbol{u}'$ はそれぞれ 2 次のタテベクトルである．第 2 列に対しても同様の式が成り立つ．

(3) 列を入れ替えると行列式は符号を変える．つまり $\det(\boldsymbol{u},\boldsymbol{v})=-\det(\boldsymbol{v},\boldsymbol{u})$ が成り立つ．

(4) 同一のベクトルを並べた行列の行列式はゼロである．つまり $\det(\boldsymbol{u},\boldsymbol{u})=0$ が成り立つ．

ここにあげた性質のどれもが，単純な計算によって確かめることができる．ここでは 2, 3 の簡単な事実だけ注意しておく．

まず (3) の性質を**交代性**と呼ぶ．(2) の線形性は実は第 1 成分だけを仮定しても，(3) の交代性より必然的に第 2 成分についても成り立たねばならない．また交代性によって (4) は自動的に成り立つ．実際，交代性より列を入れ替えると符号が変わるのだから，

$$\det(\boldsymbol{u},\boldsymbol{u})=-\det(\boldsymbol{u},\boldsymbol{u}),\qquad\therefore\quad 2\det(\boldsymbol{u},\boldsymbol{u})=0$$

最初の等号で交代性が使われていることに注意せよ．さらに線形性を考慮に入れると (4) は『2 列が平行であるような行列の行列式はゼロである』と言ってもよい．

定理 15.1 においては行列の列ベクトルが重要な働きをしていることがわかる．しかし，行列式の定義においては行と列は平等であるように見えるだろう．実際，行列 $A=\begin{pmatrix}a&b\\c&d\end{pmatrix}$ に対してその**転置行列**を ${}^tA=\begin{pmatrix}a&c\\b&d\end{pmatrix}$ と定義すると，次の定理が成り立つ．

定理 15.2　$\det A=\det{}^tA$ である．転置行列はもとの行列の行と列の役割を入れ替えたものに他ならないから，列に対して成り立っていた行列式の性質はすべて行に対しても成り立つ．

行列式はさまざまな意味をもっているが，幾何学的に見た場合，一番重要なも

のはそれが平行四辺形の面積を表している，あるいは座標変換による面積の変化率を表している点である．もちろんこの場合は各成分が実数のものを考える．

定理 15.3　2 つのベクトル $\boldsymbol{u}, \boldsymbol{v} \in \mathbb{R}^2$ によって張られる平行四辺形の面積は $A = (\boldsymbol{u}, \boldsymbol{v})$ とおくとき $|\det(\boldsymbol{u}, \boldsymbol{v})|$ で表される．つまり行列式 $\det A$ は平行四辺形の**符号付きの面積**を表している．

［証明］　2 つのベクトル $\boldsymbol{u} = {}^t(a, c)$ と $\boldsymbol{v} = {}^t(b, d)$ のなす角を θ とすれば，求める平行四辺形の面積はこの 2 つのベクトルを 2 辺とするような三角形の面積の 2 倍であるから

$$\begin{aligned}\|\boldsymbol{u}\|\|\boldsymbol{v}\| \sin\theta &= \|\boldsymbol{u}\|\|\boldsymbol{v}\|\sqrt{1 - \cos^2\theta} \\ &= \sqrt{\|\boldsymbol{u}\|^2\|\boldsymbol{v}\|^2 - (\boldsymbol{u} \cdot \boldsymbol{v})^2} \\ &= \sqrt{(a^2 + c^2)(b^2 + d^2) - (ab + cd)^2} \\ &= \sqrt{(ad - bc)^2} = |\det A|\end{aligned}$$

となり，行列式と符号をのぞいて一致することがわかる．　□

演習 15.4　複素平面上の三角形を考える．

(1) $a, b \in \mathbb{C}$ を相異なるゼロではない複素数とする．このとき，複素平面上の 3 点 $0, a, b$ を頂点とする複素平面上の三角形の面積は $\dfrac{1}{4i}\begin{vmatrix} a & b \\ \overline{a} & \overline{b} \end{vmatrix}$ の絶対値で与えられる．

(2) 相異なる 3 つの複素数 $u, v, w \in \mathbb{C}$ に対して，u, v, w を頂点とする三角形の（符号付きの）面積は

$$\frac{1}{4i}\left(\begin{vmatrix} u & v \\ \overline{u} & \overline{v} \end{vmatrix} + \begin{vmatrix} v & w \\ \overline{v} & \overline{w} \end{vmatrix} + \begin{vmatrix} w & u \\ \overline{w} & \overline{u} \end{vmatrix}\right)$$

で与えられる．

ここでは三角形で考えたが，これを 2 倍することにより平行四辺形の面積も表すことができる．

§ 15.2　3 次の行列式

3 次の行列式も導入しておこう．

空間ベクトル $\boldsymbol{a}, \boldsymbol{b}, \boldsymbol{c}$ を考える．これらのベクトルを成分表示して $\boldsymbol{a} = {}^t(a_1, a_2, a_3)$ などと書く[*1]．またこの 3 つのベクトルを並べてできる 3 次の正方行列を $A = (\boldsymbol{a}, \boldsymbol{b}, \boldsymbol{c})$ で表す．

行列 A の行列式はいささか天下り的に書けば

$$\begin{vmatrix} a_1 & b_1 & c_1 \\ a_2 & b_2 & c_2 \\ a_3 & b_3 & c_3 \end{vmatrix} = a_1b_2c_3 + a_2b_3c_1 + a_3b_1c_2 - a_1b_3c_2 - a_2b_1c_3 - a_3b_2c_1 \tag{15.1}$$

で与えられる．この式を $\det A$ あるいは $\det(\boldsymbol{a}, \boldsymbol{b}, \boldsymbol{c})$，$|\boldsymbol{a}\ \boldsymbol{b}\ \boldsymbol{c}|$ などと表す．もちろん 3 次の行列式は 2 次の行列式の一般化であり，その性質を用いて計算することができる．実際，具体的に計算するときにはこの定義式 (15.1) は複雑すぎてあまり役に立たない．

2 次の場合とほとんど同様であるが，3 次の行列式の性質をまとめておこう．

定理 15.5　行列式 $\det A = \det(\boldsymbol{u}, \boldsymbol{v}, \boldsymbol{w})$ は次の性質を満たす．

(1) 単位行列 $\mathbf{1}_3 = (\boldsymbol{e}_1, \boldsymbol{e}_2, \boldsymbol{e}_3)$ に対して $\det \mathbf{1}_3 = 1$ である．

(2) 行列式は各列について線形である．つまり第 1 列については，α, β を定数として

$$\det(\alpha\boldsymbol{u} + \beta\boldsymbol{u}', \boldsymbol{v}, \boldsymbol{w}) = \alpha \det(\boldsymbol{u}, \boldsymbol{v}, \boldsymbol{w}) + \beta \det(\boldsymbol{u}', \boldsymbol{v}, \boldsymbol{w})$$

が成り立つ．ただし $\boldsymbol{u}, \boldsymbol{u}'$ はそれぞれ 3 次のタテベクトルである．第 2, 3

*1 すでに平面ベクトルの場合には多用してきたが，本書では，ベクトルは主に列ベクトル（タテベクトル）を考え，式の簡略化のために列ベクトルを横に成分を並べて書く場合がある．たとえば ${}^t(x, y, z)$ のように t を左肩につけて列ベクトルであることを表す．つまり

$${}^t(x, y, z) = \begin{pmatrix} x \\ y \\ z \end{pmatrix}$$

である．この記号 ${}^t(\cdot)$ は転置行列を表す記号としてよく使われるが，ここでの用法もそれに従っている．

列に対しても同様の式が成り立つ.

(3) 任意の 2 列を入れ替えると行列式は符号を変える.
たとえば $\det(\boldsymbol{u}, \boldsymbol{v}, \boldsymbol{w}) = -\det(\boldsymbol{v}, \boldsymbol{u}, \boldsymbol{w}) = \det(\boldsymbol{v}, \boldsymbol{w}, \boldsymbol{u})$ のように.

(4) 同一のベクトルを 2 列以上ふくむ行列の行列式はゼロである. たとえば $\det(\boldsymbol{u}, \boldsymbol{u}, \boldsymbol{w}) = \det(\boldsymbol{u}, \boldsymbol{v}, \boldsymbol{v}) = 0$ が成り立つ*2.

(5) 成分がすべて実数のとき, 行列式 $\det(\boldsymbol{u}, \boldsymbol{v}, \boldsymbol{w})$ は 3 つの空間ベクトル $\boldsymbol{u}, \boldsymbol{v}, \boldsymbol{w} \in \mathbb{R}^3$ を 3 辺にもつ平行六面体の符号付き体積を表す. 符号は 3 つのベクトルが右手系のときには $+1$ で左手系のときには -1 である*3.

最後の体積に関する主張について一言. 体積がゼロになるとき, つまり行列式 $\det(\boldsymbol{u}, \boldsymbol{v}, \boldsymbol{w}) = 0$ となるのは平行六面体が潰れてしまう場合である. つまり 3 つのベクトルが同一平面や, 甚だしい場合には同一直線上にあるときにそのようなことが起こる. このようなとき $\boldsymbol{u}, \boldsymbol{v}, \boldsymbol{w}$ は**一次従属**であるという. 一次従属でないとき, つまり 3 つのベクトルが (潰れていない) 平行六面体の 3 辺を構成するとき, **一次独立**という. 一次従属や一次独立のきちんとした定義については線形代数の教科書 [57, 73] 等を参照してほしい.

この 3 次の行列式の応用を一つあげておこう.

例 15.6 xy 平面において 2 点 $\boldsymbol{p} = {}^t(p_1, p_2)$ および $\boldsymbol{q} = {}^t(q_1, q_2)$ を通る直線の方程式は

$$\begin{vmatrix} x & p_1 & q_1 \\ y & p_2 & q_2 \\ 1 & 1 & 1 \end{vmatrix} = 0 \tag{15.2}$$

で与えられる. このことを 2 通りの方法で見ておこう.

式 (15.2) は x, y の一次式なので明らかに直線の方程式を表している*4. そこで, あとはこの直線が確かに $\boldsymbol{p}, \boldsymbol{q}$ を通ることを確かめさえすればよい. そこで (x, y) に (p_1, p_2) を代入すると, 左辺の行列式において第 1 列目と第 2 列目が

*2 これから容易に, ある 2 列のベクトルが平行なら行列式がゼロになることがわかる.

*3 実は右手系・左手系は行列式の符号で判断するのが一般的で, その意味ではこの主張はトートロジーである.

*4 厳密には, これが恒等的にはゼロではないことを確かめておく必要がある.

等しくなるので，行列式はゼロ，つまり等式は満たされる．したがって直線は点 $\boldsymbol{p}$ を通る．点 $\boldsymbol{q}$ を通ることも同様にして確かめることができる．

3 次の行列式 (15.1) を変形すると

$$\det(\boldsymbol{a}, \boldsymbol{b}, \boldsymbol{c}) = a_3 \begin{vmatrix} b_1 & c_1 \\ b_2 & c_2 \end{vmatrix} + b_3 \begin{vmatrix} c_1 & a_1 \\ c_2 & a_2 \end{vmatrix} + c_3 \begin{vmatrix} a_1 & b_1 \\ a_2 & b_2 \end{vmatrix} \tag{15.3}$$

のように，2 次の行列式によって展開できることがわかる．

演習 15.7　この展開式を式 (15.2) に用いて，方程式

$$\begin{vmatrix} x & q_1 \\ y & q_2 \end{vmatrix} + \begin{vmatrix} p_1 & x \\ p_2 & y \end{vmatrix} = \begin{vmatrix} p_1 & q_1 \\ p_2 & q_2 \end{vmatrix}$$

が，平面上の 2 点 $\boldsymbol{p}, \boldsymbol{q}$ を通る直線を表すことを示せ．

さて，式 (15.3) を行列式の“第 3 行目に関する展開式”と言うのだが，これを第 1 列目について行うことも可能である．実際

$$|\boldsymbol{x}\ \boldsymbol{p}\ \boldsymbol{q}| = \begin{vmatrix} x & p_1 & q_1 \\ y & p_2 & q_2 \\ z & p_3 & q_3 \end{vmatrix} = \begin{vmatrix} p_2 & q_2 \\ p_3 & q_3 \end{vmatrix} x + \begin{vmatrix} p_3 & q_3 \\ p_1 & q_1 \end{vmatrix} y + \begin{vmatrix} p_1 & q_1 \\ p_2 & q_2 \end{vmatrix} z \tag{15.4}$$

である．ただし行列式を $\det(\boldsymbol{x}, \boldsymbol{p}, \boldsymbol{q}) = |\boldsymbol{x}\ \boldsymbol{p}\ \boldsymbol{q}|$ のように表した．このとき

$$\boldsymbol{p} \times \boldsymbol{q} = {}^t\left(\begin{vmatrix} p_2 & q_2 \\ p_3 & q_3 \end{vmatrix}, \begin{vmatrix} p_3 & q_3 \\ p_1 & q_1 \end{vmatrix}, \begin{vmatrix} p_1 & q_1 \\ p_2 & q_2 \end{vmatrix} \right)$$

とおいて，これをベクトル $\boldsymbol{p}$ と $\boldsymbol{q}$ の**外積**と呼ぶ．そうすると行列式は

$$|\boldsymbol{x}\ \boldsymbol{p}\ \boldsymbol{q}| = \boldsymbol{x} \cdot (\boldsymbol{p} \times \boldsymbol{q}) = |\boldsymbol{p}\ \boldsymbol{q}\ \boldsymbol{x}| \tag{15.5}$$

と内積を用いて書けることに注意しよう．

定理 15.8　二つのベクトル $\boldsymbol{p}, \boldsymbol{q}$ の外積 $\boldsymbol{p} \times \boldsymbol{q}$ は $\boldsymbol{p}, \boldsymbol{q}$ に直交しており，その長さは $\boldsymbol{p}, \boldsymbol{q}$ を 2 辺とする平行四辺形の面積に等しい．

[証明] 式 (15.5) で $\boldsymbol{x} = \boldsymbol{p}$ とおくと $0 = |\boldsymbol{p}\,\boldsymbol{p}\,\boldsymbol{q}| = \boldsymbol{p} \cdot (\boldsymbol{p} \times \boldsymbol{q})$ だから $\boldsymbol{p} \perp (\boldsymbol{p} \times \boldsymbol{q})$ である．まったく同様にして $\boldsymbol{q} \perp (\boldsymbol{p} \times \boldsymbol{q})$ もわかる．

さて，底面が $\boldsymbol{p}, \boldsymbol{q}$ で張られる平行四辺形で高さが $\|\boldsymbol{p} \times \boldsymbol{q}\|$ であるような平行六面体（この場合は角柱）を考えよう．$\boldsymbol{p} \times \boldsymbol{q}$ は底面に垂直だからこれは $\boldsymbol{p} \times \boldsymbol{q}, \boldsymbol{p}, \boldsymbol{q}$ を 3 辺とする平行六面体でもある．その（符号付きの）体積は行列式を用いて

$$\det(\boldsymbol{p} \times \boldsymbol{q}, \boldsymbol{p}, \boldsymbol{q}) = (\boldsymbol{p} \times \boldsymbol{q}) \cdot (\boldsymbol{p} \times \boldsymbol{q}) = \|\boldsymbol{p} \times \boldsymbol{q}\|^2$$

と計算できる*5．一方，底面が $\boldsymbol{p}, \boldsymbol{q}$ を 2 辺とする平行四辺形で高さが $\|\boldsymbol{p} \times \boldsymbol{q}\|$ の角柱の体積は (平行四辺形の面積) $\cdot \|\boldsymbol{p} \times \boldsymbol{q}\|$ であるから，両者を比較して (平行四辺形の面積) $= \|\boldsymbol{p} \times \boldsymbol{q}\|$ であることがわかる． □

演習 15.9 空間ベクトル $\boldsymbol{p}, \boldsymbol{q}$ に対して，$\boldsymbol{p} \times \boldsymbol{q} = -\boldsymbol{q} \times \boldsymbol{p}$ であることを示せ．このように順序を変えると符号が反転する性質を交代性と呼ぶのであった．

§15.3 複比

行列式の紹介の最後に，複素射影直線上の点配置と行列式の関係に関して，少しだけ予備知識を紹介しておく．この部分は本文の最後の章にしか関係しないので，行列式に対する知識を得たいと思った人は，ここは飛ばして本文に戻るのがよいだろう．また，複素射影直線に関しては本文を参照してほしい．

さて，(p_1, p_2, p_3, p_4) を複素射影直線 $\mathbb{P}^1(\mathbb{C})$ の相異なる 4 点としよう．各点に対して $p_i = [v_i]$ となるようなベクトル $v_i = \begin{pmatrix} a_i \\ b_i \end{pmatrix} \in \mathbb{C}^2$ を選んでおく．このとき，

$$\operatorname{cr}(p_1, p_2; p_3, p_4) = \frac{\det(v_1, v_3)\det(v_2, v_4)}{\det(v_2, v_3)\det(v_1, v_4)}$$

とおいて，これを 4 点の**複比**と呼ぶ．この複比の定義を見ると右辺はベクトル $v_1, \ldots, v_4$ を用いて定められているので一見すると v_i たちの取り方に依存しているように見える．しかし，v_i をその定数倍 $t_i v_i$ $(t_i \neq 0)$ で置き換えても右辺は同じ値になる．したがって，右辺は複素数の比 $p_i = [v_i]$ のみによって決まっているというわけである．

---

*5 符号付き体積であったが，結果を見ると正なので，これは体積そのものであることがわかる．

複比は**非調和比**とも言い，4 つの複素数に対する複比は古典的によく知られている．

演習 15.10　$p_1, \ldots, p_4$ が複素数のときには $v_i = \begin{pmatrix} p_i \\ 1 \end{pmatrix}$ ととって計算すると

$$\mathrm{cr}\big(p_1, p_2; p_3, p_4\big) = \frac{(p_1 - p_3)(p_2 - p_4)}{(p_2 - p_3)(p_1 - p_4)}$$

と表されることを示せ．

複比はさらに一次分数変換で不変である．つまり $g \in \mathrm{GL}_2(\mathbb{C})$ に対して $\mathrm{cr}\big(g \cdot p_1, g \cdot p_2; g \cdot p_3, g \cdot p_4\big) = \mathrm{cr}\big(p_1, p_2; p_3, p_4\big)$ である．そのようなわけで複比は $\mathbb{P}^1(\mathbb{C})^n_\circ/\mathrm{SL}_2(\mathbb{C})$ の斉次座標として用いることができる．これがフリーズ多様体の座標としても使えるわけである．

複比についてもっと詳しく知りたい人は拙著 [71] や [69] を参照してほしい．

§ 15.4　補題 5.13 の証明

この節では，本文で証明を与えなかった次の技術的な補題を示そう．

補題 15.11　M を整数を成分とする 2 次の正方行列で $\det M = 1$ とする[*6]．また $M \neq -\mathbf{1}_2$ と仮定する．

(1) 自然数 $k \geq 1$ に対して $M^k = -\mathbf{1}_2$ ならば $M^2 = -\mathbf{1}_2$ または $M^3 = -\mathbf{1}_2$ が成り立つ．

(2) $M^2 = -\mathbf{1}_2$ と $\operatorname{trace} M = 0$ は同値である．

(3) $M^3 = -\mathbf{1}_2$ と $\operatorname{trace} M = 1$ は同値である．

［証明］ (1) 仮定より M は対角化可能であって，固有値は 1 の冪根である．固有方程式の係数は整数なので固有値は ± 1 でなければ互いに複素共役だから，それを $\omega, \overline{\omega}$ とおく（仮定より固有値が ± 1 となることはありえない）．ケイリー-ハミルトンの公式より

[*6] つまり $M \in \mathrm{SL}_2(\mathbb{Z})$ である．

$$M^2-(\omega+\overline{\omega})M+\mathbf{1}_2=\mathrm{O}_2, \quad \therefore \quad M^2-2\,\mathrm{Re}\,\omega M+\mathbf{1}_2=\mathrm{O}_2$$

であるが，$\omega=e^{i\theta}$ とすると，行列 M の成分が整数なので $2\,\mathrm{Re}\,\omega=2\cos\theta=\mathrm{trace}\,M\in\mathbb{Z}$ である．$|\cos\theta|\le 1$ なので $\cos\theta=0,\pm1/2,\pm1$ の可能性しかありえない．

$\cos\theta=0$ ならば $M^2+\mathbf{1}_2=\mathrm{O}_2$ であって，$M\neq-\mathbf{1}_2$ に矛盾する．

$\cos\theta=\pm1$ のときには $M^2\pm2M+\mathbf{1}_2=\mathrm{O}_2$ が成り立つ．これより $(M\pm\mathbf{1}_2)^2=\mathrm{O}_2$ となり，M が対角化可能であったから $M=\pm\mathbf{1}_2$ であることがわかる．いずれの場合も仮定に矛盾する．

最後に $\cos\theta=\pm1/2$ のときを考えよう．このときは $M^2\pm M+\mathbf{1}_2=\mathrm{O}_2$ であって $M^3=\pm\mathbf{1}_2$ が成り立つ．$M^3=-\mathbf{1}_2$ ならば主張は成り立つので $M^3=\mathbf{1}_2$ のときを考える．このときは $M^k=-\mathbf{1}_2$ の k を法 3 で考え，$M\neq-\mathbf{1}_2$ であることを考慮に入れれば $M^2=-\mathbf{1}_2$ でなければならない．

(2) これはもうすでに補題 5.9 で証明されている．

(3) $\mathrm{trace}\,M=1$ ならすでに注意したようにケイリー-ハミルトンの公式から $M^2-M+\mathbf{1}_2=\mathrm{O}_2$ が成り立ち，両辺に $M+\mathbf{1}_2$ を掛ければ $M^3=-\mathbf{1}_2$ を得る．一方 $M^3=-\mathbf{1}_2$ なら (2) の証明を見ると $M^2-M+\mathbf{1}_2=\mathrm{O}_2$ でなければならないことがわかる．ケイリー-ハミルトンの公式より $M^2-(\mathrm{trace}\,M)M+\mathbf{1}_2=\mathrm{O}_2$ だが，この 2 式を辺々引き算して $(\mathrm{trace}\,M-1)M=\mathrm{O}_2$ を得る．$M\neq\mathrm{O}_2$ なので $\mathrm{trace}\,M=1$ でなければならない． □

§ 15.5　フリーズの中心対称性と 3 回転対称性

ここでは中心対称なフリーズと 3 回転対称なフリーズについて本文で書ききれなかったことをまとめておこう．まずは中心対称なフリーズについての宿題を片づけておく．次の定理は §5.7 の定理 5.16 であるが，このうち正値部分に関する主張の証明がまだであった．$\mathfrak{F}_{n+1}$ を $(n+1)$ 変数のフリーズ多様体，$\mathfrak{R}_n$ を n 変数のロタンダス超曲面とし，その正値部分をそれぞれ $\mathfrak{F}_{n+1}^+$，$\mathfrak{R}_n^+$ で表す．

定理 15.12　$x=(x_1,\ldots,x_n,x_{n+1})\in\mathfrak{F}_{n+1}$ に対して

$$y=(x_1,x_2,\ldots,x_{n-1},x_n+x_{n+1})$$

と定めると $y \in \mathfrak{R}_n$ であって，多様体の間の写像

$$\varphi : \mathfrak{F}_{n+1} \to \mathfrak{R}_n, \quad \varphi(x) = y$$

が矛盾なく定義される．このとき全正値部分は φ によって保たれ，写像 $\varphi : \mathfrak{F}_{n+1}^{+} \to \mathfrak{R}_n^{+}$ が定まる．

[証明]　最後の主張のみが残されている．つまり，種数列 $x \in \mathfrak{F}_{n+1}$ の生成する帯状フリーズ $\mathscr{F}(x)$ の（1 の連続する列に挟まれた帯状の部分にある）各成分が正値ならば，$(y, y) \in \mathfrak{F}_{2n}$ を種数列とする標準的な帯状フリーズ $\mathscr{F}(y, y)$ の成分も正値であることを示す．

$x = (x_1, \ldots, x_n, x_{n+1})$ の長さが $(n+1)$ なので $m = (n+1) - 3 = n - 2$ とおこう（いつもと 1 だけずれているので注意）．少し紛らわしいが，$\mathscr{F}(x)$ および $\mathscr{F}(y, y)$ の第 1 対角線をそれぞれ

$$\mathscr{F}(x): \ f_0 = 1, f_1 = x_1, f_2, \ldots, f_m = x_n, f_{m+1} = 1 \tag{15.6}$$

$$\mathscr{F}(y, y): \ \mathbf{f}_0 = 1, \mathbf{f}_1 = x_1, \mathbf{f}_2, \ldots, \mathbf{f}_m = x_n, \mathbf{f}_{m+1} = 1, \tag{15.7}$$

$$\mathbf{f}_{m+2}, \ldots, \mathbf{f}_{2n-3} = x_{n-1}, \mathbf{f}_{2n-2} = 1 \tag{15.8}$$

と書く．(y, y) の取り方より，$f_i = \mathbf{f}_i$ $(1 \leq i \leq n - 1 = m + 1)$ であることに注意する．

さて，式 (15.8) にある $\mathscr{F}(y, y)$ の第 1 対角線の各成分が正であることを示せば Coxeter-Rigby の公式（補題 13.3）より基本三角形領域にある成分が正であることがわかる．標準的なフリーズは基本三角形領域の並進鏡映で埋め尽くされるから，すべての成分が正である（するとそのようなフリーズは結果としてただ一つであることが結論される）．

第 1 対角線を計算するには $\mathbf{f}_i$ の連分因子 K_i による表示（補題 13.2）を使おう．すでに述べたように $1 \leq i \leq n - 1$ ならば $\mathbf{f}_i = K_i(x_1, \ldots, x_i) = f_i$ だからこれらはすべて正である．そこで $i = n = m + 2$ のときを考えてみよう．このときは $\mathbf{f}_n = K_n(x_1, \ldots, x_{n-1}, x_n + x_{n+1})$ である．補題 13.2 より

$$M_n(x_1, \ldots, x_{n-1}, x_n + x_{n+1}) = M_n(y) = \begin{pmatrix} \mathbf{f}_n & \mathbf{f}_{n-1} \\ -\mathbf{g}_n & -\mathbf{g}_{n-1} \end{pmatrix}$$

であるが，一方，定理 5.16 の証明と同様に計算して

$$\begin{aligned} M_n(y) &= -\begin{pmatrix} x_{n+1} & 1 \\ -1 & 0 \end{pmatrix}^{-1} \begin{pmatrix} x_n & 1 \\ -1 & 0 \end{pmatrix}^{-1} \begin{pmatrix} x_n + x_{n+1} & 1 \\ -1 & 0 \end{pmatrix} \\ &= \begin{pmatrix} x_{n+1} & 1 \\ -1 - x_{n+1}^2 & -x_{n+1} \end{pmatrix} \end{aligned}$$

だから，$\mathbf{f}_n = x_{n+1}$, $\mathbf{g}_n = 1 + x_{n+1}^2$ であって，どちらも正である．一方，

$$\begin{aligned} &\begin{pmatrix} \mathbf{f}_{n+k} & \mathbf{f}_{n+k-1} \\ -\mathbf{g}_{n+k} & -\mathbf{g}_{n+k-1} \end{pmatrix} = M_n(y) M_n(x_1, \ldots, x_k) \\ &= \begin{pmatrix} x_{n+1} & 1 \\ -1 - x_{n+1}^2 & -x_{n+1} \end{pmatrix} \begin{pmatrix} f_k & f_{k-1} \\ -g_k & -g_{k-1} \end{pmatrix} = \begin{pmatrix} x_{n+1} f_k - g_k & * \\ * & * \end{pmatrix} \end{aligned}$$

と計算できる．最後の行列では，不要な部分を $*$ と書いた．これは計算できるが，いまは必要でない．すると

$$\mathbf{f}_{n+k} = x_{n+1} f_k - g_k = \begin{vmatrix} f_k & 1 \\ g_k & x_{n+1} \end{vmatrix} = \begin{vmatrix} f_k & f_{n-1} \\ g_k & g_{n-1} \end{vmatrix} = c_{k+2,n-1}$$

はもとのフリーズ $\mathscr{F}(x)$ の第 $(k+2, n-1)$ 成分と一致し，正であることがわかる． □

この証明の系として，次の事実がただちにわかる．

系 15.13　写像 $\varphi : \mathfrak{F}_{n+1}^+ \to \mathfrak{R}_n^+$ は全単射同型である．

［証明］ $\mathbf{f}_{n-2} = x_n$, $\mathbf{f}_n = x_{n+1}$ なので逆写像 $y \mapsto x$ が構成できる． □

あとがき

フリーズの話，楽しんでいただけただろうか．ここまで読み進めてくれた人には感謝の言葉しかない．

私がフリーズのことを最初に知ったのは，それほど前ではない．計算量理論に代数幾何や表現論を応用することを目指す，GCT (Geometric Complexity Theory) という理論があるのだが，その GCT の勉強会が 2018 年 3 月に東北大学で開催された．そのとき，勉強会に招かれていた Christian Ikenmeyer さんが，行列式に代わる，もっと簡単に計算量を測るための多項式として連分多項式 (continuant) を紹介したのだった．そして講演後の討論の時間に，Ovsienko という数学者が continuant よりも扱いやすくておもしろい多項式，ロタンダスを導入して，シンプレクティック・ベクトル空間内の Lagrange 部分空間の配置問題と関係づけて論じているという話をしてくれた．それを聞いて興味を持ったのがフリーズを学ぶきっかけである．Ikenmeyer さんから直接フリーズの話が飛び出したわけではないが，たしか，有木進さんだったか，クラスター代数と関係づけて，井上玲さんや，黒木さんと中島さんがフリーズの話を書いているという情報を教えてくれた（井上玲さんの講究録 ([44])，中島さん・黒木さんの一般向けの解説がある ([53, 67])）．

ロタンダスの話はすでに本文に書いたので，ここでは繰り返さない．クラスター代数も本文で紹介だけはしたが，その奥は深く，現在進行形で多数の数学者たちが研究を競い合っている．こちらのクラスター代数の方は，本書では，最先端はいうに及ばず，ある程度のところまでも書けなかった．もっともフリーズは，クラスター代数というよりも Auslander-Reiten の箙に関係づけられているという方がどうやらよさそうであるが，本書のスコープはかなり初等的なので，なかなかそこまでの高みに到達することはできない（し，著者の力量も足りない）．

Auslander-Reiten 箙とフリーズの関係は将来の課題としたいと思っている.

この東北大での研究会のあと，少し自分でも勉強してみると，フリーズはクラスター代数だけでなく，もう数学の多くの分野と関係していることがわかってきた．それを学んだのは Morier-Genoud 女史のサーベイ論文 [37] によってである．サーベイとはいうものの，この論文はかなり力量がないと書けない，大変おもしろいものである．しかも短い．一読されることをぜひお勧めする.

そのようなわけで，本書の大まかな方向は彼女の論文が下敷きになっている．彼女には本当に感謝している.

また，彼女の論文から孫引きの形でたどり着いたのは J. Propp とその学生たちの論文 [39] であるが，こちらも自由闊達な書き方がされていて，楽しめた．お薦めである.

さて，読者の方はなんだか煙に巻かれたような気になっているかもしれない．どこにも Conway と Coxeter は登場しないじゃないか．どこに行ったんだ？

そう，その Conway-Coxeter だが，実は，本書を半分くらい書くまでは彼らの論文をまったく見ていなかった．コピーさえ取っていなかった．もちろん，論文の存在は知っていたし，何しろフリーズが出てくるたびに Conway と Coxeter のフリーズと呼ばれるわけだからいやでも気にはなる．だが，なんとなく触れてはいけないもののような気がして畏れ多い，と敬遠していたわけである．だが，フリーズの本を書く以上，この論文は避けて通ることはできない.

それで読んでみた．ところが，実際に読んでみるとこれがまた破天荒な書きっぷりで，すごくおもしろい．論文は 2 部に分かれていて，最初の論文はちょっとした導入のあと，連続して 35 個の問題が並ぶ．第 2 部はその解答である．第 1 篇が 8 ページ，第 2 篇が 9 ページ．こんな論文が許されるんだと思うと同時に，こんなおもしろい論文が書けるんだ，とうらやましくなる．専門知識はほとんどいらないし，アイディアで読ませるものだから英語が苦手な人もぜひ読んでみてほしい．ここまで本書を読んでくれば，論文に出てくるほとんどの問題の答えもすでに知っているはずである．やはり数学の本質はこういう，専門性とは違う，アイディアとおもしろい例にあると思う.

さて，Ikenmeyer さんが教えてくれた Ovsienko である．彼は，Sophie Morier-Genoud や Conley と共著の，フリーズにまつわる本質的な論文を多数書いていて，中でも論文 [9, 11] は本書と非常に近い（しかし，もちろん専門的かつ本格的な数学の論文である）．とくに，シンプレクティックな旗多様体上の Lagrange 部分空間の点配置問題は非常に興味深い．そして，私にとって少しショッキングだったのが，本書を書いている最中（！）に発表された彼らの論文 [10] で，フリーズの中心回転対称性や 3 回転対称性を扱ったものである．本書に書いたものが（ほんの手始めの部分とは言え）世界最初だと思っていたのだが，先を越されていたわけである．

まだまだフリーズの話題は尽きないと思う．この本を読んでくれた人たちが独自の研究を始めてくれたら著者の望外の喜びである．

参考文献

[1] I. Assem, C. Reutenauer, and D. Smith. Friezes. *Adv. Math.*, Vol. 225, No. 6, pp. 3134–3165, 2010.

[2] A. Berenstein, S. Fomin, and A. Zelevinsky. Cluster algebras. III. Upper bounds and double Bruhat cells. *Duke Math. J.*, Vol. 126, No. 1, pp. 1–52, 2005.

[3] A. R. Booker. Cracking the problem with 33. *Res. Number Theory*, Vol. 5, No. 3, Paper No. 26, 6, 2019.

[4] A. R. Booker and A. V. Sutherland. On a question of Mordell. *Proceedings of the National Academy of Sciences*, Vol. 118, No. 11, pp. 1–11, 2021.

[5] D. M. Bressoud. *Proofs and Confirmations*. MAA Spectrum. Mathematical Association of America, Washington, DC; Cambridge University Press, Cambridge, 1999. The story of the alternating sign matrix conjecture.

[6] D. Broline, D. W. Crowe, and I. M. Isaacs. The geometry of frieze patterns. *Geometriae Dedicata*, Vol. 3, pp. 171–176, 1974.

[7] M. Bruckheimer and A. Arcavi. Farey series and Pick's area theorem. *Math. Intelligencer*, Vol. 17, No. 4, pp. 64–67, 1995.

[8] M. Bunder and J. Tonien. Closed form expressions for two harmonic continued fractions. *Math. Gaz.*, Vol. 101, No. 552, pp. 439–448, 2017.

[9] C. H. Conley and V. Ovsienko. Lagrangian configurations and symplectic cross-ratios. *Math. Ann.*, Vol. 375, No. 3-4, pp. 1105–1145, 2019.

[10] C. H. Conley and V. Ovsienko. Quiddities of polygon dissections and the Conway-Coxeter frieze equation, 2021 (arXiv: 2202.00269).

[11] C. H. Conley and V. Ovsienko. Rotundus: triangulations, Chebyshev polynomials, and Pfaffians. *Math. Intelligencer*, Vol. 40, No. 3, pp. 45–50, 2018.

[12] J. H. Conway and H. S. M. Coxeter. Triangulated polygons and frieze patterns. *Math. Gaz.*, Vol. 57, No. 400, pp. 87–94, 1973.

[13] J. H. Conway and H. S. M. Coxeter. Triangulated polygons and frieze patterns. *Math. Gaz.*, Vol. 57, No. 401, pp. 175–183, 1973.

[14] J. H. Conway and A. Soifer. Covering a triangle with triangles (Can n^2+1 unit equilateral triangles cover an equilateral triangle of side $> n$, say $n+\varepsilon$?). *Amer. Math. Monthly*, Vol. 112, No. 1, p. 78, 2005.

[15] H. S. M. Coxeter. Frieze patterns. *Acta Arith.*, Vol. 18, pp. 297–310, 1971.

[16] H. S. M. Coxeter and J. F. Rigby. Frieze patterns, triangulated polygons and dichromatic symmetry. In *The Lighter Side of Mathematics*, pp. 15–27. Mathematical Association of America Washington, DC, 1994.

[17] D. I. Dais. Geometric combinatorics in the study of compact toric surfaces. In *Algebraic and Geometric Combinatorics*, Vol. 423 of *Contemp. Math.*, pp. 71–123. Amer. Math. Soc., Providence, RI, 2006.

[18] M. Davis, H. Putnam, and J. Robinson. The decision problem for exponential diophantine equations. *Ann. of Math. (2)*, Vol. 74, pp. 425–436, 1961.

[19] L. Euler. De fractionibus continuis observationes. *Commentarii Academiae Scientiarum Imperialis Petropolitanae*, Vol. 11, pp. 32–81, 1750.

[20] L. Euler. *Introductio in Analysin Infinitorum (Opera Omnia. Series Prima: Opera Mathematica, Volumen Novum)*. Societas Scientiarum Naturalium Helveticae, Geneva, 1945. Editit Andreas Speiser.

[21] L. Euler. Specimen algorithmi singularis. *Novi Commentarii Academiae Scientiarum Petropolitanae*, pp. 53–69, 1764.

[22] G. Faltings. Endlichkeitssätze für abelsche Varietäten über Zahlkörpern. *Invent. Math.*, Vol. 73, No. 3, pp. 349–366, 1983.

[23] G. Faltings. Finiteness theorems for abelian varieties over number fields. In *Arithmetic Geometry (Storrs, Conn., 1984)*, pp. 9–27. Springer, New York, 1986. Translated from the German original [Invent. Math. 73 (1983), no. 3, 349–366; ibid. 75 (1984), no. 2, 381] by Edward Shipz.

[24] S. Fomin and A. Zelevinsky. Cluster algebras. I. Foundations. *J. Amer. Math. Soc.*, Vol. 15, No. 2, pp. 497–529, 2002.

[25] S. Fomin and A. Zelevinsky. Cluster algebras. II. Finite type classification. *Invent. Math.*, Vol. 154, No. 1, pp. 63–121, 2003.

[26] S. Fomin and A. Zelevinsky. Cluster algebras. IV. Coefficients. *Compos. Math.*, Vol. 143, No. 1, pp. 112–164, 2007.

[27] C.-S. Henry. Coxeter friezes and triangulations of polygons. *Amer. Math. Monthly*, Vol. 120, No. 6, pp. 553–558, 2013.

[28] J. P. Jones, D. Sato, H. Wada, and D. Wiens. Diophantine representation of the set of prime numbers. *Amer. Math. Monthly*, Vol. 83, No. 6, pp. 449–464, 1976.

[29] Y. Kimura and F. Qin. Graded quiver varieties, quantum cluster algebras and dual canonical basis. *Adv. Math.*, Vol. 262, pp. 261–312, 2014.

[30] E. H. Kuo. Applications of graphical condensation for enumerating matchings and tilings. *Theoret. Comput. Sci.*, Vol. 319, No. 1-3, pp. 29–57, 2004.

[31] L. J. Lander and T. R. Parkin. Counterexample to Euler's conjecture on sums of like powers. *Bull. Amer. Math. Soc.*, Vol. 72, p. 1079, 1966.

[32] K. Lee and R. Schiffler. Positivity for cluster algebras. *Ann. of Math. (2)*, Vol. 182, No. 1, pp. 73–125, 2015.

[33] J. V. Matijasevič. A Diophantine representation of the set of prime numbers. *Dokl. Akad. Nauk SSSR*, Vol. 196, pp. 770–773, 1971.

[34] J. V. Matijasevič. The Diophantineness of enumerable sets. *Dokl. Akad. Nauk SSSR*, Vol. 191, pp. 279–282, 1970.

[35] J. W. Moon and L. Moser. Triangular dissections of n-gons. *Canad. Math. Bull.*, Vol. 6, pp. 175–178, 1963.

[36] L. J. Mordell. On the rational solutions of the indeterminate equations of the third and fourth degrees. *Proc. Cambridge Philosoph. Soc.*, Vol. 21, pp. 179–192, 1922/23.

[37] S. Morier-Genoud. Coxeter's frieze patterns at the crossroads of algebra, geometry and combinatorics. *Bull. Lond. Math. Soc.*, Vol. 47, No. 6, pp. 895–938, 2015.

[38] C. D. Olds. *Continued Fractions*. No. 9 in New Mathematical Library. Mathematical Association of America, 1963.

[39] J. Propp. The combinatorics of frieze patterns and Markoff numbers. *Integers*, Vol. 20, Paper No. A12, 38, 2020.

[40] R. P. Stanley. *Catalan Numbers*. Cambridge University Press, New York, 2015.

[41] R. Taylor and A. Wiles. Ring-theoretic properties of certain Hecke algebras. *Ann. of Math. (2)*, Vol. 141, No. 3, pp. 553–572, 1995.

[42] A. Wiles. Modular elliptic curves and Fermat's last theorem. *Ann. of Math. (2)*, Vol. 141, No. 3, pp. 443–551, 1995.

[43] 飯高茂『群論，これはおもしろい—トランプで学ぶ群』数学のかんどころ 16. 共立出版, 2013.

[44] 井上玲 [述]・神保道夫 [記]. クラスター代数入門, Apr 2016. 立教大学数理物理学研究センター Lecture Notes. Vol.3.

[45] 伊理正夫『一般線形代数』岩波書店, 2003.

[46] A. ヴェイユ（足立恒雄・三宅克哉 訳）『数論—歴史からのアプローチ』日本評論社, 1987.

[47] L. オイラー（高瀬正仁 訳）『オイラーの無限解析』海鳴社, 2001.

[48] 太田琢也・西山享『代数群と軌道』数学の杜 3. 数学書房, 2015.

[49] F. カジョリ（小倉金之助 訳・中村滋 校訂)『初等数学史』ちくま学芸文庫. 筑摩書房, 2015.

[50] 加藤和也『解決！フェルマーの最終定理—現代数論の軌跡』日本評論社, 1995.

[51] 加藤和也『フェルマーの最終定理・佐藤-テイト予想解決への道』類体論と非可換類体論 1. 岩波書店, 2009.

[52] 木村俊一『連分数のふしぎ—無理数の発見から超越数まで』ブルーバックス, No. B-1770. 講談社, 2012.

[53] 黒木玄. フリーズパターン—数の繰返し模様の不思議, 2012.8.17. http://www.math.tohoku.ac.jp/~kuroki/LaTeX/20120810FriezePattern.pdf.

[54] 黒田成俊『微分積分』共立講座 21 世紀の数学 1. 共立出版, 2002.

[55] 呉承恩（君島久子 訳, 瀬川康男 画）『西遊記』福音館古典童話シリーズ 15・16. 福音館書店, 1975.

[56] J. H. コンウェイ・R. K. ガイ（根上生也 訳）『数の本』丸善出版, 2012.

[57] 佐武一郎『線型代数学』数学選書. 裳華房, 増補改題, 1974.

[58] J. シルヴァーマン（鈴木治郎 訳）『はじめての数論 原著第 4 版』丸善出版, 2022.

[59] S. シン（青木薫 訳）『フェルマーの最終定理』新潮文庫. 新潮社, 2006.

[60] 数学セミナー編集部（編）『20 世紀の予想—現代数学の軌跡』日本評論社, 2000.

[61] 杉浦光夫（編）『ヒルベルト 23 の問題』日本評論社, 1997.

[62] 清宮俊雄『初等幾何学』基礎数学選書 7. 裳華房, 2002.

[63] 高木貞治『初等整数論講義』共立出版, 第 2 版, 1971.

[64] 高橋礼司『複素解析』基礎数学 8. 東京大学出版会, 新版, 1990.

[65] G. F. トス（蟹江幸博 訳）『数学名所案内—代数と幾何のきらめき（上・下)』丸善出版, 2012.

[66] 中島匠一『代数と数論の基礎』共立講座 21 世紀の数学 9. 共立出版, 2000.

[67] 中島啓. ディンキン図式をめぐって—数学におけるプラトン哲学, 2009. https://www.kurims.kyoto-u.ac.jp/~kenkyubu/kokai-koza/nakajima.pdf.

[68] 中村滋『フィボナッチ数の小宇宙 (ミクロコスモス)—フィボナッチ数, リュカ数, 黄金分割』日本評論社, 2008.

[69] 西山享『幾何学と不変量』日本評論社, 2012.

[70] 西山享『基礎課程微分積分 I—1 変数の微積分』数学基礎コース = K2. サイエンス社, 1998.

[71] 西山享『射影幾何学の考え方』数学のかんどころ 19. 共立出版, 2013.

[72] 西山享『よくわかる幾何学—複素平面・初等幾何学・射影幾何学をめぐって』丸善, 2004.

[73] 長谷川浩司『線型代数学』日本評論社, 2004.

[74] G. H. ハーディ・E. M. ライト（示野信一・矢神毅 訳）『数論入門』シュプリンガー数学クラシックス 8・9. 丸善出版, 2012.

[75] T. L. ヒース（平田寛・菊池俊彦・大沼正則 訳）『ギリシア数学史』共立出版, 復刻版, 1998.

[76] A. フルヴィッツ・R. クーラン（足立恒雄・小松啓一 訳）『楕円関数論』シュプリンガー数学クラシックス 2. 丸善出版, 2012.

[77] 堀田良之『加群十話—代数学入門』すうがくぶっくす 3. 朝倉書店, 1988.

[78] 堀田良之『代数入門—群と加群』裳華房, 2021.

[79] 紫式部『源氏物語』岩波文庫. 岩波書店, 2020.

[80] 森脇淳・川口周・生駒英晃『モーデル-ファルティングスの定理—ディオファントス幾何からの完全証明』ライブラリ数理科学のための数学とその展開 AL1. サイエンス社, 2017.

[81] 安福悠『発見・予想を積み重ねる—それが整数論』オーム社, 2016.

[82] 吉田正章『私説 超幾何関数—対称領域による点配置空間の一意化』共立講座 21 世紀の数学 24. 共立出版, 1997.

索　　引

■ 記号

■ 欧文

■ 人名

■ あ行

■ か行

■ さ行

■ た行

■ な行

■ は行

■ ま行

■ や行

■ ら行

■ わ行

Memorandum

Memorandum

【著者紹介】

西山 享（にしやま きょう）

1986年　京都大学大学院理学研究科 博士後期課程 修了
1986年　東京電機大学理工学部数理学科 助手
1990年　京都大学教養部 助教授
1992年　京都大学総合人間学部 助教授
2003年　京都大学大学院理学研究科 助教授（准教授）
2009年—現在　青山学院大学理工学部 教授

主　著　『基礎課程 微分積分 I，II』（サイエンス社，1998）
『多項式のラプソディー』（日本評論社，1999）
『よくわかる幾何学』（丸善出版，2004）
『重点解説 ジョルダン標準形』（サイエンス社，2010）
『幾何学と不変量』（日本評論社，2012）
『射影幾何学の考え方』（共立出版，2013）
『代数群と軌道』太田琢也との共著（数学書房，2015）

フリーズの数学 スケッチ帖
—数と幾何のきらめき—
Mathematics of Frieze Patterns
—A glimpse of geometry and algebra

2022 年 7 月 10 日　初版 1 刷発行
2024 年 5 月 10 日　初版 2 刷発行

著　者　西山 享　©2022

発行者　南條光章

発行所　**共立出版株式会社**
〒112-0006
東京都文京区小日向 4 丁目 6 番 19 号
電話 03-3947-2511（代表）
振替口座 00110-2-57035
www.kyoritsu-pub.co.jp

装　幀　乾 陽亮
印　刷　加藤文明社
製　本　加藤製本

一般社団法人
自然科学書協会
会員

検印廃止
NDC 412, 414, 411.7

ISBN 978-4-320-11471-5

Printed in Japan